21 世纪普通高等学校规划教材
四川省出版工作者协会高校出版工作委员会系列丛书

金工实习

（第 2 版）

主编 朱　民

主审 王家宣　刘志和

西南交通大学出版社
· 成都 ·

图书在版编目（CIP）数据

金工实习 /朱民主编. —2 版. —成都：西南交通大学出版社，2012.1
21 世纪普通高等学校规划教材
ISBN 978-7-5643-1552-8

Ⅰ. 金… Ⅱ. ①朱… Ⅲ. 金属加工－实习－高等学校－教材 Ⅳ. ①TG-45

中国版本图书馆 CIP 数据核字（2011）第 269513 号

21 世纪普通高等学校规划教材

金工实习
（第 2 版）
主编 朱 民

*

责任编辑 黄淑文
封面设计 墨创文化
西南交通大学出版社出版发行
（成都二环路北一段 111 号 邮政编码: 610031 发行部电话: 028-87600564）
http: //press.swjtu.edu.cn
成都蜀通印务有限责任公司印刷

*

成品尺寸：185 mm×260 mm 印张：13
字数：322 千字
2012 年 1 月第 2 版 2012 年 1 月第 3 次印刷
ISBN 978-7-5643-1552-8
定价：24.00 元

前　言

作者根据国家教育部颁布的“金工实习基本要求”以及新制定的教学大纲，在认真总结多年来金工实习教学改革和工程基础实践训练的基础上，对原有金工实习教学指导教材进行了修订，并形成本书。本书着重突出学生实践动手能力的培养，力求在教学内容上提高实践课程的教学质量，推动实践教学的改革和建设，将金工实习建设成一门高质量的实践技术基础课。

本书在第 1 版的基础上对工程实践有关内容进行了修订，增加了快速成型的相关内容，有利于新的实习项目在各高校的普及开展。本书还得到了南昌航空大学教材建设基金资助，在此表示感谢。

本书由朱民主编，刘志和、王家宣主审。参加本书编写工作的有惠瑞桐、张克建、汪文凌、辛集忠、冯小萍，以及富有实践经验的“国家级实验教学示范中心”——南昌航空大学工程训练中心一线指导教师文杏坛、王辉、周琼、向华德、姚立剑、邓文清、龚跃生、万三忠、胡强、程斌、王莉、万秀莲、袁红兵、宋峰、姚勇等。

经修订后，书中如有错误和不足之处，希望广大读者给予批评指正。

编　者

2011 年 10 月

目　录

第 1 章　金属材料

【实习目的及要求】

① 了解金属材料的分类及硬度的检测方法。

② 了解高中低碳钢的火花特征及金属材料选用的基本原则。

1.1　金属材料的分类

机械工程常用材料可分为金属材料和非金属材料两大类，此外在现代机械制造工程中也愈来愈多地使用复合材料。常用的机械工程材料可归纳如图 1.1 所示。金属又可分为黑色金属和有色金属，下面分别讲述。

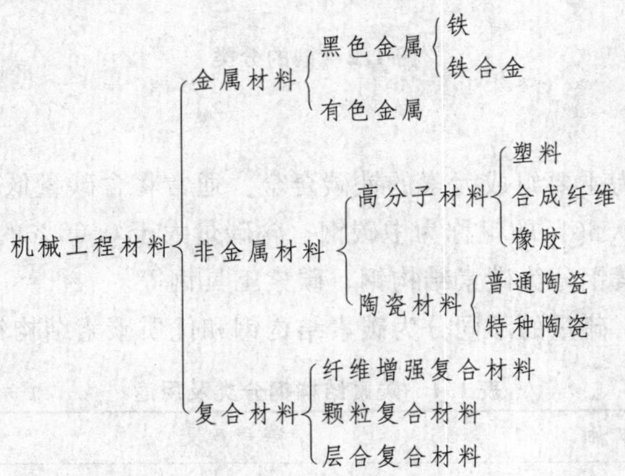

图 1.1　常用机械工程材料

1.1.1　黑色金属

黑色金属是指铁和铁与其他元素形成的铁基合金，即一般所称的钢铁材料。合金是以一种基体金属为主（其含量超过 50%），加入其他金属或非金属（合金元素），经熔炼、烧结或其他工艺方法冶炼成的金属材料。由于金属材料具有制造机械产品及零件所需要的各种性能，容易生产和加工，所以成为制造机械产品的主要材料，约占机械产品总重量的 80%以上。合金材料可以通过调节其不同的成分和进行不同的加工处理获得比纯金属更多样化和更好的综合性能，是机械工程中用途最广泛、用量最大的金属材料。钢铁材料是最常用和最廉价的金属材料。

碳钢和铸铁是工业中应用范围最广的金属材料，它们都是以铁和碳为基本组成元素的合金，通常称之为铁碳合金。铁是铁碳合金的基本成分，碳是影响铁碳合金性能的主要成分。一般含碳量为0.021 8%～2.11%的铁碳合金称为钢，含碳量大于2.11%的铁碳合金称为铸铁。

1. 钢

钢根据其成分的不同常分为碳素钢和合金钢两大类，如图1.2所示。

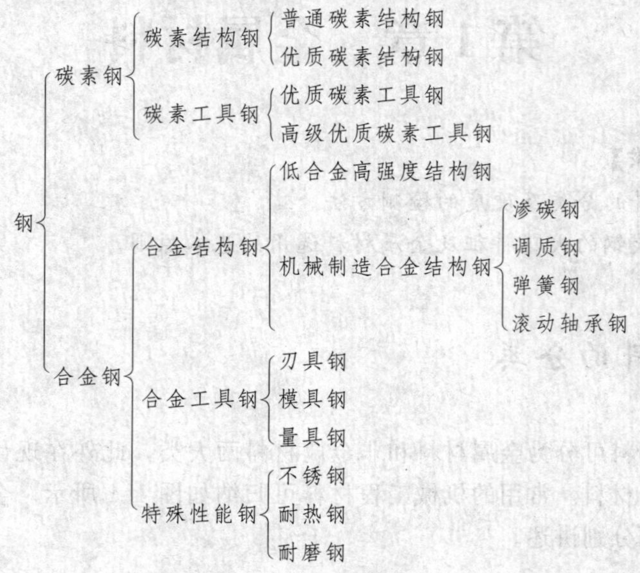

图1.2 钢的分类

1）碳素钢

碳素钢是以铁和碳为主要组成元素的铁碳合金。通常将含碳量低于0.25%的钢称为低碳钢；含碳量为0.25%～0.60%的钢称为中碳钢；含碳量大于0.60%的钢称为高碳钢。

工业中按用途将碳素钢分为碳素结构钢、碳素工具钢等。

碳素结构钢按含磷、硫量的不同分为碳素结构钢和优质碳素结构钢，如表1.1所示。

表1.1 碳素结构钢分类及用途

名　称	常用钢种	牌号意义	应用举例
碳素结构钢	Q195，Q235，Q235A Q255，Q255B	数字表示最小屈服点。数字越大，含碳量越高。A、B表示质量等级	螺栓、连杆、法兰盘、键、轴等
优质碳素结构钢	08F，08，15，20，35，40，45，50，45Mn，60，60Mn	数字表示含碳量万分之几。F表示为沸腾钢。当含锰量在0.8%～1.2%时加Mn表示	冲压件、焊接件、轴类件、齿轮类、蜗杆、弹簧等

碳素工具钢牌号有T8、T10、T10A、T12、T13等，牌号后面的数字表示含碳量的千分之几，A表示高级优质钢。碳素工具钢主要用于制造硬度高、耐磨的工具、量具和模具，如锯条、手锤、刮刀、锉刀、丝锥、量规、冷切边模等。

2）合金钢

合金钢是在碳素钢中加入一种或数种合金元素的钢。常用的合金元素有Mn、Si、Cr、Ni、Mo、W、V、Ti等。

合金钢种类繁多，工业上常按合金钢的用途将其分为合金结构钢、合金工具钢、特殊性能钢等。

合金结构钢用来制造各种机械结构零件，如 40Cr、40CrNiMoA、45CrNi 等可用来制造齿轮、曲轴、连杆、车床主轴等。

合金工具钢用于制造各种刀具、模具、量具，如 Cr12、Cr4W2MoV 等可用来制造冷作模具；9SiCr、CrWMn 可用来制造量具；W18Cr4V、W6Mo5Cr4V2、W9Mo3Cr4V 等可用来制造刀具。

特殊性能钢是指具有特殊的化学和物理性能的钢，如不锈钢 1Cr17Mo 可用来制造酸输送管道；耐热钢 1Cr13Mo 可用来制造散热器；耐磨钢 ZGMn13－1 等可用来制造挖掘机履带。

2. 铸　铁

铸铁中硅、锰、硫、磷等杂质较钢多，抗拉强度、塑性和韧性不如钢好，但容易铸造，减振性好，易切削加工，且价格便宜，所以铸铁在工业中仍然得到广泛的应用。

根据铸铁中碳的存在形式不同，铸铁可分成以下四种：

① 白口铸铁。其中的碳以化合状态（Fe_3C）存在，其断口呈银白色，故称白口铸铁。其性能硬而脆，很难切削加工，很少用来铸造机件。

② 灰口铸铁。其中的碳主要以片状石墨形式存在，其断口呈灰色，故称灰口铸铁。这种铸铁的硬度和强度较低，但抗震性能好，易切削，它是铸造中用得最多的铸铁。牌号由“HT”（灰、铁两字的汉语拼音字首）和一组数字组成。如 HT200，其中数字 200 表示抗拉强度不小于 200 MPa。灰口铸铁多用于铸造受力要求一般的零件，如床身、机座等。

③ 可锻铸铁。其中的碳以团絮状石墨形式存在。这种铸铁有较高的强度和塑性，但实际上并不能锻造，用于铸造强度要求较高的铸件，牌号如 KTH350－10。

④ 球墨铸铁。其中的碳以球状石墨形式存在。这种铸铁的强度较高，塑性和韧性较好，用于制造受力复杂、载荷大的机件，牌号如 QT600－02。

可锻铸铁和球墨铸铁的牌号中，后一组数字表示伸长率。

1.1.2　有色金属

通常把钢和铸铁称为黑色金属，除黑色金属以外的其他金属称为有色金属。有色金属的种类很多，由于冶炼较为困难、成本较高，故其产量和使用量远不如黑色金属多。但是，由于有色金属具有某些特殊的物理、化学性能（如镁、铝、钛合金密度小，铜、银合金导电性好，钨、钼、铌合金耐高温性好等），是黑色金属所不具备的，因而使其成为现代工业中不可缺少的重要的机械工程材料。常用的有色金属有铝及铝合金、铜及铜合金、滑动轴承合金等。

1. 铝及铝合金

在有色金属中，铝及铝合金是应用最广的金属材料，也是航空工业的主要结构件。

纯铝是银白色的金属，是自然界中含量最丰富的金属元素。纯铝主要用于熔炼铝合金，制造电线、电缆以及要求耐热、耐腐蚀性好但强度要求不高的构件和器皿等。

纯铝的强度很低（δ_b＝80～100 MPa），不能用做承受载荷的机械零件。在纯铝中加入适量硅、铜、镁、锌、锰等合金元素，则可得到具有较高强度的合金。再经过冷变形和热处理，其强度可以明显提高（500～600 N/mm^2），并可大大提高比强度、耐腐蚀性和加工性。

根据铝合金的成分和加工成型特点，铝合金可以分为变形铝合金和铸造铝合金两类。

2. 铜及铜合金

铜及铜合金是历史上应用最早的有色金属。目前工业生产中使用的铜及铜合金主要有工业纯铜、黄铜和青铜。

纯铜的强度低，一般不用做结构零件，主要用于制造电线、电缆、铜管以及作为冶炼铜合金的原料。

黄铜是以锌为主要合金元素的铜合金。按照化学成分的不同，黄铜可以分为普通黄铜和特殊黄铜；按照生产方法不同，黄铜可以分为压力加工黄铜和铸造黄铜。

除了黄铜和白铜（铜和镍的合金）外，其余所有的铜基合金都称为青铜。青铜按主要添加元素不同可分为锡青铜、铝青铜、硅青铜和铍青铜。和黄铜一样，青铜也可以分为压力加工青铜和铸造青铜两类。

3. 滑动轴承合金

轴承合金是用来制造滑动轴承轴瓦及其内衬的合金。滑动轴承具有制造、修理和更换方便，与轴颈接触面积大，承受载荷均匀，工作平稳，无噪音等优点，所以应用很广。例如，磨床的主轴承、连杆轴承、发动机轴承等大多使用滑动轴承。

常用的滑动轴承合金有锡基轴承合金、铅基轴承合金、铜基轴承合金和铝基轴承合金。

1.2 金属材料的力学性能和硬度测定方法

1.2.1 金属材料的力学性能

金属材料的力学性能是指金属材料在外力作用下表现出来的特性，如强度、塑性、硬度、冲击韧度等。

强度是指材料在外力作用下抵抗变形和破坏的能力。以屈服强度 σ_s 和抗拉强度 σ_b 最为常用。

塑性是指金属材料在外力作用下产生塑性变形而不破坏的能力，常用延伸率（δ）和断面收缩率（φ）作为材料的塑性指标。

冲击韧度是指材料抵抗冲击载荷的能力。金属材料韧性的好坏用冲击韧度值衡量。

硬度是指金属材料抵抗硬物压入其表面的能力。工程上常用的有布氏硬度和洛氏硬度。

1.2.2 金属材料的硬度测定方法

1. 布氏硬度测定方法

布氏硬度试验是用一定的载荷 P，将直径为 D 的淬火钢球，在一定压力作用下，压入被测金属的表面（见图1.3），保持一定的时间后卸去载荷，以载荷与压痕表面积的比值作为布氏硬度值，用HB表示。HB值愈大，材料愈硬。

用布氏硬度试验测材料的硬度值，其测试数据比较准确，但不能测太薄的试样和硬度较高的材料。

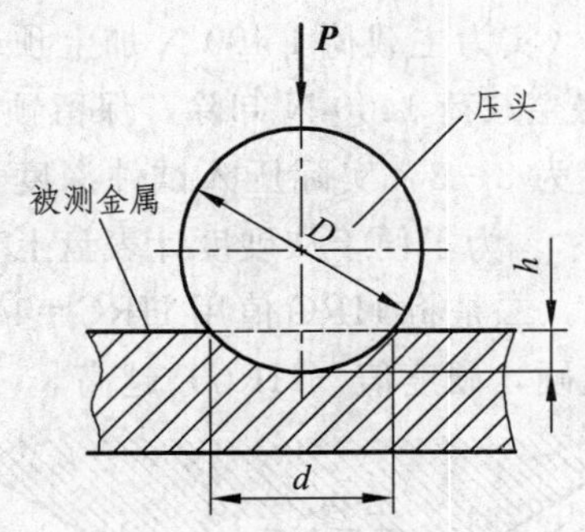

图 1.3　布氏硬度试验原理图

图 1.4 为 HB－3000 布氏硬度计。

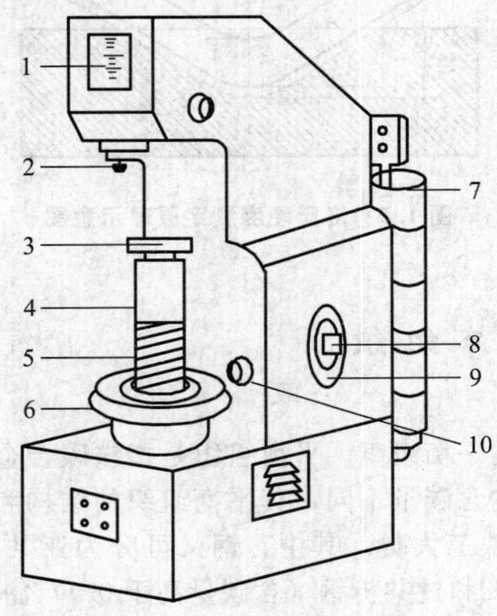

1—指示灯；2—压头；3—工作台；4、5—立柱；6—手轮；
7—载荷砝码；8—压紧螺钉；9—时间定位器；10—加载按钮

图 1.4　HB－3000 布氏硬度计

测定布氏硬度时其基本操作和程序如下：

① 将试样平稳地放在工作台上，转动手轮使工作台徐徐上升到试样与压头接触（应注意压头固定是否可靠），到手轮打滑为止，此时初载荷已加上。

② 按下加载按钮，加荷指示灯亮，自动加载并卸载指示灯灭。

③ 逆时针转动手轮，使工作台下降，取下试样。

④ 用读数放大镜测量压痕直径，测得压痕直径后从表中查出布氏硬度值。

2. 洛氏硬度测定方法

洛氏硬度试验是用一定的载荷将顶角为 120°的金刚石圆锥体或直径为 1.588 mm 的淬火钢球压入测试样表面，然后根据压痕的深度来确定它的硬度值。

用洛氏硬度计可以测量从软到硬的各种不同材料，这是因为它采用了不同的压头和载荷，组成各种不同的洛氏硬度标度，如 HRA、HRB、HRC。

以 HRC 测试为例，测定原理如图 1.5 所示。它是采用顶角为 120°的金刚石圆锥压头，总载荷为 1 500 N。测试时先加预载荷 100 N，压头从起始位置 0—0 到 1—1 位置，压入试件

深度为 h_1；后加总载荷 1 500 N（实为主载荷 1 400 N 加上预载荷 100 N），压头位置为 2—2，压入深度为 h_2，停留数秒后，将主载荷 1400 N 卸除，保留预载荷 100 N。由于被测试件弹性变形恢复，压头略为提高，位置为 3—3，实际压入试件深度为 h_3。因此，在主载荷作用下，压头压入试件的深度 $h = h_3 - h_1$ 。为了便于从硬度计表盘上直接读出硬度值，一是规定表盘上每一格相当于 0.002 mm 压深，二是将 HRC 值用 HRC＝$100-h/0.002$ 的公式表示，从而符合人们的习惯概念，即材料越硬，硬度值（HRC）越高。

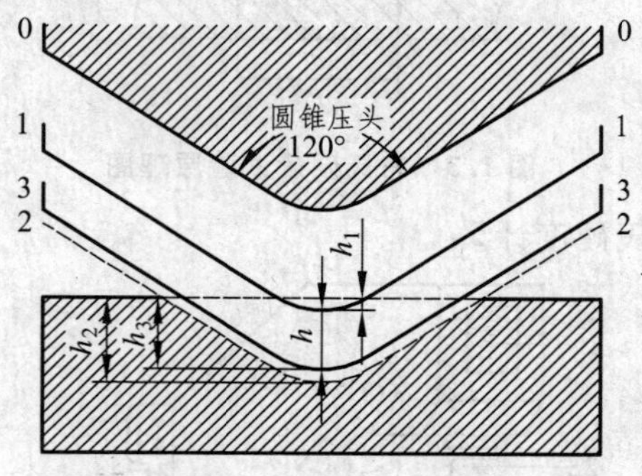

图 1.5 洛氏硬度测定原理示意图

1.3 铁碳合金的基本组织

这里主要介绍铁碳合金的平衡组织。平衡组织是指铁碳合金在极为缓慢的冷却条件下所得到的组织。由于铁碳合金的含碳量不同，其平衡组织的结构和特点也不同，因此铁碳合金也可分为工业纯铁、钢和铸铁三大类。其中，钢又可分为亚共析钢（含碳量低于 0.77%）、共析钢（含碳量等于 0.77%）和过共析钢（含碳量高于 0.77%）三种；铸铁又可分为亚共晶白口铁（含碳量介于 2.06%～4.3%）、共晶白口铁（含碳量等于 4.3%）和过共晶白口铁（含碳量介于 4.3%～6.67%）三种。

铁碳合金的平衡组织在金相显微镜下具有以下四种基本组织。

① 铁素体。铁素体用代号“F”表示，是碳在 α－Fe 内的间隙固溶体，其强度和硬度低，塑性、韧性很好，所以具有铁素体组织多的低碳钢能进行冷变形、锻造和焊接。图 1.6 是亚共析钢的显微组织，图中呈块状分布的白亮部分即是铁素体。

② 渗碳体。渗碳体是铁与碳金属间形成的稳定化合物（Fe_3C），其含碳量为 6.69%，质硬而脆，耐蚀性强。经 4%硝酸酒精浸蚀后，渗碳体仍呈亮白色，而铁素体呈灰白色，由此可区别铁素体和渗碳体。

③ 珠光体。珠光体用代号“P”表示。珠光体是铁素体和渗碳体层片状交替排列的机械混合物。根椐其冷却速度不同，所得到的片层间距不同，又可分为珠光体、屈氏体、索氏体。片层间距越小，则珠光体的强度和硬度越高。在不同放大倍数的显微镜下可以看到具有不同特征的珠光体组织。当放大倍数较低时，珠光体片层因不能分辨而呈黑色，如图 1.6 中的黑色部分为珠光体组织。

图 1.7 所示为共析钢的显微组织，其组织全部为珠光体。图 1.8 为过共析钢的显微组织，其组织由珠光体晶粒及其周边的网状渗碳体组成。

④ 莱氏体。莱氏体用代号“Le”表示。莱氏体在室温时是珠光体和渗碳体所组成的机械混合物。其组织特征是在亮白色渗碳体基底上相间地分布着暗黑色斑点及细条状珠光体，如图 1.9 所示。

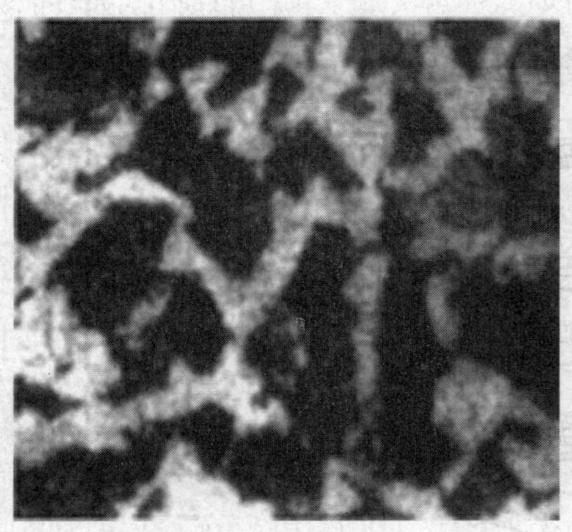

图 1.6　亚共析钢的显微组织（400×）

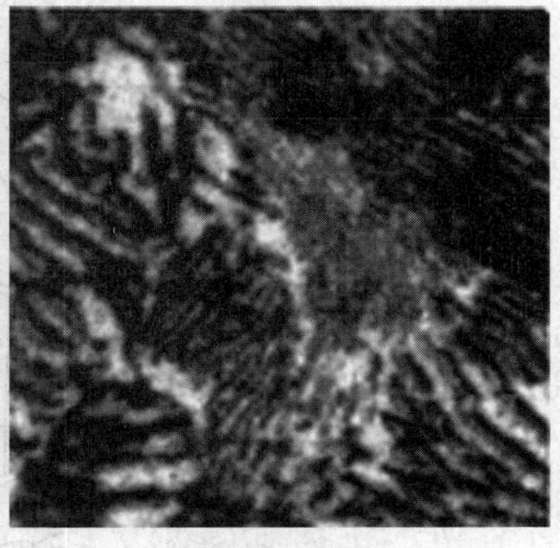

图 1.7　共析钢的显微组织（400×）

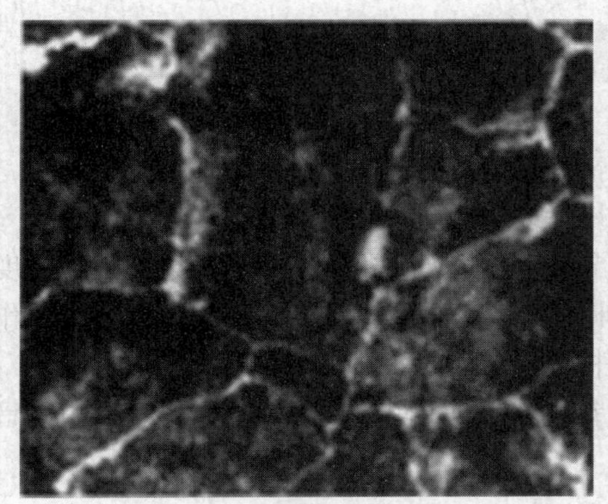

图 1.8　过共析钢的显微组织（400×）

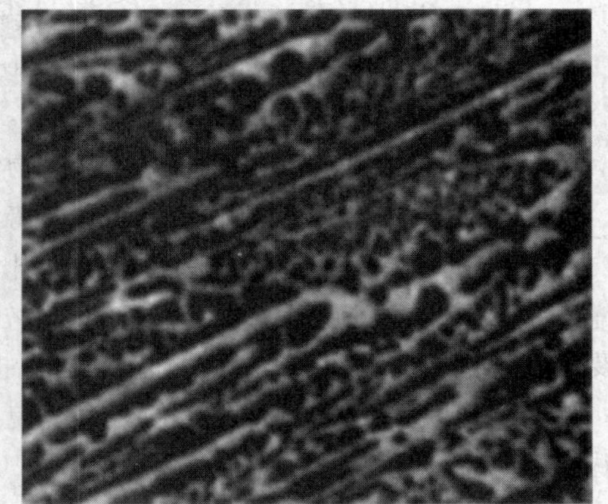

图 1.9　莱氏体的显微组织（400×）

1.4　铁碳合金的显微组织观察

用光学显微镜将专门制备的试样放大 50～1 500 倍，可观察和分析铁碳合金的显微组织形态，可研究成分、热处理工艺与显微组织之间的关系。这种金相分析是研究金属材料内部组织和缺陷的主要方法之一。

1. 金相试样的制备

金相试样的制备是一项细致的工作，要逐步用多种不同颗粒度的专用砂纸细心磨制，然后用抛光机将试样观察面抛光成平整镜面，选择合适的腐蚀剂腐蚀抛光镜面（一般为 4% 的硝酸酒精溶液）。由于晶界、晶面和不同相、不同组织接受腐蚀的情况不一，因此经腐蚀并清洗、干燥后，试样观察面的显微组织在显微镜下就清晰可见。生产中有时也直接在机件某个部位制备出一个观察区域，用便携式光学显微镜进行观察和分析。

2. 金相显微镜的结构及其使用方法

以Ⅺ-16 型金相显微镜为例，其结构如图 1.10 所示。

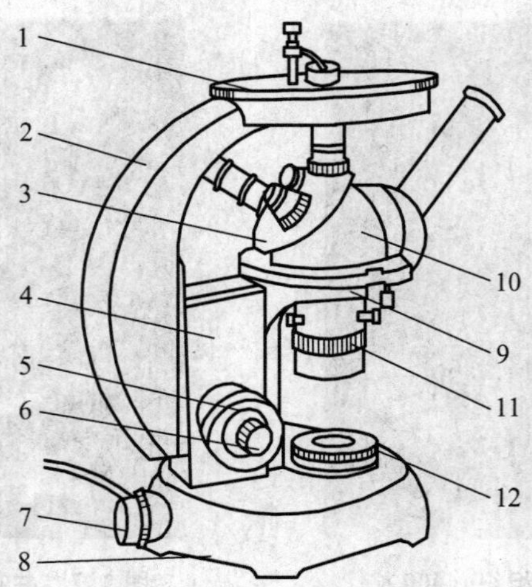

1—载物台；2—镜臂；3—物镜转换器；4—微动座；5—粗动调焦手轮；6—微动调焦手轮；
7—照明装置；8—底座；9—平台托架；10—碗头组；11—视场光阑；12—孔径光阑

图1.10　Ⅺ-16型金相显微镜结构

使用方法如下：

① 根据所需的放大倍数，将选好的物镜和目镜分别装在物镜座上和目镜筒内。

② 将试样放在载物台中心，试样要清洁、干燥，以免玷污、侵蚀镜头。

③ 转动粗调旋钮，使载物台渐渐上升，以调节焦距，边调节边观察，当观察到视野亮度增强时，改用微调旋钮调节，直至视场中出现清晰的物像为止。转动粗调或微调旋钮时动作要慢，感到阻碍时不得用力强行转动以免损坏机件。

④ 观察时一般先用低倍以便观察全貌，当需要观察局部组织的详细形貌时，可改用高倍观察。

1.5　金属材料的现场鉴别

现场鉴别钢铁材料最简易的方法是火花鉴别法和涂色标志法等。

1.5.1　火花鉴别法

1. 火花的构成

钢材在砂轮上磨削时所射出的火花由根部火花、中部火花和尾部火花构成火花束，如图1.11所示。

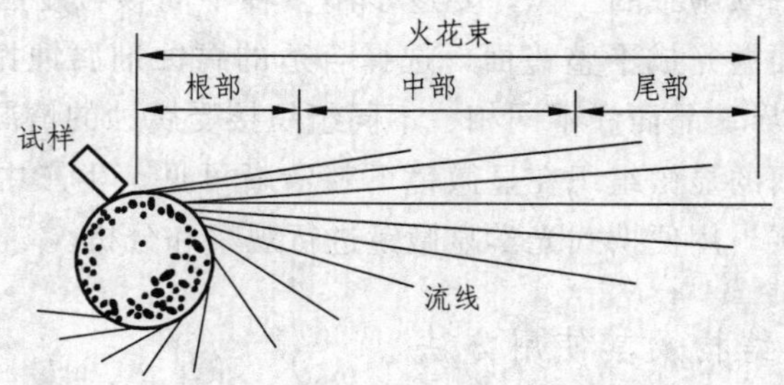

图1.11　火花束示意图

磨削时由灼热粉末形成的线条状火花称为流线。流线在飞行途中爆炸而发出稍粗而明亮的点称为节点。火花在爆裂时所射出的线条称为芒线。芒线所组成的火花称为节花。节花分一次花、二次花、三次花等。芒线附近呈现明亮的小点称为花粉。火花束的构成如图 1.12 所示。

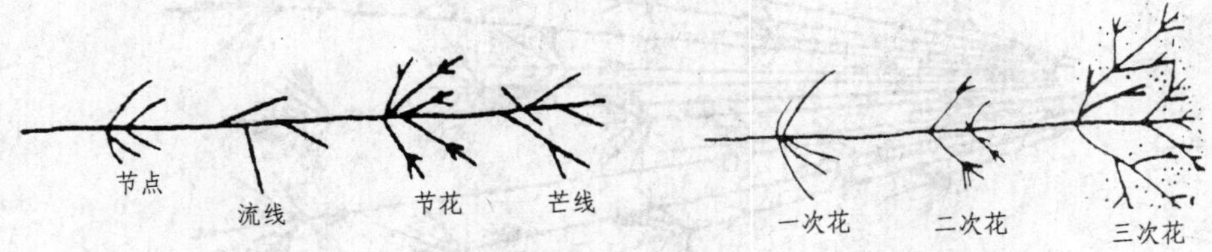

图 1.12　火花束的组成

由于钢材的化学成分不同，流线尾部会出现不同的尾部火花，称为尾花。尾花有苞状尾花、菊状尾花、狐尾花、羽状尾花等，如图 1.13 所示。

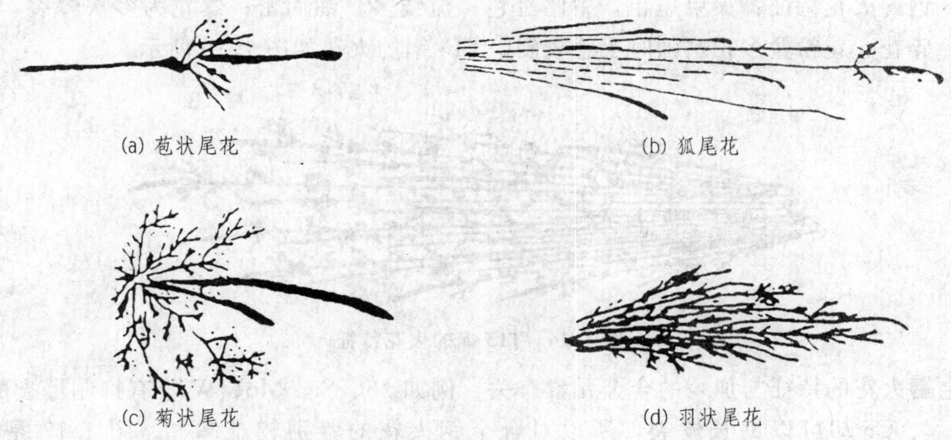

图 1.13　各种尾花形状

2. 常用钢的火花特征

碳素钢随着含碳量的增加，流线形式由挺直转向抛物线，流线逐渐增多，火花束长度逐渐缩短，粗流线变细，芒线逐渐细而短，由一次爆花转向多次爆花，花的数量和花粉也逐渐增多，光辉度随着含碳量的升高而增加，砂轮附近的晦暗面积增大。在砂轮磨削时，手感也由软而渐渐变硬。

20 钢的火花特征：火花流线多，略呈弧形；火束长，呈草黄色，带红；芒线稍粗；爆花呈多分叉，一次爆花。20 钢的火花如图 1.14 所示。

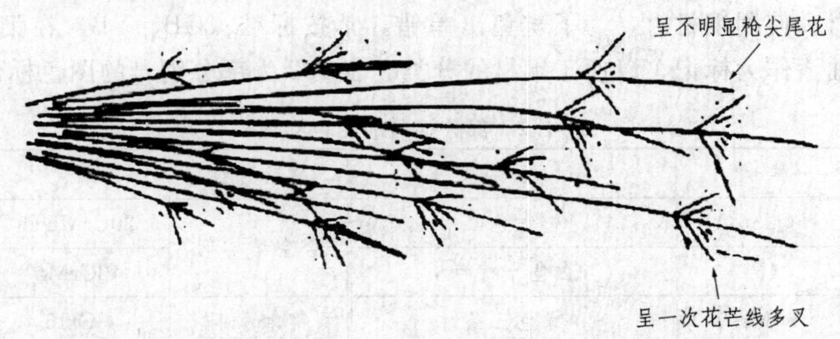

图 1.14　20 钢的火花特征

40钢的火花特征：整个火花束呈黄色而略明亮；流线较细，多分叉而长；爆花接近流线尾端，呈多叉二次爆裂；磨削时手感反抗力较弱。40钢的火花如图1.15所示。

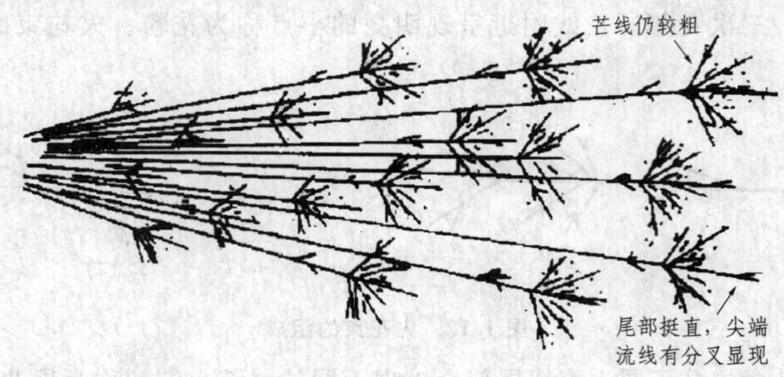

图1.15　40钢的火花特征

T13钢的火花特征：火束短粗，中暗红色；流线多，细而密；爆花为多次爆裂，花量多并重叠，碎花、花粉量多；磨削时手感较硬。T13钢的火花如图1.16所示。

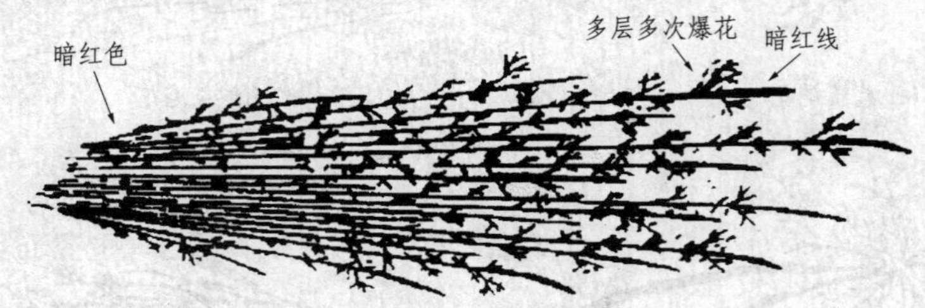

图1.16　T13钢的火花特征

合金钢火花的特征与加入的合金元素有关。例如Ni、Si、Mo、W等有抑制爆裂的作用，而Mn、V、Cr却可以助长爆裂，所以对合金钢火花的鉴别较难掌握。图1.17是高速钢W18Cr4V的火花特征。W18Cr4V的火花束细长，流线数量少，无火花爆裂，色泽是暗红色，根部和中部为断续流线，尾花呈狐尾状。

图1.17　W18Cr4V火花特征

1.5.2　涂色标记法

在管理钢材和使用钢材时，为了避免出差错，常按标准（GB、YB）在钢材的两端面涂上不同颜色的油漆作为标记，以便于钢材的分类。表1.2为部分钢号的图色标记。

表1.2　部分钢号的图色标记

材料种类	牌号	标记	材料种类	牌号	标记
碳素结构钢	Q235	红色	合金结构钢	20CrMnTi	黄色＋黑色
优质碳素结构钢	45	白色＋棕色		42CrMo	绿色＋紫色
	60Mn	绿色三条	铬轴承钢	GCr15	蓝色一条
高速钢	W18Cr4V	棕色一条＋蓝色一条	不锈钢	0Cr19Ni9	蓝色＋绿色

1.6 金属材料的选用

在机械制造工程中，不仅要选用适宜制作机械零件的材料牌号，还要合理选用商品材料的形状和规格。

1.6.1 钢铁材料商品

市场供应的钢铁材料商品有铸锭、型材、板材、管材、线材和异型截面材等钢材。

1. 铸　锭

通常将冶炼的生铁或钢浇注到砂模或钢模中，使其成为铸锭供应市场。生铁是由铁矿石在高炉中冶炼而成。生铁锭是生产各种铸铁件和铸钢件的主要原材料，铸钢锭则是生产大型锻压件和各种型材的坯料。

2. 型　材

冶金企业生产的钢锭除小部分直接作为商品供应市场以外，绝大部分被轧制成各种型材、板材、管材、线材和异型截面材供应市场。

① 型钢。机械制造企业常用的型钢有圆钢、方钢、扁钢、六角钢、八角钢、工字钢、槽钢、等边角钢、不等边角钢等。型钢的规格以反映其断面形状特征的主要尺寸表示，如圆钢20表示直径 $d=20$ mm 的圆钢，2号等边角钢尺寸规格 20×20×3 表示边宽 $b=20$ mm、边厚 $d=3$ mm 的等边角钢，如图 1.18 和图 1.19 所示。

图 1.18　圆钢　　图 1.19　等边角钢

② 钢板。公称厚度 $\delta \leqslant 4$ mm 的钢板为薄钢板，$\delta > 4$ mm 的钢板为厚钢板。钢带是厚度一般为 0.05～7 mm、宽度一般为 4～520 mm 的长钢板。市场以“张”供应的商品钢板规格以“厚度×宽度×长度”表示，以“卷”供应的商品钢板和钢带规格以“厚度×宽度”表示。

③ 钢管。钢管按质量分为无缝钢管和有缝钢管两类，无缝钢管是用钢锭或钢坯进行冷轧或热轧连续轧制而成，管子轴向无连接缝；有缝钢管是用板材卷压成管焊接而成，管子轴向有焊接缝，因而强度不如无缝钢管。钢管截面形状以圆形为多，还有扇形、方形或其他异型截面。圆形截面无缝钢管的规格以“截面圆的外径×管壁厚”表示。低压流体输送用焊接有缝钢管的规格以近似截面圆的内径的名义尺寸表示，称公称口径。

④ 钢丝。钢丝的规格以公称直径的毫米数或相应的线号表示，线号越大，直径越细。

1.6.2 金属材料选用的基本原则

在进行新产品开发时，必须对零部件所用的金属材料进行选用。在改进老产品或老产品的零部件发生早期失效时，也必须重新选用金属材料。所谓早期失效，是指机械产品未达到预期寿命而发生零部件完全破坏，不能再继续工作；或者严重损伤，不能保证继续工作的安全性；或者继续工作时不能保证实现预期的功能。导致早期失效的原因有设计不合理、材料选用不当、加工工艺不当和安装使用不当等。只有按照一定的原则合理正确地选用金属材料，才能保证机械产品的功能和质量。

选用金属材料时，主要应考虑零件的工作条件对材料使用性能的要求，零件的制造对材料工艺性能的要求，以及材料的经济成本。

所选材料应能满足零件的工作条件对材料使用性能的要求，这是选材的基本出发点。零件的工作条件对使用性能的要求主要考虑以下几点：

① 零件的工作环境和服役情况，特别是承受载荷的情况和磨耗情况；

② 零件的形状、尺寸和重量所受的限制；

③ 零件的重要性。

考虑零件的制造对材料工艺性能要求的同时，还要考虑材料的经济成本，所选材料既要能用现有的工艺技术和装备条件进行加工制造，又要考虑材料本身的价格及加工工艺的成本费用。毛坯材料的相对价格见表1.3。

表1.3　毛坯材料相对价格表

材料	种类规格	相对价格
铸造金属	灰铸铁件	1
	碳素钢铸件	2
	铝合金铸件	8～10
圆钢(mm)	Q235（ϕ33～42）	1
	优质碳素结构钢（ϕ29～50）	1.5～1.8
	合金结构钢（ϕ29～50）	1.7～2.5
	弹簧钢（ϕ29～50）	1.7～3
	滚动轴承钢（ϕ29～50）	3
	合金工具钢（ϕ29～50）	3～20
	耐热合金钢（ϕ29～50）	5

加工工艺的成本费用与零件生产的工艺路线有关。

一般钢铁材料零件的工艺路线大体可以归纳为三类。对于性能要求不高的零件：毛坯（铸造/锻压）→预备热处理（退火/正火）→切削加工→零件成品。对于性能要求较高的零件：毛坯（铸造/锻压）→预备热处理（退火/正火）→切削粗加工→最终热处理（淬火、回火）→切削精加工→零件成品。对于性能要求较高的精密零件：毛坯（铸造/锻压）→热处理（退火/正火）→切削粗加工→热处理（淬火、回火）→切削半精加工→表面化学热处理（氮化）/稳定化热处理（时效）→切削精加工→稳定化热处理→零件成品。

热处理工艺相对加工价格参见表1.4。在权衡工艺性能和经济成本时，要视零件的重量、工艺路线和加工量的大小而论。

在具体选材时，应根据机械零件的功能用途、工作环境、受力情况，查阅材料标准和手册，初步选择能满足要求的材料。再从选材的角度进行产品和零件的结构分析，考察能否用更廉价、更通用的材料或经热处理强化后部分或全部代替初选的材料。有时甚至还可在不影响产品和零件功能的前提下修改结构设计，以满足选材的基本原则。

表 1.4　热处理工艺相对加工价格

热处理工艺	相对价格	热处理工艺	相对价格
退火（电炉）	1	高频感应加热表面淬火	3～5
球化退火（电炉）	1.8	渗碳淬火-回火	6
正火（电炉）	0.8～1	氮　化	40
调　质	2.5	软氮化	10
淬火（盐浴炉）-回火	3～8	冷处理	3

1.6.3　机械零件毛坯

选定机械零件的金属材料后，先要将所选用的金属材料使用不同的工艺方法制成与成品机械零件形状尺寸相近似的毛坯，再将毛坯进行切削加工等工艺过程，使之成为形状、尺寸和性能符合质量要求的成品机械零件。机械制造工程中的毛坯主要有铸造毛坯件、锻压毛坯件、焊接毛坯件和型材毛坯件四种。

1）铸造毛坯件

铸造毛坯件使用的金属材料主要是铸铁、铸钢（含碳量 0.15%～0.55%）和有色金属。铸造毛坯件是使用量最大的毛坯，它不受机械零件的形状和尺寸的限制，制造成本低，生产率高，铸造及切削加工工艺性能好。但是由于铸造毛坯件是金属材料从液态高温浇铸而成，温度变化梯度大，应力及变形大，金属内部组织结构变化复杂，缺陷多，机械性能较差，所以一般用于机械性能要求不高的机械零件。

2）锻压毛坯件

锻压毛坯件主要用碳素钢、合金钢制造，有自由锻毛坯件和模锻毛坯件两类。锻压件组织结构细密，内部缺陷少，可以获得符合机械零件载荷分布的合理的纤维组织，具有比铸造件毛坯高的机械性能，特别是模锻毛坯件还具有生产率高、加工余量小、质量好的优点。但是，锻压毛坯件生产成本高，一般用于制造机械性能要求高的机械零件。

3）焊接毛坯件

焊接毛坯件主要用于制造由低碳钢钢板、角钢、槽钢等型材焊接的罩壳、容器、机架、箱体等金属结构件。焊缝性能好坏对焊接毛坯件机械性能影响很大。

4）型材毛坯件

型材毛坯件是直接选用与机械零件形状和尺寸相近的方钢、圆钢等型材备料而成。型材经轧钢厂轧制而成，组织结构细密均匀，机械性能好，使用方便，适宜于没有成型要求的钢件和有色金属件。

1.6.4　典型零件选材举例

1. 轴

轴是机械产品的主要零件和基础零件之一。在工作状态下，轴受到往复循环的应力作用，有时还有冲击载荷的作用，其失效形式主要是疲劳裂纹和断裂。同时在轴颈与轴承配合处还会有相互摩擦和磨损。因此，轴类零件的材料应具有较高的强度、塑性、韧性、疲劳强度等综合机械性能，承受摩擦和磨损处还应有高的硬度和耐磨性。

在轴类零件选材时，形状简单、尺寸不大、承载较小和转动速度较低的轴，可选用45号钢、球墨铸铁等碳素钢或铸铁材料，不经热处理或经热处理制成；形状复杂、尺寸较大、承载较大和转动速度较高的轴，可选用45、40Cr、35CrMo、42CrMo、40CrNi、38CrMoAl等碳素钢或合金钢经热处理制成，或者选用20、20Cr、20CrMnTi等合金渗碳钢经渗碳淬火和回火热处理制成；对于承受较大交变载荷、转速高、摩擦大、精度高的重要轴类，可选用38CrMoAl等氮化合金钢经调质和氮化热处理制成。例如，C6132车床的主轴就是选用45钢锻造毛坯按以下工艺路线制造的：

下料→锻造→正火→粗加工→调质→精加工→局部表面淬火→低温回火→精磨→成品

2. 齿 轮

齿轮也是机械产品的主要零件和基础零件之一。齿轮的失效形式主要是齿面的疲劳裂纹、磨损和折断。齿轮的工作条件和失效形式要求其材料应具有高的弯曲疲劳强度和接触疲劳强度，齿面应有高的硬度和耐磨性，心部则要有足够的强度和韧性。

对于工作较平稳、无强烈的冲击、负荷不大、转速不太高、形状不太复杂、尺寸不太大的齿轮，可选用20、45、40Cr、40MnB等低碳钢、中碳结构钢、中碳低合金钢等经调质、表面淬火或渗碳淬火制成。工作条件较恶劣、负荷较大、转速较高、频繁受到强烈冲击、形状复杂、尺寸大的齿轮，对材料性能和热处理质量的要求高，可选用20CrMo、20CrMnTi、18Cr2Ni4W、40Cr、42CrMo等合金钢，经调质、表面淬火或渗碳淬火等热处理制成。例如，用20CrMnTi钢锻造毛坯按以下工艺路线制造汽车齿轮：

下料→锻造→正火→机加工（制齿）→渗碳→淬火→低温回火→喷丸→精磨→成品

习 题

1.1 钢的火花由哪几部分组成？20钢与T12钢的火花有何区别？

第 2 章　钢的热处理

【实习目的及要求】

了解热处理工艺的种类及作用。

2.1 概　述

钢的热处理是将固态钢采用适当的方式进行加热、保温、冷却，以获得所需的组织结构和工艺性能的工艺方法。热处理在机械制造工业中占有非常重要的地位，它是强化金属材料、提高零件使用寿命最有效的方法之一。其工艺方法的种类繁多，根据加热和冷却方式的不同，钢的热处理方法通常可分为普通热处理、表面热处理及特殊热处理，具体如图 2.1 所示。

任何一种热处理工艺都是由加热、保温和冷却三个阶段组成的。因此，热处理工艺过程可用“温度-时间”为坐标的曲线图表示，如图 2.2 所示，此曲线称为热处理工艺曲线。

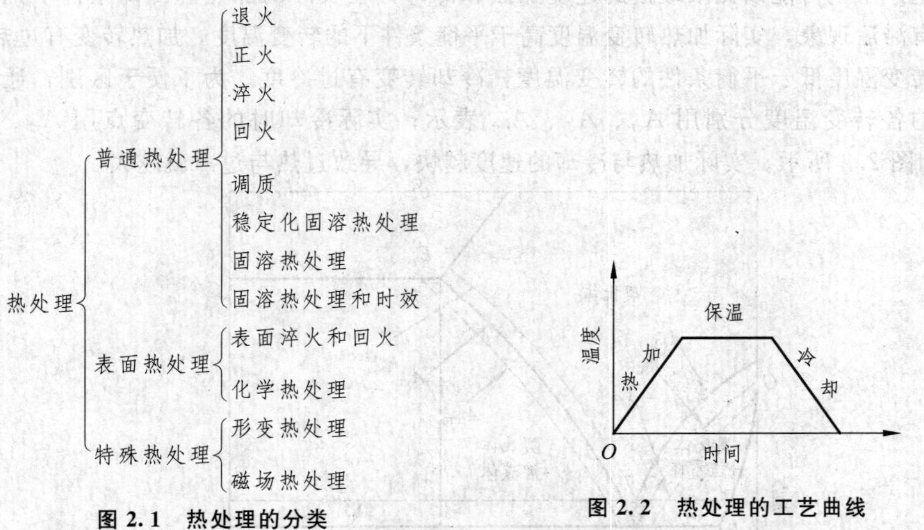

图 2.1　热处理的分类

图 2.2　热处理的工艺曲线

加热是热处理的第一步，加热质量的好坏，加热温度的选择正确与否，对于后期热处理的组织和性能、机械加工以及使用性能有很大的影响。

保温的目的是使工件整体获得统一的组织形式，为组织转变、稳定尺寸以及获得所需的使用、加工性能做准备，保温时间的长短直接影响着材料冷却后得到组织的性能。

冷却的目的是为了得到所需要的组织形式。冷却方式不同得到的组织也就不同，主要的冷却方式有 4 种：

① 退火中的缓慢冷却：对共析、过共析钢来说，实质是奥氏体化后进行珠光体转变。

② 正火中的空气冷却：实质是完全奥氏体化加伪共析转变，也称为伪共析珠光体。

③ 淬火中的快速冷却：实质是奥氏体化后进行马氏体转变，获得强度、硬度都较高的马氏体组织，为得到使用性能做了组织上的准备。

④ 回火中的冷却：实质是消除回火中所产生的回火脆性，稳定尺寸，获得所需的使用性能和机械性能。回火脆性有两种，即第一回火脆性和第二回火脆性，第一回火脆性是不可逆的，第二回火脆性是可逆的，用快冷的方法可以消除。

2.2 钢的组织转变

使用各种不同的热处理工艺，可以使钢得到不同的工艺性能和使用性能，而这些都是因为钢在加热和冷却的过程中，其内部发生了组织与结构变化的结果。因此，要正确掌握热处理工艺，必须首先了解在不同的加热及冷却条件下钢的组织变化的规律。

2.2.1 钢在加热时的组织转变

在热处理工艺中，钢首先通过加热转变成奥氏体组织。热处理的实质就是把钢的原始组织加热，使其转变为奥氏体。而钢加热组织转变质量的好坏（晶粒的大小、成分及其均匀程度），对钢冷却后的组织和性能有重要的影响。

由 $Fe-Fe_3C$ 相图得知，A_1、A_3、A_{cm} 是钢在平衡条件（极其缓慢加热和冷却）下的临界点。然而，生产中不可能以无限缓慢的速度加热和冷却，在实际的加热和冷却条件下钢的组织转变总是有滞后现象，实际加热转变温度高于平衡条件下的转变温度，加热转变有过热度；实际冷却的转变温度低于平衡条件的转变温度，冷却转变有过冷度。为了便于区别，通常把实际加热时的各转变温度分别用 A_{c1}、A_{c3}、A_{ccm} 表示；实际冷却时的各转变点用 A_{r1}、A_{r3}、A_{rcm} 表示，如图 2.3 所示。实际加热与冷却的速度越快，导致过热与过冷就越大。

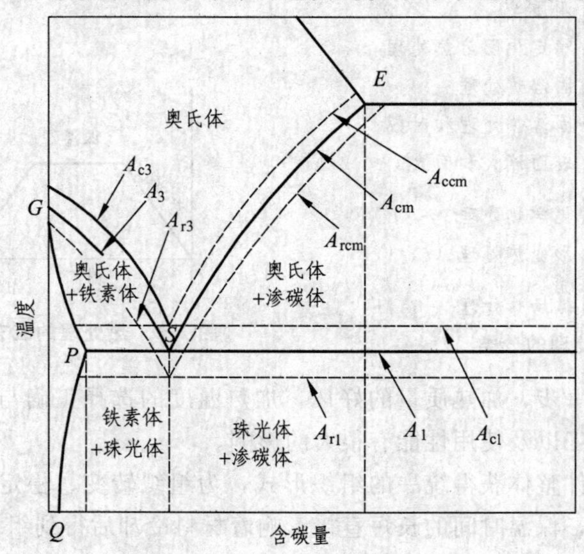

图 2.3　钢在加热和冷却时的相变临界点

整个奥氏体的形成过程分为 4 个阶段，即奥氏体形成、奥氏体晶核长大、残余奥氏体的溶解和奥氏体成分均匀化。

由此可知，钢在热处理过程中需要有一个保温阶段，这不仅是为了使工件表层与心部的温度趋于一致，同时还为了获得均匀的奥氏体组织，以便在冷却转变时得到良好的组织和性能。

亚共析钢的奥氏体化温度一般在 A_{c3} 以上，过共析钢的奥氏体化温度一般在 A_{ccm} 以上，保温一定时间，才能获得单相奥氏体组织。

2.2.2　钢在冷却时的组织转变

钢在加热时的奥氏体化，不是热处理的最终目的，它的作用在于为以后的冷却转变做好组织上的准备。钢的最终性能主要取决于冷却转变后得到的组织。所以，研究奥氏体在不同冷却条件下的组织转变规律，具有极为重要的实际意义。钢的冷却转变实质上是过冷奥氏体的冷却转变。由 $Fe-Fe_3C$ 相图可知，钢的温度处于临界点（A_1、A_3、A_{cm}）以上时，其奥氏体是稳定的；当温度处于临界点以下时，奥氏体将发生转变和分解。然而在实际冷却条件下，奥氏体虽然冷到临界点以下，并不立即发生转变，这种处于临界点以下的奥氏体称为过冷奥氏体。随着时间的推移，过冷奥氏体将发生分解和转变，其转变产物的组织和性能决定于冷却条件。

过冷奥氏体的冷却方式有两种，即等温冷却和连续冷却。

等温冷却是将已奥氏体化的钢迅速冷却到 A_1 以下某一温度，保温一定时间，使奥氏体在此恒温下完成组织转变。

连续冷却是将已奥氏体化的钢以不同的冷却速度，如炉冷、空冷、油冷、水冷等连续冷却到室温，奥氏体在一个温度范围内完成其组织转变。

2.3　钢的退火与正火

钢的退火和正火是最常用的两种基本热处理工艺方法，安排在毛坯生产之后，称为预备热处理，为以后切削加工和最终热处理做组织准备。退火和正火不但可以消除铸件、锻件及焊接件的工艺缺陷，而且可以改善金属材料的加工成型性能、切削加工性能、热处理工艺性能，并能稳定零件几何尺寸。

2.3.1　钢的退火

将钢加热到临界点以上，保温一定时间，然后缓慢冷却（一般需随炉冷却）到 500℃以下后空冷的热处理工艺，称为退火。

退火的实质：对共析、过共析钢来说，是奥氏体化后进行珠光体转变；对亚共析钢来说，是奥氏体化后进行先共析转变加珠光体转变。

退火的目的：

① 降低钢的硬度，提高塑性，便于切削加工和冷变形加工。

② 消除铸造、锻造、焊接产生的组织缺陷和组织偏析；改善钢的性能或为以后的热处理做准备。

③ 消除钢中的残余内应力，以防止变形和开裂。

④ 稳定尺寸。

在实际生产中，退火的种类有很多，按其物理性质的不同，可分为两大类：第一类是在临界温度（A_{c1}或A_{c3}）以上的退火，又称为相变重结晶退火，包括完全退火、不完全退火、球化退火、扩散退火等；第二类是在临界温度以下的退火，包括再结晶退火、去应力退火等。

1. 完全退火

将亚共析钢加热到A_{c3}以上，使其完全奥氏体化，保温一定时间，然后缓慢冷却的热处理工艺，称为完全退火。

完全退火在加热过程中使钢的组织全部转变为奥氏体；在冷却过程中，奥氏体转变为细小而均匀的平衡组织。

完全退火的目的：细化晶粒，改善机械性能或为淬火做好准备；消除锻、轧产生的应力。

加热温度：对碳钢，加热温度为$T=A_{c3}+(30\sim50)$℃；对合金钢，为$T=A_{c3}+(30\sim70)$℃。

冷却方法：理论要求随炉冷至 500℃以下出炉，生产中 300℃以下出炉。

检验：布氏硬度计（HB）。

适用范围：主要适用于亚共析钢成分的碳钢和合金钢铸件、锻件和轧件。

2. 不完全退火

将钢加热到$A_{c1}\sim A_{ccm}$（或A_{c3}）之间温度，达到不完全奥氏体，随之缓慢冷却的热处理工艺，称为不完全退火。

不完全退火的目的：细化组织，消除内应力，降低硬度，提高塑性，改善切削加工性能。

加热温度：A_{c1}以上 20～50℃。

保温时间、冷却方法、检验都与完全退火相同。

适用范围：主要适用于共析钢、过共析钢和亚共析钢成分的中、高碳钢和低合金钢锻件。

3. 等温退火

将钢加热到A_{c3}以上，使其完全奥氏体化，保温一定时间，然后较快地冷却到略低于A_{r1}的温度区（珠光体转变温度区）进行等温，使奥氏体转变成珠光体退火组织，然后空冷下来的热处理工艺，称为等温退火。

等温退火的加热时间、保温时间与完全退火一样。

等温温度：一般为该钢种A_{r1}以下 20～30℃，在生产中通常为 600～680℃。

等温时间：一般碳钢取 1～2 h，合金钢取 3～4 h。

冷却速度：任意速度冷却，一般空冷。

等温退火的优点如下：

① 缩短了周期，可比普通退火缩短 4～7 h。

② 内部组织和机械性能比较均匀。

4. 球化退火

将钢加热到A_{c1}以上，保温适当时间后缓慢冷却，使钢中的碳化物成为球状珠光体的热处理工艺，称为球化退火。

球化退火的目的：使共析钢或过共析钢中的渗碳体球化，从而降低硬度，改善切削加工性能；为淬火做准备。

加热温度：只能是该钢的 A_{c1} 以上 10～20℃；

保温时间：与完全退火一样。

适用范围：主要适用于含碳量高于 0.6%的各种高碳工具钢、模具钢、轴承钢等。

5. 低温退火

将钢加热到 A_{c1} 以下（一般温度为 500～600℃），保温一定时间（一般为 1～2 h），以使其软化的热处理工艺，称为低温退火。

低温退火不发生组织转变，因此它常用于消除铸件、锻件、焊接件的残余力，以使其定型和防止开裂。

低温退火的目的是使钢软化，以便于切削加工和冷却变形。

6. 再结晶退火

将经过冷变形加工的工件加热到一定温度，保温一定时间后缓慢冷却（可采用炉冷或空冷），使其形成新的晶粒而不发生相变，这种热处理工艺称为再结晶退火。

再结晶退火的目的：消除冷变形引起的冷作硬化，恢复材料塑性以便进一步的塑性加工；或者是保证一定的使用性能。

加热温度：碳钢加热一般为 650～700℃。

保温时间：保温 10～60 min。

7. 扩散退火

扩散退火又称为均匀化退火，它是将钢锭、铸件或锻坯加热至略低于固相线的温度下长时间保温，然后缓慢冷却以消除化学成分不均匀现象的热处理工艺。

扩散退火的目的：消除铸锭或铸件在凝固过程中产生的结晶偏析及区域偏析，使成分和组织均匀化。

加热温度：为使各元素在奥氏体中充分扩散，扩散退火加热温度很高，通常为 A_{c3} 或 A_{ccm} 以上 150～300℃，具体加热温度视偏析程度和钢种而定。碳钢一般为 1 100～1 200℃，合金钢一般为 1 200～1 300℃。

保温时间：10～20 h。

冷却方法：炉冷。

2.3.2　钢的正火

正火又称常化，是工件加热至 A_{c3} 或 A_{ccm} 以上，使其完全奥氏体化，保温一段时间后再从炉中取出，在空气中或喷水、喷雾或吹风冷却的热处理工艺。正火是退火的一个特例，两者只是冷却速度不同。正火冷却速度比退火冷却速度稍快，因而正火组织要比退火组织更细一些，其机械性能也有所提高。另外，正火炉外冷却不占用设备，生产率较高，因此生产中尽可能采用正火来代替退火。

正火的目的：

① 细化组织，消除热加工造成的过热缺陷，使组织正常化；

② 用于低碳钢（含碳量小于0.3%），提高硬度，改善切削加工性能；对于不太重要的工件，也可作为最终热处理。

加热温度：对于亚共析钢，为 A_{c3} 以上 30～50℃；对于过共析钢，为 A_{ccm} 以上 30～50℃。在生产实践中，正火加热温度往往超过上述范围，如 40Cr 的 $A_{c3}=780$℃，而它通常是在 850～870℃的温度下正火，正火温度比 A_{c3} 高 70～90℃，这是因为在这样的温度下并不会引起晶粒的长大，反而会加速组织转变的过程，从而缩短工作时间，有益于经济效益，因而是合理的。

保温时间：与完全退火的保温时间相同。

适用范围：正火只适用于碳素钢及低、中合金钢，而不适用于高合金钢。

正火和各种退火的加热温度范围和热处理工艺曲线如图 2.4 所示。

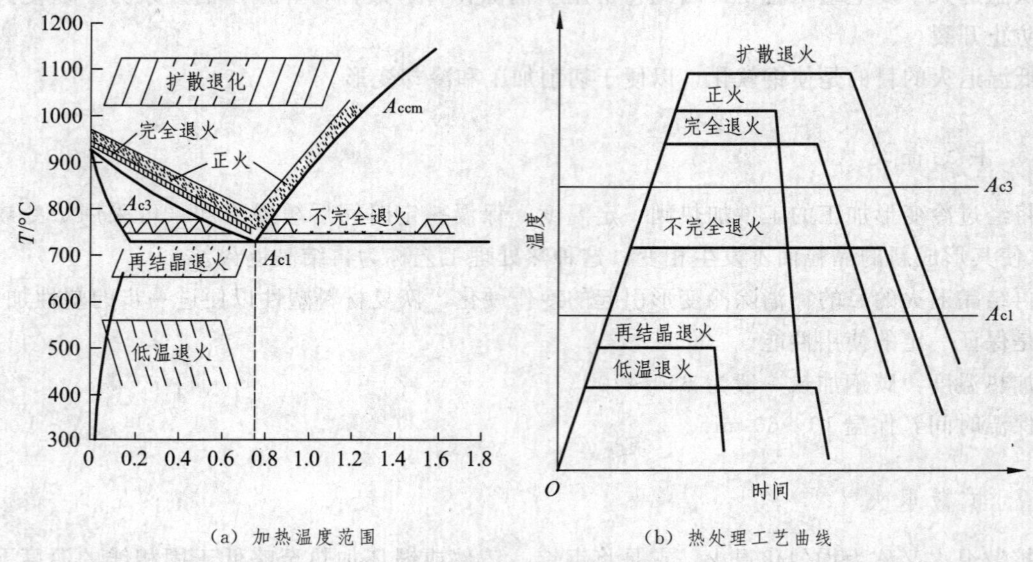

(a) 加热温度范围　　(b) 热处理工艺曲线

图 2.4　正火和各种退火的加热温度范围和热处理工艺曲线

2.4　钢的淬火

钢的淬火是将钢加热到临界温度 A_{c3}（亚共析钢）或 A_{c1}（过共析钢）以上某一温度，保温一段时间，使之全部或部分奥氏体化，然后以大于临界冷却速度的冷速快冷至 M_s 以下（或 M_s 附近等温）进行马氏体（或贝氏体）转变的热处理工艺。

通常也将铝合金、铜合金、钛合金、钢化玻璃等材料的固溶处理或带有快速冷却过程的热处理工艺称为淬火。

淬火是热处理工艺中最重要的工艺，淬火的目的是使过冷奥氏体进行马氏体或贝氏体转变，得到马氏体或贝氏体组织，然后配合以不同温度的回火，以大幅提高钢的强度、硬度、耐磨性、疲劳强度以及韧性等，从而满足各种机械零件和工具的不同使用要求。也可以通过淬火满足某些特种钢材的铁磁性、耐蚀性等特殊的物理、化学性能。

淬火能使钢强化的根本原因是相变，即奥氏体组织通过相变而成为马氏体组织或贝氏体组织。

在钢的淬火工艺中，影响淬火质量的因素主要有：加热温度、加热速度、加热时间、冷却剂的冷却能力以及工件投入冷却剂中的方式等。此外，还有钢的原始组织状况、工件的形状因素等。

2.4.1　淬火温度的选择

碳钢的加热温度取决于钢中的含碳量。对于亚共析钢，淬火温度为 A_{c3} + (30～70)℃；对于共析钢和过共析钢，淬火温度为 A_{c1} + (30～70)℃。

① 为什么亚共析钢要加热到 A_{c3} 以上？

因为如果将亚共析钢的加热温度选择在 A_{c1}～A_{c3} 之间，则淬火冷却后，奥氏体转变为马氏体，而铁素体被保留下来，导致钢达不到应有的高硬度；如果亚共析钢的淬火加热温度远高于 A_{c3}，除加剧钢的氧化脱碳现象外，还会引起奥氏体晶粒显著粗化，并在淬火冷却时，增加钢的变形和开裂的倾向。

② 为什么共析钢、过共析钢要在 A_{c1} 以上、A_{ccm} 以下加热？

如果把过共析钢加热到 A_{c1}～A_{ccm} 之间的温度，则经淬火冷却后得到马氏体和渗碳体组织，由于渗碳体的硬度高于马氏体，所以它的存在有利于提高钢的耐磨性能。但淬火前渗碳体最好呈细粒状均匀分布，而不允许以网状形式存在，因为这会增加钢的脆性，使钢淬裂。如果把过共析钢加热到 A_{ccm} 以上，就会使渗碳体颗粒完全溶解，导致奥氏体晶粒长大，这样会使钢的耐磨性因渗碳体硬度颗粒消失而降低，淬火时急冷会增加淬火内应力，使钢淬裂。

表 2.1 列出了几种常用淬火加热温度。

表 2.1　常用淬火加热温度

钢号（#）	45	40Cr	30CrMnSi	T8～T12	9CrSi	CrWMn
淬火温度/℃	810～840	810～860	800～900	780～810	860～880	820～850

2.4.2　淬火加热保温时间的确定

淬火加热时间的确定，既要保证工件表面和心部都达到指定的加热温度，又要保证组织转变充分进行和化学成分扩散均匀。加热时间过长，会增加钢的脱碳氧化的倾向，并使奥氏体晶粒粗化；加热时间过短，又会导致组织转变不完全，成分扩散不均匀，在淬火回火后得不到所需的机械性能，因此适当地选择加热保温时间，对保证钢的淬火质量和提高生产效率是重要的。

在生产条件下，为了保证生产效率和便于控制加热保温时间，往往先把炉温升高到规定淬火加热温度后再装入工件，待炉温重新升到淬火加热温度时，开始计算时间，这样就把工件的实际加热时间和保温时间结合起来。

加热、保温时间可以根据理论时间计算，也可根据实际经验公式计算。理论时间计算公式为

$$t = k \times D$$

式中：D 为工件有效厚度；k 为加热时间系数。加热温度越高则加热时间越短，有尖角或细刃的工具，k 值要取小些。

2.4.3　冷却介质

需要淬火的工件，经过加热后，便放到一定的冷却介质中激冷淬火。冷却是淬火的关键工序，它关系到淬火质量的好坏，同时冷却也是淬火当中最容易出问题的一道工序。

快速冷却的目的，是为了防止过冷奥氏体在 M_s 点以上发生任何分解。根椐连续冷却"C"曲线（见图2.5）可知，过冷奥氏体在650～400℃之间分解最快，因此，只需要在这一温度区间内快冷，在这以上和以下的温度区间内并不要求快冷。在 M_s 点以下反而希望冷却缓慢些，以防止淬火变形和开裂。

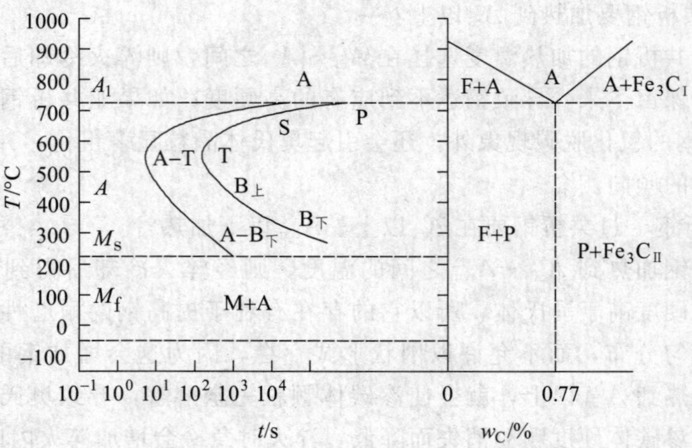

图2.5 共析钢过冷奥氏体等温转变曲线

共析钢过冷奥氏体等温转变温度与转变组织的特征见表2.2。

表2.2 共析钢过冷奥氏体等温转变温度与转变组织的特征

转变温度范围	过冷程度	转变产物	代表符号	组织形态	层片间距	清晰鉴别的放大倍数
A_1～650℃	小	珠光体	P	粗片状	约0.3 μm	＜500
650～600℃	中	索氏体	S	细片状	0.1～0.3 μm	1 000～1 500
650～550℃	较大	托氏体	T	极细片状	约0.1 μm	10^4～10^5（电子显微镜）
550～350℃	大	上贝氏体	$B_上$	羽毛状	—	＞400
350℃～M_s	更大	下贝氏体	$B_下$	照片（针）状	—	＞400

淬火介质根据其冷却特性的不同，可以分为两大类：

第一类淬火介质包括各种水质淬火剂和油质淬火剂，以及加入少量水的低温盐浴或碱浴。这些淬火介质的沸点都低于工件的淬火温度，所以赤热工件淬入其中，介质便会汽化沸腾，强烈散热。在工件与介质的界面上，还以辐射、传导、对流方式散热。冷却曲线是先快后又变慢。

第二类淬火介质包括各种低温盐浴、碱浴、金属浴等。这类淬火介质的沸点都高于工件的淬火温度，所以赤热工件淬入其中，介质不会汽化沸腾，只在工件与介质的界面上，以辐射、传导和对流的方式进行热交换，使工件温度逐渐降低。

1. 水

水是最常用的一种淬火介质，在650～400℃区间，水的冷速很小，大约只有200 ℃/s，而在400℃以下需要慢冷的区间，水的冷速大增，在大约300℃之间达到最大值800 ℃/s，水温越高冷却能力越差，冷却特性越坏。所以水槽温度越低越好，一般不能超过30℃，并且要加强水的循环、搅拌或喷射，这样可提高650～400℃区间的水的冷速。若水中混有油或肥皂，则会显著降低高温区的冷速，影响很坏。

水作为冷却介质具有以下优点：① 冷却能力大；② 使用安全，无燃烧、爆炸、腐蚀的危险，不污染环境；③ 价廉易得；④ 淬火工件不需要清洗；⑤ 容易实现机械化自动化。

在水中加入一些添加剂，可以改善水的冷却特性和冷却能力，从而形成下述一系列水质淬火剂。

食盐水溶液：5%的 NaCl 水溶液的冷却特性比较理想，10%的 NaCl 水溶液的冷却特性也还可以，浓度增大到 15%时，冷却特性变坏，低温区的冷速太大。常用 NaCl 水溶液的浓度为 10%左右。

由于水中溶有 NaCl，淬火时，水剧烈汽化，食盐微粒在工件表面析出并爆炸，不断破坏蒸汽膜的形成，所以最大冷速移到 600℃左右，冷速可达到 2 000 ℃/s。故盐水的冷却能力比水大很多。

碱水溶液：常用浓度为 10%或 50%的 NaOH 水溶液。浓度为 10%的碱水，冷却特性较为理想，浓度提高到 15%，冷速大增，但是马氏体区冷速过大。浓度为 50%时，冷却特性较为理想，特别是 96℃的 50%NaOH 水溶液，冷却特性最为理想，所以这种浓度的碱水经常用于断面较大的、水淬易开裂而油淬不硬的碳素钢件，如碳素钢模具等。碱水淬火还有一大优点，就是工件表面非常光洁；缺点是有不好的气味，溅到皮肤上有腐蚀性，以及有老化变质问题，所以碱水不如盐水用得广泛。

用盐水或碱水淬火时，液温不能超过 60℃，但 50%的 NaOH 水溶液是例外。

2. 油

油也是一种常用的淬火介质，有植物油和矿物油两类。植物油，如豆油、芝麻油，冷却特性都比较理想，但容易老化，寿命短，价格高，故目前几乎被矿物油所取代。矿物油作为淬火介质有许多优点：① 冷速不大，冷却特性较好，故多用于合金钢淬火；② 闪点高，着火危险小；③ 黏度适当，工件损失小；④ 无腐蚀性；⑤ 来源充足，价格较低；⑥ 容易实现机械化、自动化。

油的牌号是按运动黏度的大小编制的。油的黏度越大，则闪点越高，使用温度也可越高。但是，黏度越大，流动性越差，因而气泡逸出速度和对流散热速度都变小。提高油温可使黏度减小，从而提高冷却能力。但是，油的使用温度必须低于闪点 80～100℃，以防着火。所以，淬火油的选用，主要考虑闪点和黏度，同时还要考虑冷却特性。

10# 机油的冷却特性不太理想，低温区冷速偏大。20# 机油则好些，50# 机油更为理想。通常，10#、20# 机油在 80℃以下使用，20# 机油用得最多。热油比冷油淬火性能好。总之，油的冷却能力比水小很多，但油的冷却特性比水好得多，所以油适用于合金钢淬火。

淬火油在长期使用以后会发生老化，即出现黏度增大、闪点升高、冷却能力下降的现象。这是由于淬火油经常与赤热工件、空气、工件带入的盐类、氧气皮及水分等接触，逐渐发生分解、氧化或聚合，使油分子变大。防止淬火油过早老化的办法是：① 防止淬火油过热，工件在油中要不断移动；② 避免用压缩空气搅动淬火油；③ 避免将水分带入油中；④ 经常捞除油渣及氧化皮，最好采用循环过滤和冷却淬火油。

低温盐浴或碱浴（第二类淬火介质）主要用于分级淬火和等温淬火。最常用的是 50% KNO_3 +50% $NaNO_3$ 的硝盐浴，使用温度为 150～500℃。

2.5 钢的回火

将淬火钢件重新加热到 A_1 点以下的预定温度，保温预定时间，然后冷却到室温的热处理工艺，称为钢的回火。

2.5.1 回火的必要性

零件经淬火获得马氏体组织后，强度、硬度提高，但马氏体的性能很脆，又由于淬火后零件内部有很大的内应力，使零件的塑性与韧性都很低，如果在室温下放置一段时间，由于内应力的重新分布，常常会引起零件变形甚至开裂，因此除去对机械性能无要求的硬磁钢外，几乎所有的淬火钢都需要进行回火处理。

回火是紧接着淬火的一道热处理工序，回火决定了钢在使用状态的组织和性能，因此回火是很关键的工序，回火不足可以重新回火，但一旦回火过度，就会前功尽弃，必须重新淬火。

2.5.2 淬火钢回火的目的

① 减少或消除工件淬火时产生的内应力，防止工件在使用过程中发生变形和开裂。

② 通过回火提高钢的韧性，适当调整钢的强度和硬度，使工件达到所要求的力学性能，以满足各种工件的要求。

③ 稳定组织，使工件在使用过程中不发生组织转变，从而保证工件的形状和尺寸不变，保证工件的精度。

2.5.3 回火时的组织转变

淬火钢的组织在回火升温过程中，依次发生以下5种转变：

① 马氏体的分解（80～200℃），体心正方晶格向体心立方晶格转变；

② 残余奥氏体的转变（230～370℃）；

③ 碳化物转变（300～400℃），组织为回火屈氏体；

④ 渗碳体聚集长大；

⑤ 铁素体的回复、再结晶（400～650℃），组织为回火索氏体。

这5种转变发生在不同的温度范围内，但是其中某些转变也可能同时在某一温度范围内进行。

2.5.4 回火的应用

在生产中实际采用的回火有4种：

① 低温回火（150～250℃）。得到回火马氏体组织，硬而耐磨，强度高，疲劳抗力大，硬度可达到 HRC 58～64。多用于刃具、量具、冷冲模具、滚动轴承、精密配件以及超高强度钢构件、渗碳体件。

② 中温回火（400～500℃）。得到回火屈氏体组织，屈强比（σ_s/σ_b）高，弹性好，硬度可达到 HRC 40～50。多用于各种弹簧的热处理。

③ 高温回火（500～650℃）。得到回火索氏体组织，强度和韧性的综合性能高，硬度可达到 HRC25～40。多用于轴类、连杆、连接件等。淬火加高温回火又叫“调质”。

④ 高温软化回火。回火温度比 A_1 低 20～40℃，得到回火珠光体，工艺性能好。主要用于马氏体钢的软化和高碳合金钢的淬火返修品，以代替球化退火。

2.5.5 回火脆性

回火温度在 250～400℃之间会使钢的韧性显著降低，这种现象称为第一类回火脆性。这种脆性一旦产生就无法消除，因此生产上要尽量避免在这个温度段内进行回火。

高温回火后，冷却方式对钢的韧性有很大的影响，如锰钢、铬镍钢、铬硅钢、硅锰钢和铬锰钢等，经 500～650℃回火后，如果缓慢冷却（炉冷或空冷），则钢的韧性会显著降低，这种现象称为第二类回火脆性。因此，这类钢在高温回火后必须急冷（水或油冷），以避免产生第二类回火脆性。

2.5.6 回火工艺参数的确定

回火温度在生产中一般根据工件的硬度要求，参照有关技术资料来选择。

回火时间随着工件的大小、回火温度的高低、工件的材料及加热炉的类型变化。

碳钢在 RJJ－36 型炉内回火保温时间如表 2.3 所示。

表 2.3　碳钢在 RJJ－36 型炉内的回火保温时间

厚度/mm		＜20	20～40	40～60	60～80	＞80
时间/min	低温	60	60～90	90～120	90～120	120
	中温	45	45～60	60～90	90～120	120
	高温	30	30～45	45～60	60～90	120

回火保温计算方法：以 45 钢为例，含碳量每增加或减少±0.05%，温度升、降 10～15℃。理论公式为

$$\tau_{\text{保温时间}} = at + (10 \sim 20)\ \text{min}$$

式中：a 为工件有效工作厚度，单位 mm；t 的取值如下（碳素钢取下限，合金钢取上限）：

对盐浴，t=0.5～0.8 min/mm；

对井式回火炉，t=1～1.5 min/mm；

对箱式回火炉，t= 2～2.5 min/mm。

2.5.7 回火冷却

钢件回火后一般在空气中自然冷却，但铬锰钢、铬镍钢、铬硅钢高温回火后应采用水冷，锰钢、硅锰钢应采用油冷。

制定回火工艺时应注意以下几点：

① 淬火硬度。在同样回火之后，淬火硬度越高，则回火硬度也越高。所以，回火工艺参数应根据实际淬火硬度加以修正。

② 淬火温度。有二次硬化的钢，淬火温度不同，其回火温度也不同。如 Cr12MoV 从

980℃淬火后，无二次硬化现象，故采用200℃低温回火一次或两次。若从1 080℃淬火，则有二次硬化现象，故采用520℃高温回火两次。

③ 等温淬火件。一般来说，等温淬火后也应回火。但是，碳素钢及低合金钢等温淬火在1 h以上者，组织转变充分，残余奥氏体很少，故可以不回火。对于残余奥氏体多的钢，等温淬火后必须回火，且回火温度应低于等温温度，并应躲过低温回火。

④ 低碳马氏体。低碳钢淬火时，条状马氏体已经自回火，因此可以不再回火。但是低碳合金钢淬火后最好再进行一次低温回火为好。

⑤ 回火脆性。应极力避开低温回火脆性区，所以低温回火一般不超过200℃。如果硬度和强度要求恰好在这一脆性区内，则可以采用较高温度短时快速回火来避开，或改为等温淬火。钢件在高温回火脆性区内回火后要快冷，特别是含铬、镍、锰、硅的合金钢高温回火后必须快冷，而含有钨、钼的钢空冷即可。

⑥ 局部回火。高硬度部分要进行较低温度回火，而低硬度部分则要进行较高温度回火。一般的回火程序是先对低硬度部分进行高温短时快速局部回火，再对高硬度部分进行整体或局部回火。最好是在低硬度部分回火时，利用热传导将高硬度部分回火也完成，有时也可以在淬火后先进行整体高硬度回火，防止开裂，然后再进行局部低硬度回火。

⑦ 带温回火。断面较大的工件，特别是合金钢模具，油冷淬火不要冷到底，而应冷到100～200℃之间立即出油。及时带温回火，可以防止开裂、变形，且不会影响性能。

此外，为了保证回火组织和性能的均匀性，并防止局部过度回火，最好在油浴、盐浴或炉气循环的专用回火炉中进行回火。

2.6 表面淬火

有的工件只需要一定厚度的表层得到强化，硬而耐磨，心部仍可保留高韧性状态。进行表面淬火或进行化学热处理可以达到此目的。

表面淬火是利用快速加热方法使工件表面层奥氏体化，然后淬火，而心部组织并不变化。根据加热介质的不同，表面淬火可分为感应加热表面淬火、火焰加热表面淬火、盐浴加热表面淬火、电解液加热表面淬火等。下面简单介绍感应加热表面淬火和火焰加热表面淬火。

2.6.1 感应加热表面淬火

感应加热表面淬火是以交变电磁场作为加热介质，利用电磁感应现象，在工件表面层感生巨大涡流，使表面层快速加热而淬火的方法。交变电磁场是交变电流流过感应圈而产生的，工件放在感应圈内进行加热，随后喷水或浸水淬火。根据感应加热设备产生的交变电流频率的不同，可以分为高频加热、中频加热和工频加热3种。高频加热电流频率为200～250 kHz，高频淬火深度较薄，一般小于2 mm。常用的中频电流频率为8～10 kHz，中频淬火深度较大，可达到2～8 mm。工频电流频率是50 Hz，淬火深度更大，一般在8 mm以上。要求的淬火硬层越薄，越要采用较高的频率。

感应加热的优点有：① 加热速率快，生产率高；② 加热时间短，表面氧气脱碳极微；③ 表层局部加热淬火，工件变形很小；④ 表层硬度高，缺口敏感性小，耐冲击、疲劳及磨损；⑤ 感应加热设备可投入到生产流水线上，进行程序自动控制，工艺质量稳定。

含碳量为 0.4%～0.5%的优质碳素钢和低合金钢最适于进行高频或中频加热淬火。感应加热淬火已应用于高碳的工具钢及各种铸铁件的表面淬火。

钢的原始组织对感应加热淬火质量的影响很大，所以高频淬火件都要进行预备热处理，最好是进行调质处理，得到细粒状的回火索氏体组织，这样既能保证性能均匀，又能防止表面过热。为了简化工艺，也可采用正火代替调质，得到细片状珠光体组织。

2.6.2　火焰加热表面淬火

利用高温火焰快速加热工件表层，使之淬火硬化的方法，通常称为火焰淬火。火焰淬火一般用于中碳钢表面强化，可以得到 0.8～6 mm 深的淬火硬化层。

表面加热用的高温火焰，是由两种气体混合后高速燃烧形成的，一种是氧化气，另一种是燃料气。氧化气有两种：氧气（100%的 O_2）或者空气（21%的 O_2）。燃料气有多种，如乙炔（C_2H_2）、丙烷（C_3H_3）、天然煤气、液化石油气等。

火焰淬火的优点是：① 设备简单，使用方便，成本低，只要有气源和烧嘴，就可以进行火焰淬火；② 不受工件体积大小以及淬火部位的限制，因此可用于特大件的表面淬火，可以灵活移动使用；③ 淬火表面清洁，无氧化脱碳现象，变形也小。

火焰淬火的缺点是不容易控制加热温度，表面容易过热，而且淬火质量不容易均一。

2.7　钢的化学热处理

把钢制零件放在欲渗元素的活性介质中，加热到预定温度，保温预定时间，使该元素渗入零件表面层中，从而改变表面层的成分、组织和性能，这种工艺过程称为钢的化学热处理。

化学热处理与表面淬火都属于表面热处理，但是表面淬火只是改变表面层的组织，化学热处理则能同时改变表面层的成分和组织。

化学热处理的工艺很多，一般都以渗入的元素来命名，如渗碳、氮化、渗硼等。常用化学热处理的工艺及作用如表 2.4 所示。

表 2.4　常用化学热处理方法及其作用

工艺名称	渗入元素	作　用
渗　碳	C	提高表面硬度、耐磨性和疲劳强度
氮　化	N	提高表面硬度、耐磨性、疲劳强度和耐蚀性
氰　化	C\N	提高表面硬度、耐磨性和疲劳强度
软氮化	C\N	提高表面硬度、耐磨性和疲劳强度
渗　硫	S	提高表面减磨性和抗咬性
硫氰共渗	S\C\N	提高表面减磨性、耐磨性、抗咬性和疲劳强度
渗　硼	B	提高表面硬度、耐磨性和耐蚀性
渗　铝	Al	提高表面抗氧化性及含硫介质中的耐蚀性
渗　铬	Cr	提高表面抗氧化、耐蚀性和耐磨性
渗　硅	Si	提高表面耐蚀性
渗　锌	Zn	提高表面抗大气腐蚀能力

2.7.1 化学热处理的基本过程

任何化学热处理都是由分解、吸收、扩散3个基本过程组成的。

分解过程就是从作为活性介质的化合物中分解出活性原子的过程。

吸收过程就是活性原子从钢的表面进入铁的晶格的过程；碳、氮、硼等原子半径较小，是以间隙方式进入铁的晶格的，而铝、铬、硅、锌等原子则以置换方式进入铁的晶格。

扩散过程就是渗入钢中的原子由表面向内部扩散迁移的过程。温度越高，扩散越快，因而渗层增长越快。表面浓度越高，扩散也越快，渗层增长也越快。

一般来说，在上述3个基本过程中，扩散是最慢的一个过程，整个化学热处理过程的速度就受扩散速度所控制。

2.7.2 钢的渗碳

把碳钢工件放在渗碳性介质中，加热到单相奥氏体区（一般采用920～930℃），保温足够长的时间，使工件表面层的碳浓度提高，这样一种热处理工艺称为渗碳。

在钢的化学热处理当中，渗碳是应用最广泛的一种工艺。许多重要零件，如齿轮、活塞销、轴类等，都要进行渗碳热处理。

根据渗碳介质状态的不同，可以分为固体渗碳、膏剂渗碳、液体渗碳和气体渗碳。

渗碳用钢都是含碳量在0.10%～0.25%的低碳钢，其中应用最多的是含碳量为0.15%～0.20%的碳素钢及合金钢，如15#、20#、20Cr、20CrMnTi、20SiMnVB、$18Cr_2Ni_4WA$、20CrMnVBA等。

渗碳的目的是使工件表面层硬而耐磨，心部强而韧，具有高的疲劳强度，表层不崩裂、不压陷、不点蚀。渗碳层深度可按使用要求确定，一般为0.5～2 mm，渗碳层的表面碳浓度在0.8%～1.1%之间为好，尤其是在0.85%～1.05%之间最好。

关于渗碳层深度δ的取值，可以根据下列因素来决定：

① 渗碳部位的断面尺寸。

对于轴类：$\delta=(0.1\sim0.2)R$，R为半径（mm）；

对于齿轮：$\delta=(0.2\sim0.3)m$，m为模数（mm）；

对于薄片工件：$\delta=(0.2\sim0.3)t$，t为厚度（mm）。

② 工作条件。磨损轻的，δ取小些；磨损重的，δ取大些。接触应力小的，δ取小些；接触应力大的，δ取大些。

③ 心部碳浓度。心部碳浓度低的，δ要大些；心部碳浓度高的，δ要小些。此外，在同样条件下，合金钢的渗层可以比碳素钢的薄些。

通常遇到的渗碳层深度都在0.5～2 mm之间，深度波动范围不应大于0.5 mm。当渗碳层深度小于0.5 mm时，一般都用氰化而不用渗碳，或用中碳钢高频淬火代替渗碳。

渗碳层的最外层是过共析钢，中间是共析钢，再里边是亚共析钢的过渡层，最后是心部的原始组织。

2.8 淬火缺陷——变形与开裂

由于淬火冷却时产生的淬火应力称为热应力。热应力使工件的尺寸、形状发生变化，称为冷却变形。当淬火应力过大，超过断裂强度时，在工件表面或内部形成裂纹，称为淬火冷却开裂。在冷却过程中，热应力的变化规律是：冷却前期，表面受拉，心部受压；冷却后期，表面受压，心部受拉。冷却终了的残余应力状态是表面存在压应力，而心部存在拉应力。

奥氏体转变为马氏体时，由于比容增大伴随体积增大，工件表面和内部组织转变先后顺序不一致而引起的内应力称为组织应力。工件淬火时其热应力同时存在，称为淬火应力。当淬火应力大于钢的屈服强度时，工件将产生变形；当淬火应力超过钢的抗拉强度时，工件将产生开裂。

2.8.1 影响变形的因素

1. 热应力和组织应力的影响

① 热应力引发变形，其特点是：表面为压应力，心部为拉应力。在热应力的作用下，长形工件缩短，直径增大。有棱角的会变小圆角。正方形工件在心部多向压力作用下表面凸起，棱角变圆，趋于球形；对于模具型腔来说，则表现为型腔缩小。

② 组织应力引发变形，其特点是：表面为拉应力，心部为压应力。在组织应力的作用下，工件体积变化，在最大线性方向伸长，表面凹进，尖角突出；对于模具型腔来说，则表现为型腔胀大。

2. 化学成分的影响

含碳量越高，变形越大。

3. 工件截面不均匀的影响

若淬火工件几何形状复杂，厚薄不均匀、不对称或太长、太小等，则淬火变形较严重。这是因为截面不均匀的工件，在相同的冷却条件下，薄先冷，厚后冷，形成温度差异（热胀冷缩）和组织转变的不同期性，导致工件变形。

4. 淬火前机械加工的应力影响

工件机械加工时，各部分加工的程度不同，势必造成一部分受拉应力而另一部分受压应力，切削愈多应力愈大，使淬火工件发生变形。因此，重要工件及机械加工过甚工件，如轮鼓、弹簧、轧辊等，淬火前需经 350～450℃温度时效 1～4 h，以消除机械加工应力。

5. 淬火加热的影响

工件加热时，外部和截面不均匀的部位，必然会产生温度差，而且温度差愈大产生的热应力愈大，从而导致淬火急冷时加大变形。一般而言：① 加热温度过高，热应力越大、淬透性越好、组织应力越大；② 加热时间太长、速度过快，温度不均匀等，都将程度不同的引起变形。

6. 淬火冷却的影响

淬火冷却是热应力和组织应力最集中的工序，如冷却剂不纯（如油中有水，水中有油或其他杂质）以及冷却能力太强的冷却剂，会使内应力大大增大，变形也大大增加。因此冷速越快，内应力越大、变形越大。

7. 操作不当的影响

加热放置不当、绑扎不当、夹具不良、入水角度不对（长形件垂直入水、厚部先入水、弹簧平行入水等），都会影响变形。

2.8.2 预防和减小变形的措施

① 设计工件时，应尽量避免截面不均匀，使各部分对称，尽可能防止太薄、太细、太长部分。

② 淬火前施以消除机械加工应力的中温时效。

③ 淬火加热温度不宜过高、时间不宜太长，加热速度不宜过快，尽量保持各部分温度一致。

④ 注意选择淬火冷却剂，冷速不宜过强，保持冷却剂纯净。

⑤ 尽量选用变形不大的淬火法，如分级、等温、无变形淬火法等。

⑥ 尽可能采用正确的淬火操作。例如，工件淬火时，必须保持平稳、防止摇晃和碰撞；工件淬入冷却剂时，应确保得到均匀的冷却，以最小阻力方向淬入淬火剂，并作适当方向运动；大型薄板（片）件可用专用设备（压床或工夹具）压平淬火，或淬火后立即压平压直再回火；采用垂直吊挂加热、垂直吊挂回火、垂直吊挂冷却。

2.8.3 校正方法

1. 冷校正

1）冷压校正

冷压校正即将变形工件用垫铁垫好，用专用设备在冷态室温中进行加压校正，直至变形件恢复原有形态。

采用冷压校正时应注意以下几点：

① 适用于硬度小于HRC40的变形件；

② 垫铁要放适中，压力点要用软垫衬垫，以防损伤工件表面；

③ 除毛坯件外，冷校正后的工件要重新时效以消除应力。

2）冷态正敲校正

冷态正敲校正原理与冷压校正相同，只是受载形式不同，冷态校正是采用铜、铝、硬木榔头等敲打变形部位，直至变形件恢复原态。冷态校正适用于淬火前已变形且硬度低的薄板件。

3）冷态反敲击校正

此法适用于硬度大于HRC50的高硬薄片变形件，即在冷态用高硬度钢锤（最好高速钢制）连续敲击变形件最低处，使小面积产生塑性变形，并不断向四周扩展延伸，使弯曲变形减小直至消除。

采用冷态反敲击校正时应注意以下几点：

① 校正件需回火后进行；

② 用力应均匀，不宜过大过猛。敲击频率为每秒 2～3 次，从最低点开始有规律地向两端延伸；

③ 校正后应时效。

2. 热校正

将变形工件整体或局部加热，借助金属热态比冷态塑性变形能力佳的特点进行校正的方法，称为热校正。常用的热校正方法有以下几种：

1）热压校正

热压校正应回火后在热态下立即进行，方法与冷压校正相同。若一次校不过来，则加热以消除应力及晶格歪扭，再行施压校正。

2）局部烘校正

将未经回火变形工件的凸出部分，用氧-乙炔火焰缓慢烘热（温度＜回火温度），使被烘热部分的淬火马氏体转变成回火马氏体，因比容差异，使凸出部分收缩而被矫正。采用该法校正后应及时回火。

3）热点校正

将已回火变形工件的凸出部分，用氧-乙炔火焰缓慢加热后进行急冷，利用受冷收缩原理达到矫正的目的。

采用热点校正时应注意以下几点：

① 控制好加热温度，以稍过 A_{c1} 为宜。若加热温度低于 A_{c1}，则冷却后硬度降低，起不到重新淬火的目的；温度过高，则可能引起过热，导致冷却后形成裂纹。

② 加热时间不宜长，否则会造成加热点扩大。如果一次校正未果，可进行多次校正。

③ 选择热点时，应注意尽可能选择非工作面。冷却时配合冷压法效果更好。

④ 冷却时，碳钢应水冷，合金钢则应油冷。

3. 淬火过程中的校正

淬火冷却后，当钢件还处于过冷奥氏体状态时即进行热校正，此时相变正在进行中，金属具有超高塑性（相变诱发塑性），有利于校正。

在淬火过程中进行校正应注意以下几点：

① 淬火冷却出浴温度应控制在 200℃左右为宜，太高硬度不够，太低马氏体转变完成，塑性降低。

② 校正速度要快，校正时间过长会导致马氏体转变量增加，使钢件易压断。

③ 最好校正后吊挂空冷。

4. 回火校正

回火过程中亦存在相变，钢件塑性高，回火时，淬火马氏体内碳化物析出并向回火马氏体转化，残余奥氏体进一步向马氏体转变。回火校正是利用残余奥氏体的塑性及钢在回火温度下的热塑性进行校正的方法。

例如：薄片铣刀淬火后变形，可用螺杆穿好铣刀两端，用压板夹好再回火。

注意：① 若变形过大，可进行多次回火校正，第一次不应将螺帽拧得过紧，而应回火一定时间后分多次取出工件，之后拧紧螺帽再回火。

② 高速钢尽量在第一次回火后校正，避免第二次回火时产生回弹。

2.9 热处理安全操作规程

① 从事热处理工作，必须穿戴好劳动保护用品，如工作衣、手套、口罩、眼镜、皮鞋等。

② 工作前应检查使用工具、设备，以保证工具、设备本身及其应有的防护保险装置（如电气绝缘和接地）完好无损。

③ 热处理工作地点应该有条不紊，各项工具、材料、热处理零件、车辆设备不许随便乱放，以保证通行无阻。

④ 放入盐槽、碱槽、硝盐槽工作的零件、工具必须烘干水分，以免造成盐液飞溅。

⑤ 管状零件入浴炉和冷却必须倾斜插入，管口朝外；中空密闭零件不进行热处理。

⑥ 在盐槽、硝盐槽工作时，一定要有良好的通风设备，并必须在工作前开启通风设备。

⑦ 车间内必须装有消防设备，并妥善保管和正确使用它们。

⑧ 电炉必须装有限位器，并不得超过最高使用温度。

⑨ 使用电炉烘干各种低熔点金属及非金属时，严禁将其漏入或飞撒在炉内。

⑩ 易燃易爆物品或零件不得在炉内加热；严禁在炉内加热各种食品。

⑪ 凡生产用的水槽，严禁洗手、洗衣以及做其他用途。

⑫ 在添加煤油、酒精、汽油、甲醇等易燃物品时，必须谨慎小心，应避免漏泄现象，以防起火。

⑬ 新旧棉纱必须存放于指定之处。

习 题

2.1 什么是热处理？常用的热处理工艺有哪些？

2.2 什么是完全退火？什么是正火？两者有哪些异同点？

2.3 淬火的目的是什么？如何保证淬火质量？淬火过后为什么要紧接着进行回火？

2.5 回火的目的是什么？回火分哪几种，各有何特点？

2.6 导致淬火变形与开裂的原因有哪些？如何弥补和补救？

第3章 铸 造

【实习目的及要求】

① 了解砂型铸造的工艺过程和适用范围；

② 了解造型材料的基本性能和成分；

③ 了解砂型的结构；

④ 熟悉模样的分型面、分模面和浇、冒系统的组成及作用；

⑤ 能独立完成皮带轮的整模造型和手柄或叶片的挖砂造型并浇注；

⑥ 了解常见铸件的缺陷及其产生原因；

⑦ 了解先进的铸造生产方法及其特点。

3.1 砂型铸造的一般工艺流程

铸造是将熔融金属浇入铸型的空腔内，等其冷却凝固后获得特定形状与性能铸件的成型方法。铸造的工艺方法很多，一般将铸造分成砂型铸造和特种铸造两大类。用型砂和型芯砂制造铸型的方法称为砂型铸造；凡不同于砂型铸造的所有铸造方法，统称为特种铸造。

砂型铸造的造型材料来源广泛，价格低廉，因此砂型铸造目前仍然是国内外应用最广泛的铸造方法，也是最基本的铸造方法。例如，通过砂型铸造生产的金属切削机床床身、重型机器壳体等，通常占所有铸件总重量的70％～90％；通过砂型铸造生产的汽车零部件占汽车零部件总量的30％～70％。

砂型铸造的工艺流程如图3.1所示。

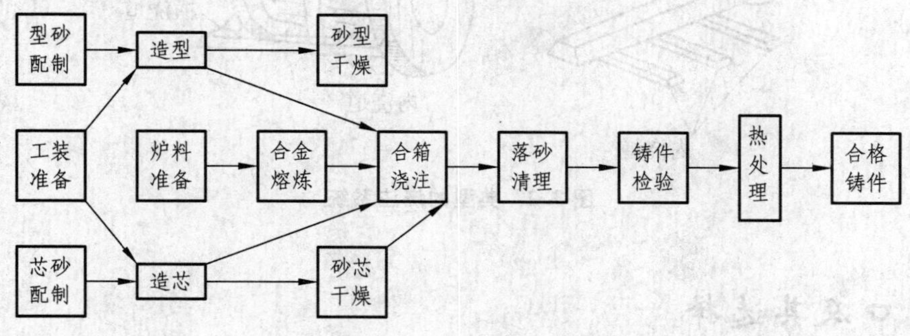

图3.1 砂型铸造的工艺流程

铸件的形状和尺寸主要取决于造型和造芯，而铸件的化学成分则取决于熔炼。因此，造型、造芯和熔炼是铸造生产中的重要工序。

3.2 分型面与分模面的选择

分型面是指上、下两半铸件的接触面；分模面是指模样各组元之间的面。

分型面的选择原则如下：

① 分型面应选择在模型的最大截面处，使铸件的全部或大部分位于下砂型内，以便尽可能采用整模两箱造型，有芯时下芯方便，也易于检查壁厚是否均匀。

② 应尽量使铸件上的加工基准面和大部分加工面位于同一砂箱内，以保证铸件有较好的加工精度。

③ 应尽量选取平直的分型面，并使铸模容易从铸件中取出，尽量省掉挖砂或活块造型。

④ 应尽量减少分型面的数目，以降低劳动强度，提高劳动生产效率。

3.3 浇注系统及其选择

浇注系统是将液态金属引入铸型型腔的通道，由外浇口（浇口杯）、直浇道、横浇道、内浇道和缓冲包组成。典型的浇注系统如图3.2所示。

浇注系统可以起到引流、缓冲、挡渣、补缩的作用，并能控制铸件的凝固顺序。

浇口位置的选择原则如下：

① 要求同时凝固的铸件，浇口应开在薄壁处；要求顺序凝固的铸件，浇口应开在厚壁上。

② 浇口不应开在铸件的重要部分和靠近型芯的地方，并且不能阻碍铸件的收缩。

③ 浇口位置的选择，应使金属液体顺着型壁注入型腔，而不应正面冲击铸型、型芯或其薄弱的部分。对于旋转体铸件如圆形，应从切线方向将金属液引入。

④ 浇口位置的选择应使扣模清理工作容易进行，并要注意节约金属液。

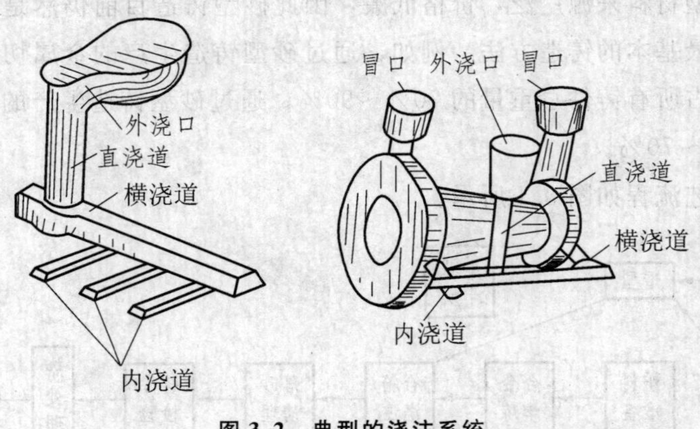

图3.2 典型的浇注系统

3.4 冒口及其选择

冒口是在铸型内储存供补缩铸件用的金属液的空腔。冒口除了可以通过补缩来有效消除铸件中的缩孔、缩松等缺陷外，还有排气、集渣和观察铸型是否浇满的作用。冒口的形状多为圆柱形、方形或腰形，其大小、数量和位置视具体情况而定。冒口设置的原则如下：

① 冒口的凝固时间应大于或等于铸件被补缩部分的凝固时间，应尽量放在铸件被补缩部位的上部或是最后凝固的地方。

② 冒口内应有足够的金属液补充铸件的收缩，应尽量放在铸件最高而又较厚的部位，以便利金属液的自重来进行补缩。

③ 冒口应与铸件上被补缩的部位之间存在补缩通道，尽可能不阻碍铸件的收缩。

④ 冒口最好布置在铸件需要机械加工的表面上，以减少铸件精整时的工时。

3.5 造 型

用型砂和模样等工艺装备制造铸型的过程，称为造型。

3.5.1 造型材料的基本性能要求、组成及配制

1. 造型材料的基本性能要求

造型材料分为型砂和芯砂两种，用于制造铸型、形成铸件外部轮廓的材料称为型砂；用于制造型芯、形成铸件内部孔腔的材料称为芯砂。型砂和芯砂的性能对铸件的质量有很大的影响，如砂眼、夹砂、气孔、裂纹等铸造缺陷都与其性能有关，其性能包括强度、可塑性、透气性、耐火性和退让性等。

1）强 度

强度是指型砂在外力的作用下，不易变形、不易破坏的能力。如果强度不足，在造型搬运、合箱过程中易形成塌箱；在液态金属的冲刷下，易使铸型表面破损，造成铸件砂眼、夹砂等缺陷。若强度太高，又会使铸型太硬阻碍铸件的收缩，使铸件产生内应力甚至开裂，还使透气性变差，从而导致铸件产生气孔、气窝、裂纹等铸造缺陷。

2）可塑性

可塑性是指型砂在外力作用下变形，去除外力后能完整保持所赋予的形状的能力。可塑性好，容易获得轮廓清晰、尺寸精确的铸件。

3）透气性

透气性是指气体通过型（芯）砂内孔间隙的能力。如果透气性不好，高温液态金属浇入铸型中产生的气体不能顺利排出，就会使铸件产生气孔、气窝等铸造缺陷。

4）耐火性

耐火性是指型砂抵抗高温液态金属热作用的能力。耐火性好，在高温液态金属的作用下不易被烧结粘砂。耐火性的好坏与型砂中 SiO_2 含量有关，SiO_2 含量越高耐火性能越好；型砂颗粒度越大，耐火性也越好。

5）退让性

退让性是指铸件在冷凝时，型砂可被压缩的能力。如果型砂退让性不好，在铸件由液态到固态体积缩小时，就会阻碍铸件的收缩，容易导致铸件产生内应力，从而使铸件产生裂纹甚至开裂。

除此之外，型砂还应具备良好的复用性。

芯砂是用于制造型芯、形成铸件内部孔腔的，在浇注时它被高温金属液所包围，受到的热作用力要比型砂强。因此，要求芯砂的耐火性、强度、透气性要比型砂高，退让性要比型砂好。另外还要求芯砂吸湿性和发气性要小，溃散性要好。

型（芯）砂性能的好坏对铸件质量有很大的影响，因此，在大量生产的铸造车间，设有专门的型砂试验室，用仪器设备及时检测型砂的性能，合格后才可用于生产。在我们金工实习时，可用一种经验手测法检测型（芯）砂的性能，其方法是：用手抓一把型（芯）砂，将其捏紧后松开，若砂团既不黏手，也不松散，且手印清晰，把它折断后断面平整均匀，则表示其强度、可塑性较好。

2. 造型（芯）材料的组成

为了满足型（芯）砂的性能要求，型（芯）砂一般由原砂、黏结剂、附加物和水按一定的比例混制而成。常用的湿型砂（以铸铁件为例）中，新砂占10%～20%，旧砂占80%～90%，膨润土占2%～3%，水占4%～5%。

1）原　砂

原砂是型砂的主体，按主要成分不同可分为三大类：① 石英砂，其 SiO_2 含量在90%～97%之间，一般用于浇注铸钢件（铸钢件的浇注温度为1 570℃左右）；② 石英-长石砂，其 SiO_2 含量在85%～90%之间，一般用于浇注铸铁件；③ 黏土性砂，其黏土的含量在2%～5%之间，一般用于浇注有色合金，如镁合金、铝合金等，其中铝合金的浇注温度为700℃左右。

原砂按形状不同可分为圆形（○）、尖角形（△）、多角形（□）。

2）黏结剂

黏结剂的作用是使砂粒黏结成具有一定可塑性及强度的型砂。型砂铸造所用黏结剂大多为黏土，分普通黏土和膨润土。除黏土外，常用的黏结剂还有水玻璃、桐油、树脂等，相应的型砂分别称为水玻璃砂、油砂、树脂砂等，芯砂也常采用这些黏结剂。

3）附加物

为了改善型（芯）砂的性能而加入的其他物质称为附加物。型砂中常用的附加物有煤粉和木屑。加入煤粉能提高型砂的耐火性，防止铸件表面粘砂，使铸件表面光洁；加入木屑能改善型砂的退让性和透气性，防止铸件产生裂纹、气孔、气窝等铸造缺陷。

4）水

水能使原砂与黏土混成一体，并保持一定的强度和透气性。但水分含量要适当，过多或过少都会给铸件质量带来不利的影响。常用湿型砂（以铸铁件型砂为例）水的含量占4%～5%。

3. 型（芯）砂的配制

型砂的组成和制配工艺对型砂的性能有很大影响。将新砂、旧砂、黏土、煤粉、水等处理后，根据铸造合金种类的不同，按一定配比放入混砂机中进行混合称为混制。由于浇注时砂型表面受高温金属液的作用，砂粒粉碎变细，煤粉燃烧分解，使型砂性能变坏。因此，旧砂不能直接使用，必须经磁选（选出砂中的铁块、铁豆和铁钉等）并过筛去除铁块及砂团，再掺入适量的新砂、黏土和水，经过混制恢复良好性能后才能使用。

型砂混制在混砂机中进行，其混制过程是：先按比例加入新砂、旧砂、膨润土和煤粉等干混 2～3 min，再加水湿混 5～12 min，性能符合要求后卸砂，堆放 4～5 h，使黏土膜中的水分均匀，称为调匀。使用前还要过筛并使新砂松散好用。

3.5.2　造型方法

1. 手工造型方法

手工造型是用手工来完成紧砂、起模和合箱等造型过程。其优点是：模型成本低，工艺装备简单，造型操作灵活，不适合用机器造型的单件、小批量生产或特别复杂的铸件都可采用手工造型。手工造型至今仍然是铸造生产的基本方法之一。其不足之处是要求工人有较高技术，工人劳动强度大，生产效率低，铸件精度较差。一个完整的手工造型工艺过程包括工装准备、放置模样、填砂、紧实、开设浇冒口、起模、修型、放置型芯、合型等主要工序，如图 3.3 所示。

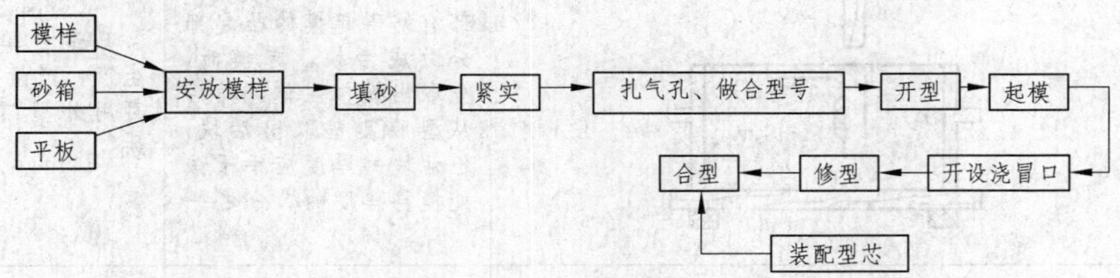

图 3.3　手工造型的主要工序流程图

手工造型的方法很多，按砂箱特征可分为两箱造型、三箱造型、脱箱造型、地坑造型等；按模样特征可分为整模造型、分模造型、活块造型、挖砂造型、假箱造型和刮板造型等。表 3.1 列出了常用手工造型方法的特点及应用范围。

表 3.1　常用手工造型方法的特点及应用范围

造型方法	造型简图	特点及操作要点	应用范围
整模造型	浇道棒　气孔针　泥号	模样是一个整体，分型面为平面，造型操作简单，所得型腔形状和尺寸精度较好	适用于外形轮廓的顶端截面最大、形状简单的铸件，如齿轮坯、轴承
分模造型	木模分成两半　浇道棒	模样是沿最大截面分成两半的分开模，造型是模样分别在上、下型内，分型面为平面，造型操作简单	适用于某些没有平整表面、最大截面在模样中部的铸件，如套筒、管子以及形状较复杂的铸件

续表 3.1

造型方法	造型简图	特点及操作要点	应用范围
挖砂造型		模样是一个整体，但分型面为曲面，为了便于起模，造型时用手工挖出阻碍起模的型砂至模样最大截面处。造型费时费工，生产率低	只适用单件小批生产
假箱造型		为克服挖砂造型的缺点，在造型前先预先做个假箱，然后再在假箱上制下箱，假箱不参加浇注。当生产数量更多时，可用成型底板来代替假箱	用于批量生产时代替挖砂造型，生产数量更多时，可用成型底板来代替假箱
活块造型		将模样的外表面上局部有妨碍起模的凸起部分做成活块，起模时，先取出模样主体，然后从型腔侧壁取出活块，但活块的厚度应小于该处模样厚度的二分之一	只适于单件小批生产，产量较大时，可用外型芯取代活块
刮板造型	 1—刮板；2—法兰；3—基准；4—铸件	用与零件截面形状相适应的特制刮板代替木模造型，省木料和降低模型成本，投产快，但要求工人技术水平高	适用于等截面的或回转体大、中型铸件的单件、小批量生产，如齿轮、飞轮、弯头等零件
地坑造型	 1—地坑；2—气体；3—上型；4—定位铁楔；5—通气管；6—焦炭	造型时利用车间地坑代替下砂箱，坑底用焦炭垫底，再插入管子，以便浇注时所产生的气体排出。减少砂箱投资，砂箱与地面采用定位销定位	主要用于大、中型铸件的单件小批生产

续表 3.1

造型方法	造型简图	特点及操作要点	应用范围
组芯造型		铸型内外型都用砂芯做出，再组合夹紧，可在砂型或地坑中组芯	适用于外形及内腔都复杂的大批量铸件生产
两箱造型		铸型由上、下两个砂箱构成，模样可以是整模，也可以是分模。先造下型，再造上型；下砂芯，合箱，待浇注	两箱造型是最基本的造型方法，适用于各种大、小铸件及批量生产
三箱造型		铸型由上、中、下三个砂箱构成，中箱的上、下两面都是分型面，中箱高度应与中箱中的模样高度相近，必须采用分模	适用于有两个分型面的铸件，单件小批量生产
脱箱造型	压铁 套槽	造型方法与两箱造型相同，用活动砂箱进行造型，铸型合箱后，将砂箱脱出，重新用于造型。一个砂箱可造多个铸型，节约砂箱成本。金属浇注时，为防止错箱，需用型砂将铸型周围填紧	多用于形状不复杂的小铸件大批量生产，手工造型、机器造型均可采用

2. 机器造型方法

机器造型把造型过程中的主要操作——紧砂和起模——机械化。其主要优点是：改善劳动条件，减轻工人的劳动强度，对工人操作技术要求不高；提高了生产率，适应批量生产；保证了铸件质量及其稳定性，提高了铸件精度和表面质量，降低了铸件的废品率。其缺点是：

设备和工装费用高，生产准备时间长，只适用于一个分型面的两箱造型。

机器造型按照机器成型机理和铸型特征可分为振击、压实、振压、射压、抛砂、气流紧实等各种造型方法。

3.5.3 手工整模造型实例

当模型的最大截面位于其端部，并选它作为分型面，将模样做成整体的造型过程，称为整模造型。整模造型的型腔在一个砂箱里，能避免错箱等缺陷，铸件形状、尺寸精度较高。

下面以皮带轮的整模造型和手柄或叶片整模造型为例进行介绍。

1. 整模造型工具的介绍

造型工具包括砂冲、铁锹、筛子，另外还有砂箱、平板、平锤、刮板、定位销等；修型工具包括刮刀、砂勾、竹片、秋叶、法兰梗、圆头梗等。

2. 整模造型过程

皮带轮的整模造型和手柄或叶片整模造型过程如图 3.4 所示。

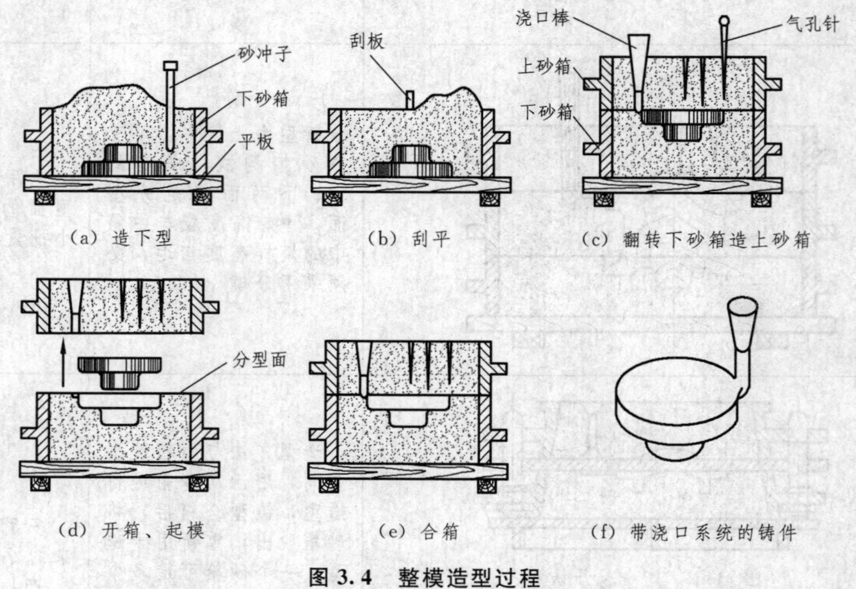

图 3.4 整模造型过程

3.5.4 造型操作要领

① 造型前须检查模样是否符合工艺要求。

② 安放铸模时应考虑铸模易从砂型中取出，一般最大截面朝下放在平板上；要注意留出吃砂量的位置，吃砂量是指模样与箱壁之间的厚度，吃砂量一般最少保持在 20～30 mm；要考虑好留出浇冒系统安放的位置。

③ 添砂：应分三次添砂，依次舂紧。第一次添砂应加到砂箱高度的 2/3 并用手按住模样，随即用指尖将模样周围的砂按紧，以固定模样的位置，然后用砂冲舂砂；第二次添砂应加满至砂箱高度并舂砂；第三次添砂应加到高出砂箱约 30 mm，然后用平锤打紧。

④ 舂砂：舂砂是一项技术性较强的工作，因涉及紧实度，舂砂过松，浇注时铸型会涨大，使铸件尺寸增大，也易产生粘砂，有时甚至会产生垮箱；舂砂过紧，又会使铸型的退让性、透气性不好，故舂砂时要由外向内呈“回形”舂砂，应做到箱壁挡处的型砂硬度要比模样处紧实度高些，下型要比上型紧实度高些。

⑤ 造型：一般先造下型，再造上型，为了防止上、下两半铸型黏合在一起，中间要撒上一层分型砂（实习时采用的分型砂是石英砂）。

⑥ 定位：常用的定位方法有划线定位和定位销定位两种（实习时采用的是划线定位的方法）。

⑦ 安放浇冒系统：一般直浇道开设在距离模样 20～30 mm 处，如果开设得离模样太近，在浇注时易冲塌型砂，产生夹砂；如果开设得太远，在浇注液态金属时不易冲满型腔，铸件易产生冷隔或浇不足的现象。

⑧ 排气：常用的排气方法有两种，即扎通气孔和安置出气冒口。扎通气孔时，通气针要与型面垂直。操作时应注意：通气孔的大小一般为 2～3 mm，通气孔的深度应保持通气针尖距离模样有一定的距离，通常扎到砂箱 2/3 的高度。通气孔的数目一般应不少于每平方分米内 5 个。

⑨ 开箱：进行开箱操作时，一定要仔细、认真，否则会加大修型的工作量。开箱前，要用撬棒在上、下砂箱搭手间将上、下砂箱稍微左右撬动，使型壁与模样间产生微小间隙，然后方可开箱；操作时，应注意上型必须垂直向上水平提起。

⑩ 松模：松模前可用水笔蘸些水，把模样四周的砂润湿一下以增加黏结力；刷水时应一刷而过，不要让水单独留在某处，以免造成部分水分过多，浇注时产生大量气体，使铸件易产生气孔；松模时要左右对称地松，不要损坏模样。

⑪ 起模：松模操作完成后，便可起模，起模操作一定要小心细致，起模起得好，可大大减少修型时间。其方法是：先用木槌向下敲击起模钉，使粘在模样上的型砂脱落，然后慢慢地将其向上垂直提起，并同时用木槌轻轻敲打模样，待模样即将全部取出时，要快速上提且不能偏斜或摆动，这是非常关键的一步。

⑫ 修型：修型是一项技术性很强的工作，它可以弥补由于舂砂或起模等操作不当而引起的不足；修型操作时应遵循先内后外、先上后下的顺序。

⑬ 合箱（合型）：将铸型的各个组元（如上型、下型、型芯等）组合成一个完整铸型的操作过程称为合型。合型是造型过程中最重要的操作工序之一，合型前应仔细检查壁厚、气眼，以及有无压坏或碰坏型芯和铸型，型腔中是否有浮砂；检查上箱有无局部型砂脱落、型砂上有无裂缝。检查无误方可合型。

3.6 造　芯

型芯的主要作用是用来获得铸件的内腔，有时也可部分或全部用型芯形成铸件的外形。砂芯的四面被高温金属液包围，受到的冲刷及烘烤比砂型厉害，因此砂芯必须具有比砂型更好的使用性能，在制造型芯时还有一些特殊的工艺要求。

3.6.1 造芯工艺要求

① 安放芯骨。为增强型芯的强度和刚度，在型芯中要安置与型芯形状相适宜的芯骨。小件的芯骨一般用铁钉或铁丝制成；大件及形状复杂的芯骨用铸铁铸成。较大的芯骨上要做出吊环，以便吊运、安放，如图3.5所示。

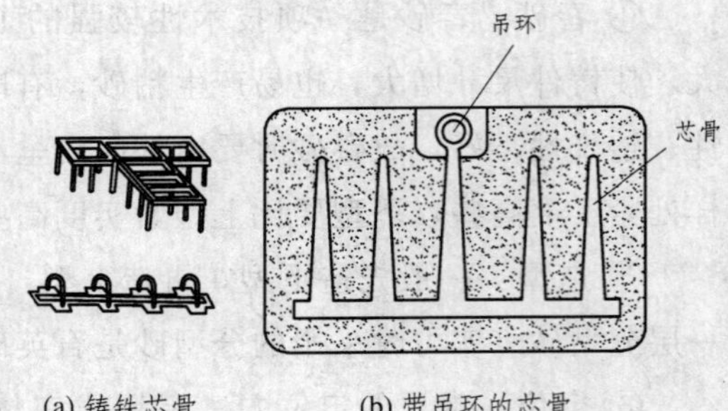

(a) 铸铁芯骨　(b) 带吊环的芯骨

图3.5　芯骨

② 开通气孔。为了顺利排出型芯中的气体，要开出通气道。通气道与铸型出气孔连通。形状简单的型芯，用气孔针扎出通气孔；形状复杂的型芯，在其中埋入蜡线；对大型型芯，内部填以焦炭。常用的几种通气道开出方式如图3.6所示。

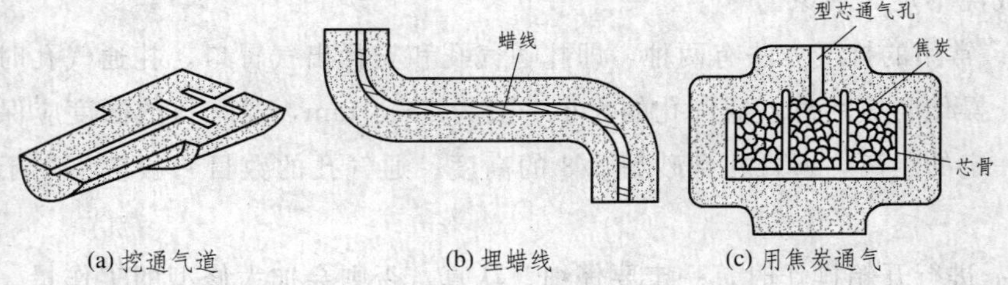

(a) 挖通气道　(b) 埋蜡线　(c) 用焦炭通气

图3.6　型芯的通气

③ 刷涂料。刷涂料的作用是防止铸件粘砂，改善铸件内腔表面的粗糙度。铸铁件型芯常用石墨涂料，铸钢件型芯则用石英粉涂料。

④ 烘干。烘干的目的是为了提高型芯的强度和透气性。烘干温度与造芯材料有关，通常黏土芯为250～350℃，油砂芯为180～240℃。

3.6.2 造芯方法

单件、小批量生产时，大多采用手工型芯盒造芯。根据型芯结构的复杂程度不同，型芯盒可分为整体式芯盒、对开式芯盒和可拆式芯盒，造芯过程如图3.7所示。

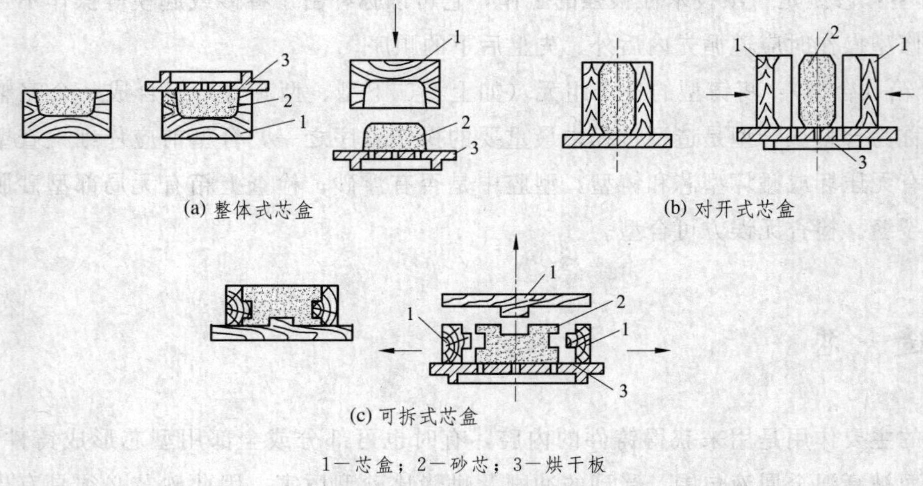

(a) 整体式芯盒　(b) 对开式芯盒

(c) 可拆式芯盒

1—芯盒；2—砂芯；3—烘干板

图3.7　各种芯盒的造芯过程

整体式芯盒制芯用于形状简单的中、小砂芯。对开式芯盒制芯适用于圆形截面的较复杂砂芯。可拆式芯盒制芯对于形状复杂的大、中型砂芯，当用整体式和对开式芯盒无法取芯时，可将芯盒分成几块，分别拆去芯盒取出砂芯。芯盒的某些部分还可以做成活块。

对于直径较大的回转体型芯，为降低造芯成本，有时可采用刮板造芯，如图3.8所示，待两个制好的半芯经烘干后再胶合成整体。

批量生产的砂芯可用机器制出。射芯机是目前应用最多的一种造芯机械，其工作原理如图3.9所示。首先打开砂闸板，芯砂由砂斗落入射砂筒内，装完定量的芯砂后合上砂闸板；然后由汽缸动作打开射砂阀，使储气包中的压缩空气迅速进入射砂筒，将筒内的芯砂经射砂孔射入型芯盒而制得型芯，压缩空气则经射砂板上的排气孔排出，完成制芯操作。

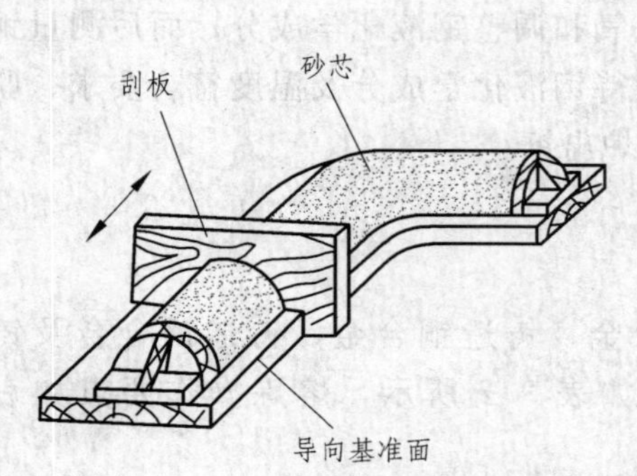

图3.8 刮板造芯

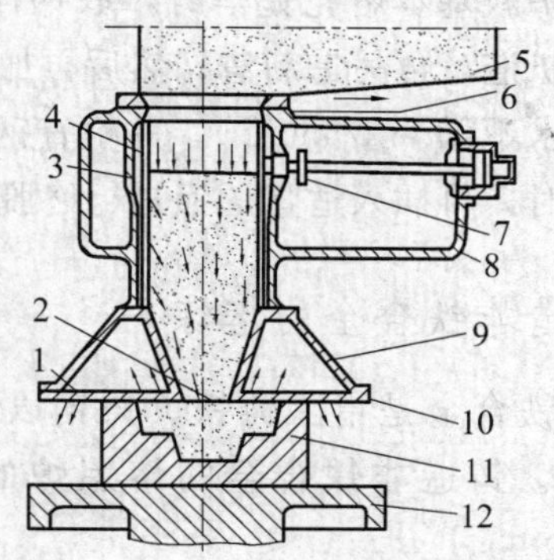

1—排气孔；2—射砂孔；3—射腔；4—射砂筒；5—砂斗；6—砂闸板；7—射砂阀；8—储气包；9—射砂头；10—射砂板；11—型芯盒；12—工作台

图3.9 射芯机工作原理

3.7 合金的熔炼和浇注

3.7.1 合金的熔炼

合金的熔炼是铸造的必要过程之一。熔炼对铸件质量有很大的影响，操作不当会使铸件因成分和机械性能不合格而报废。

1. 铸铁的熔炼

对铸铁熔炼的基本要求是：铁水温度高、化学成分合格、非金属夹杂物和气体含量少；燃料、电力、原材料消耗少；熔化速度快，金属烧损少。

熔炼铸铁的炉子有冲天炉、电弧炉和感应炉等。目前仍常用冲天炉进行熔炼。用冲天炉熔化的铁水质量虽然不及电炉好，但冲天炉结构简单，操作方便，熔炼效率高，成本低，能连续生产。

冲天炉的熔炼操作过程大致如下：每次开炉前，用耐火材料将炉体损坏部分修好，并烘干；然后在炉底分批装入底焦并预先燃烧；而后在底焦上面交替（呈层状）装入金属炉料和层焦，随后送风。送风后不久，金属炉料开始熔化，同时形成熔渣，炉底开始积存铁水，铁水上面为炉渣口，打开出铁口，间隙地放出储存的铁水。在放铁水前，由出渣口排出炉渣，待最后一批铁水出炉后，即可停止鼓风并打开炉底放出剩余炉料。

2. 铸钢的熔炼

熔炼铸钢可以用电弧炉，也可以用感应电炉，目前使用较多的是感应电炉。为提高钢水的质量，还采用与炉外精炼技术相结合的工艺，如 AOD（氩氧脱碳精炼法）、VOD（真空氩氧脱碳精炼法）、VODC（真空氩氧脱碳转炉精炼法）等精炼方法。

中频无芯感应电炉的熔炼过程大致如下：在筑好并烘干的坩埚内按比例放入计算好的各种金属炉料（生铁、废钢、回炉料、部分铁合金等），先低功率（40%～60%）预热，待电流冲击停止后，再逐渐上升功率至最大值，以使金属炉料熔化；随着坩埚下部炉料熔化，经常注意捣料，防止“搭桥”，并陆续添加炉料；大部分炉料熔化后，加入造渣材料（一般用碎玻璃）造渣；炉料基本熔化完毕时，取钢样进行分析，并将其余炉料加入炉内；炉料全熔后，减小功率，扒渣，再另造新渣；然后再加入铁合金以脱氧和调整钢液化学成分；而后测量钢液温度（要求不低于 1 550℃），并检查钢液脱氧情况；待钢液化学成分及温度符合要求、脱氧情况良好时，再插入适量的铝进行终脱氧；停电，倾炉出钢。

3. 铸造非铁合金的熔炼

铸造非铁合金是指除铸铁、铸钢以外的铸造铝合金、铸造铜合金、铸造镁合金及铸造锌合金等。铸造非铁合金的熔炼炉的分类及用途如表 3.2 所示，熔炼操作要点如表 3.3所示。

表 3.2 铸造非铁合金熔炼炉的分类与用途

类型		特点	用途
电炉	电阻炉	坩埚炉	熔炼铝合金、镁合金、低熔点轴承合金
		反射炉	
	感应炉	有芯工频感应炉	熔炼铜、铝、锌及其合金
		无芯工频感应炉	熔炼铜、铝、镁及其合金
		中频无芯感应炉	
		真空感应炉	熔炼铁、镍基高温合金
	电弧炉	真空电弧炉	
		真空电弧凝壳炉	熔炼钛、锆及其合金
熔炼燃料炉（固、液、气体）	坩埚炉	固定式、可倾式	熔炼铜、铝、镁及其合金
	反射炉		熔炼铜、铝合金

表 3.3 铸造非铁合金熔炼操作要点

合金类别	代表合金	熔炼工艺要点	备注
铝合金	ZL101 基本成分（%） Si:6.5～7.5 Mg:0.25～0.4	·装料顺序：铝锭、铝硅中间合金、回炉料。升温熔化，搅拌，以钟罩压入镁锭 ·除气精炼：六氯乙烷用量为 0.5%～0.6%，处理温度为 730～750℃。六氯乙烷压成饼，分数次以钟罩压入 ·变质处理：2%的三元或四元变质剂，处理温度为 730℃左右 ·扒渣、浇注。浇注温度为 690～740℃	·金属型铸件和薄壁铸件可以不进行变质处理 ·镁的烧损因除气精炼而增大，配料时应适当增加用量

续表 3.3

合金类别	代表合金	熔炼工艺要点	备注
铜合金	锡青铜	·熔化铜 ·熔清后升温至 1 200℃，加磷铜预脱氧（2/3 磷铜） ·依次加入回炉料、锌锭、锡块、铅 ·调整温度，加剩余磷铜 ·除气	可用氧化形熔剂除气或氮气除气
镁合金	镁铝系合金	·加入预热的回炉料、镁锭、铝锭，升温熔化 ·升温至 700～720℃，加入中间合金和锌，熔化后搅拌均匀 ·升温至变质处理温度进行变质处理 ·除渣后调整温度至 710～740℃，精炼 5～8 min ·合金液升温至 760～780℃，静止 10～20 min ·降至浇注温度进行浇注	除镁铝合金外，其他镁合金不用变质处理
锌合金	ZZnAl4Cu1Y	·加部分回炉料于坩埚底部，再依次加入锌、铜、铝、中间合金和部分回炉料。余下约 1/3～1/4 回炉料 ·升温熔化 ·炉料熔清后升温至 600℃左右，搅拌扒渣 ·待金属液温度达 650℃时，用钟罩压入所需的镁 ·用钟罩压入脱水的 $ZnCl_2$ 进行精炼，精炼温度不超过 450℃，$ZnCl_2$ 加入量为质量分数 0.05%～0.1% ·用 $ZnCl_2$ 处理后，静止 5～7 min，扒渣 ·出炉浇注，出炉温度为 400～450℃	熔炼锌合金与熔炼铜合金的坩埚应严格分开

3.7.2 合金的浇注

将盛在浇包内的金属液浇入已准备好的铸型中的工艺过程称为浇注。浇注时应注意：金属液应平稳注入，不断流，浇注后压铁和紧固工具不能取得过早。在浇注过程中最关键的问题是控制浇注温度和浇注速度。

1. 浇注温度的控制

浇注温度的高低对金属液充满型的能力和铸件的质量影响很大。温度过低，金属液流动性变差，容易产生冷隔和浇不足等缺陷。温度过高，会使铸件的金相组织增大，晶粒变粗，缩孔体积增大，而且容易产生气孔和氧化。合适的浇注温度应根据铸件结构和不同的铸造合金来确定，一般在各种合金浇注范围内，薄壁铸件需要流动性好，浇注温度高一些；而有色合金的金相组织对机械性能影响很大，晶粒粗大会使性能降低，还容易形成裂纹和气孔，所以有色金属的浇注温度不能太高。

2. 浇注速度的控制

较高的浇注速度，可使金属液更快地充满铸型，减少金属的氧化，对要求同时凝固的铸件有利于减小铸件各部分的温差；但浇注速度过高，金属液对铸型的冲刷力增大，容易产生冲砂。较低的浇注速度，能增大铸件各部分的温差，使铸件的缩孔集中而有利于补缩；但浇注速度过低，金属液浇入铸型后，型砂因受热时间长而易脱落，同时还会产生皱纹、冷隔、夹渣、砂眼等缺陷。浇注速度应根据铸件的具体情况而定，速度的快慢用浇注时间长短来衡量，浇注速度和浇注温度是相互影响的，浇注温度高时，浇注速度可小些，浇注温度低时，浇注速度应当大些；浇注薄件、小件时，浇注速度应大些。铸钢件浇注速度要比铸铁件大，有色合金铸件的浇注速度要求更大些。

3. 浇注的注意事项

① 浇注前，必须清理浇注时行走的通道，预防意外跌撞、烫伤。

② 在浇注前，必须预热浇注工具，烘干烘透浇包，检查合型是否紧固。

③ 浇注是高温操作，必须穿戴好劳保用品，必须注意安全。

④ 浇注时，浇包中金属液不能盛装太满，吊包液面应低于包口 100 mm 左右，抬包和端包液面应低于包口 60 mm 左右。

⑤ 在浇注时若发现跑火现象，应立即采取措施，同时还要保持细流浇注，不能中断。

⑥ 当铸件凝固后进入固态收缩阶段时，应及时卸去压铁，使铸件自由收缩，防止铸件产生变形或裂纹等缺陷。

3.8 落砂、清理和检验

落砂、清理和检验的内容包括：落砂、清除泥芯、去除浇冒口、铸件表面清理及进行检验、修补缺陷等工作。

1. 铸件的落砂

从砂型中取出凝固的铸件的过程称为落砂，落砂的方法有手工落砂和机械落砂两种。落砂是最繁重的工作。落砂时尘土飞扬，而且花费工时，为了改善落砂条件，可采用水爆清砂的方法。

2. 泥芯的清除

清除泥芯有手工清除和机械清除两种。清除泥芯采用的设备和新工艺，有气动落芯机、水力清砂以及水爆清砂等。

3. 浇冒口的去除

对于脆性材料的中小型铸铁件的浇冒口，可采用手锤或大锤等工具敲击去除；对于一些韧性材料（如钢、有色合金）的铸件及有些铸铁件的浇冒口，则必须采用割据、氧气切割、电弧切割、等离子体切割等方法去除。

4. 铸件的表面清理

铸件表面清理是去除铸件内外表面的粘砂，分型面和芯头处的披缝、毛刺、浇冒口的痕迹等。目前在实习时，还使用手工清理，清理使用的工具有凿子、锉刀、榔头等。

5. 铸件的检验

铸件清理后应进行质量检验。可通过眼睛观察（或借助尖嘴锤）找出铸件表面的缺陷，如气孔、砂眼、粘砂、浇不足、冷隔等。对铸件内部的缺陷，可进行磁力探伤、压力试验、射线探伤、化学分析、金相组织检查、机械性能试验等。

3.9　铸件缺陷与质量分析

常见铸件缺陷的特征及产生原因见表 3.4。

表 3.4　常见铸件缺陷的特征及产生原因

名称	缺陷简图	缺陷特征	产生的主要原因
气孔		铸件表面或内部出现的孔洞，孔的内壁光滑，常为梨形、圆形	·型砂紧实度过高，透气性太差； ·型砂太湿，起模、修型时刷水过多； ·砂芯通气孔堵塞或型芯未烘干； ·浇注系统不正确，气体排不出
缩孔		铸件最后凝固处有形状不规则的明的或暗的孔洞，孔壁粗糙	·冒口和冷铁设置不当，补缩不足； ·浇注温度过高，金属液收缩过大； ·铸件壁厚不均匀，无法有效补偿； ·金属液含气及含磷量太高
砂眼		铸件内部或表面有充满砂粒的孔眼，孔形不规则	·型砂强度不够或局部没紧实，掉砂； ·型腔、浇口内散砂未吹净； ·合箱操作不当，引起掉砂； ·浇注系统不合理，冲坏砂型（芯）
渣眼		孔眼内充满熔渣，孔形不规则	·浇注时没有挡渣； ·浇注温度太低，渣子不易上浮； ·浇注系统设置不合理，挡渣作用差
粘砂		铸件表面粘着一层难以除掉的砂粒，使表面粗糙	·砂型舂得太松； ·浇注温度过高； ·型砂耐火性差
夹砂		铸件表面有一层凸起的金属片状物，表面粗糙，边缘锐利，在金属片和铸件之间夹有一层型砂	·型砂受热膨胀，表层鼓起或开裂； ·型砂湿态强度较低； ·砂型局部过紧，水分过多； ·砂型局部烘烤严重； ·浇注温度过高，浇注速度过慢

续表 3.4

名称	缺陷简图	缺陷特征	产生的主要原因
冷隔		铸件上有未完全融合的缝隙，边缘呈圆角	·浇注温度过低； ·浇注速度过慢或断流； ·浇道位置不当或尺寸过小
浇不足		铸件残缺，形状不完整	·浇注温度太低； ·浇注时金属液量不够； ·浇道太小； ·未开出气口，金属液的流动受型内气体阻碍
错箱		铸件的一部分与另一部分在分型面处相互错开	·合箱时，上、下砂型未对准； ·上、下砂型未夹紧； ·造型时，上、下模有错动
偏芯		铸件上孔偏斜或轴心线偏移	·型芯变形或放置偏斜； ·浇道位置不对，金属液冲歪了型芯； ·合箱时，碰歪了型芯； ·制模样时，型芯头偏心
裂纹		铸件裂开 热裂：裂纹断面严重氧化，呈暗蓝色，外形曲折而不规则 冷裂：裂纹断面不氧化，并发亮，有时有轻微氧化，呈连续直线状	·铸件厚薄不均匀，冷却不一致； ·型砂、芯砂退让性差，阻碍铸件收缩而引起过大的内应力； ·浇注系统开设不当，阻碍铸件收缩； ·合金化学成分不当，收缩大

3.10 铸造安全操作规程

3.10.1 造型工（打芯）安全操作规程

① 工作前必须整理好工作地点，检查所使用的工具设备等。砂箱不得有裂纹，其吊挂用的耳环必须安全可靠。

② 抬取砂箱时，手应握在砂箱柄上；放砂箱时手指和脚应离开砂箱底部，防止压伤。

③ 吊动砂箱时应检查起重吊具，操作时要平衡牢固，防止偏坠、脱落或碰到其他砂箱。

④ 堆送砂箱时必须放牢，其高度不应超过1.5 m，并将大箱放在底部、小箱放在上面。

⑤ 禁止在吊起的砂型下面进行修理工作，需要时应在固定的架子上或在地坑内修理。

⑥ 翻箱、扣箱时要有专人指挥吊车，起落动作要缓慢，如发生芯子压坏和掉浮砂，必要时应将上箱吊到旁边再进行修理或清理。

⑦ 造好的砂型应有足够的气孔，以排除浇注时产生的气体，防止爆炸伤人。

⑧ 放砂型使用的垫铁应是专用的，不得乱用木头、砖块等物垫箱，以防压碎倾倒。

⑨ 上、下箱对合后必须用足够重量的压铁压牢，以免炸箱，其周围应用砂子铺好。

⑩ 造好了的砂型应排裂整齐且彼此间应留有间距，砂型与墙壁间也应有适当的距离，以保证浇注时能自由通行。

3.10.2 型砂配制工安全操作规程

① 配制型砂用的碾砂机、筛砂机、松砂机等应有坚固的防护罩和可靠的接地装置。工作前必须进行检查，确定正常后方可启动。

② 碾砂机开动前必须检查机内和机下有无人员或其他多余物，确认没有时方可开动。开动后，禁止伸手到机内取砂样或其他物品，需要拿时，必须停车进行。

③ 松砂机、筛砂机等流动设备应用回芯胶皮软线作电源线，绝缘应良好，其插销开关必须合乎要求。

④ 移动设备位置时，应先切断电源，收拢电线并放在设备上后再移动。

⑤ 收、放电线时，不得用力过猛，以免使绝缘破损造成触电事故。

⑥ 使用吊车运动砂箱、筛砂机等物件时，应用绳索等吊具并应吊挂牢固后才可起吊，且不得超负荷运行。

3.10.3 浇注工安全操作规程

① 浇注前应整理好浇注场所和通道，以保证其畅通、干燥；同时应检查使用的工具如浇包、抬扛、链条等，应保证其安全可靠。

② 使用的浇包、打桩勾以及孕育剂等必须事先预热至规定的温度。

③ 浇包内盛装的金属液体不得太满，一般应为浇包的7/8，以免金属溢出。

④ 人力抬包时每人负重不得超过20 kg，单人端包应将包放在侧面；多人抬包时，应有主从，步调一致，但在任何情况下都不得独自将浇包扔下，以防止金属液溅出伤人。

⑤ 浇注时应尽可能保持浇包靠近浇口圈，防止金属液浇在压铁或地上。

⑥ 浇注高的砂箱时，要站在稳定的踏脚板上，防止跌伤、烫伤。

⑦ 未放压铁或木棍的砂箱不得浇注。

⑧ 浇注的路线，即浇注金属液体时去浇注砂型的路线和回头至炉前取金属液的路线不应在同一条路上，应呈环形。

⑨ 在地面上尤其是通道上的金属液，必须立即铲除，不得采用在其上面覆盖散砂的方法来处理。

⑩ 浇注后剩余的金属液体应倒在预热了的锭模中或干燥的型砂上，但不得用砂子埋上。

⑪ 进行钢模浇注时，钢模应先预热到规定的温度，其对面不准站人。

⑫ 在钢模中取铸件时，必须等铸件全部硬化后才能进行。

⑬ 浇注镁合金时，为防止浇冒口燃烧，应撒上适当的干粉。对于从型砂中喷溅出来的金属液，可用型砂来熄灭，禁止用水或化学灭火器来扑灭。

习 题

3.1 铸造生产有哪些优、缺点？试简述砂型铸造的工艺过程。

3.2 什么叫分型面？选择分型面时必须注意什么问题？

3.3 铸件、零件、模样和型腔四者在形状和尺寸上有何区别？

3.4 型砂主要由哪些材料组成？它应具备哪些性能？

3.5 设计一件有创意的铸件并用铸造方法制造出来。

第 4 章　锻　压

【实习目的及要求】

① 了解金属压力加工分类及锻造与板料冲压概念；

② 了解碳钢的加热与锻件的冷却；

③ 了解金属的锻造性与锻件的纤维组织概念；

④ 了解锻压主要设备的种类及适用场合；

⑤ 熟悉机器自由锻与板料冲压的主要工序；

⑥ 掌握机器自由锻典型零件的锻制与简单冲压件的工艺过程；

⑦ 熟悉自由锻件与模锻件的结构差异，掌握这两种锻造方式的选择原则；

⑧ 了解锻压生产的发展趋势及部分锻压新技术、新工艺。

4.1　锻　造

4.1.1　金属压力加工及锻压生产概述

用一定的设备或工具，对金属材料施加外力使其产生塑性变形，从而生产出型材、毛坯或零件的加工方法总称为金属压力加工。锻造和板料冲压（简称锻压）是其中的两类加工方式。金属压力加工的分类如表 4.1 所示。

表 4.1　金属压力加工的分类

类型	简　图	特　点	适用场合及发展趋势
轧制	轧辊 坯料 板材轧制	用轧机和轧辊在加热或常温状态下减小坯料截面尺寸或改变截面形状	批量生产钢管、钢轨、角钢、工字钢与各种板料等型材。 发展趋势：高速轧制，线材达 120 m/s，板材 30 m/s，精密轧制可提高尺寸精度及板形精度；轧锻组合可生产钢球、齿轮、轴类、环类零件毛坯，尽量达到少或无切削
拉拔	坯料 拉拔模 成品 拉丝	用拉拔机和拉拔模在常温或低温加热状态下减小坯料截面尺寸或改变坯料截面形状	批量生产钢丝、铜、铝电线，铜、铝电排等丝、带、条状型材。 发展趋势：高尺寸精度、高表面光洁度

续表 4.1

类型		简图	特点	适用场合及发展趋势
挤压		冲头 挤压模 坯料 逆向冲头 正挤 反挤	用挤压机和挤压模在常温或加热状态下，主要改变坯料截面形状	批量生产塑性较好材料的复杂截面型材（如铝合金门窗构条、铝散热片等），或生产毛坯（如齿轮）及零件（如螺栓、铆钉等），现我国已可生产千余种冷挤压零件。 发展趋势：高速精密成型，挤锻结合，如用挤锻机可自动、快速将棒料连续挤成锥齿轮坯，每分钟可达近百件、近百公斤；常温挤45钢汽车后轴管重达9 kg
锻造	自由锻	上砥铁 坯料 冲子 下砥铁 拔长 冲孔	用自由锻锤或压力机和简单工具，一般在加热状态下使坯料成型	单件、小批生产外形简单的各种规格毛坯（如轧辊、大电机主轴等）以及钳工、锻工用的简单工具。 发展趋势：锻件大型化，提高内在质量，国内已可以生产5万吨级船用轴系锻件，全纤维船用曲轴锻件已达国际水平；操作机械化；液压机替代大锻锤
	模锻	上模 坯料 下模 开式模锻	用模锻锤或压力机和锻模，一般在加热状态下使坯料成型	批量生产中、小型毛坯（如汽车的曲轴、连杆、齿轮等）和日用五金工具（如手锤、扳手等）。 发展趋势：少、无切削精密化，如精密模锻叶片、齿轮，锻件公差可达0.05～0.2 mm，还可直接锻出8～9级的齿形精度

经过锻造加工后的金属材料，其内部缺陷（裂纹、疏松等）在锻压力的作用下被压合，且形成细小晶粒与有利的纤维组织，因此锻件组织致密，力学性能（尤其是抗拉强度和冲击韧度）较同材料的铸件大大提高。机器上一些重要零件（特别是承受重载和冲击载荷的零件）通常用锻造方式来生产。此外，锻造生产（除自由锻外）还有较高的生产率与锻件的成型精度，因此被广泛应用于零件及毛坯的生产中。

在锻造中，手工自由锻是传统的、原始的生产方式，在现实生产中已基本为机器锻造所取代，故本章只介绍机器锻造。

4.1.2 碳钢的加热与锻件的冷却

用于压力加工的金属必须具有可锻造性，即具有一定的塑性和较小的变形抗力、可用较小的功实现较大的变形。一般情况下金属加热后其塑性增强，变形抗力减小，也提高了锻造性。如碳钢的加热就是为了达到这个目的。

1. 加热设备

目前常用工业锻造炉对碳钢进行加热，常用的工业锻造炉如表4.2所示。

表 4.2　常用工业锻造炉

炉　形			简　图	特点及适用场合
燃料炉	箱式炉	煤气炉	喷嘴 烟道	加热较迅速，加热质量一般，适于大型单件坯料或成批中、小坯料。根据不同情况，还可以间歇或连续加热
		重油炉		
电炉		电阻炉	炉口 炉门 电热体 加热室	加热温度、炉气成分易控制，加热质量较好，结构简单，适于加热中、小型单件或成批且加热质量要求较高的坯料

2. 锻造温度范围

坯料开始锻造的温度（始锻温度）和终止锻造的温度（终锻温度）之间的范围，称为锻造温度范围。在保证不出现加热缺陷的前提下，始锻温度应取高一些，在保证坯料还有足够塑性的前提下，终锻温度应定低一些，这样既能从容锻造、减少坯料加热次数，又能提高锻件质量。常用钢材的锻造温度范围如表 4.3 所示。

表 4.3　常用钢材的锻造温度范围

钢　类	始锻温度/℃	终锻温度/℃	钢　类	始锻温度/℃	终锻温度/℃
碳素结构钢	1200～1250	800	高速工具钢	1100～1150	900
合金结构钢	1150～1200	800～850	耐热钢	1100～1150	800～850
碳素工具钢	1050～1150	750～800	弹簧钢	1100～1150	800～850
合金工具钢	1050～1150	800～850	轴承钢	1080	800

3. 锻造温度的控制

对于始锻温度，工业上采用调节出炉间隔、连续加热，或自动检测炉温等方法来控制。在实习中可根据坯料加热后的颜色和明亮度不同来判别温度，即用火色鉴别法。对于终锻温度，也可用火色鉴别法或调节工序过程的节奏来控制。

4. 碳钢常见的加热缺陷

由于加热不当，碳钢可能产生加热缺陷，常见的加热缺陷如表 4.4 所示。

表 4.4　碳钢常见的加热缺陷

名称	实　质	危　害	防止（减少）措施
氧化	坯料表面铁元素氧化	烧损材料，降低锻件精度和表面质量，缩短模具寿命	在高温区减少加热时间，采用控制炉气成分的少。氧化或无氧化加热或电加热等
脱碳	坯料表面碳分氧化	降低锻件表面硬度，表层易产生龟裂	

续表 4.4

名称	实质	危害	防止（减少）措施
过热	加热温度过高，停留时间长，造成晶粒粗大	锻件力学性能降低，须再经过锻造或热处理才能改善	控制加热温度，缩短高温加热时间
过烧	加热温度接近材料熔化温度，造成晶粒界面杂质氧化	坯料一锻即碎，只得报废	
裂纹	坯料内、外温差太大，组织变化不匀，造成材料内应力过大	坯料产生内部裂纹，报废	某些高碳或大型坯料，开始加热时应缓慢升温

5. 锻件的冷却

为了获得一定力学性能的合格锻件，应注意采取不同的冷却方式，其基本形式如表 4.5 所示。

表 4.5 锻件的冷却方式

方式	特点	适用场合
空冷	锻后置空气中散放，冷速快，晶粒细化	低碳钢或低合金钢中、小件，或锻后不直接切削加工
坑冷（堆冷）	锻后置干沙坑内或箱内堆在一起，冷速稍慢	一般锻件，锻后可直接切削
炉冷	锻后置原加热炉中，随炉冷却，冷速极慢	含碳或含合金成分较高的中、大件，锻后可切削

4.1.3 自由锻造

1. 自由锻设备

1) 空气锤

空气锤一般用于单件、小批量生产中、小型锻件或制坯、修理场合。其工作原理和外形如图 4.1 所示，其规格是由落下部分（锤杆、上砧等）的质量来表示的，如 75 kg、560 kg 等。

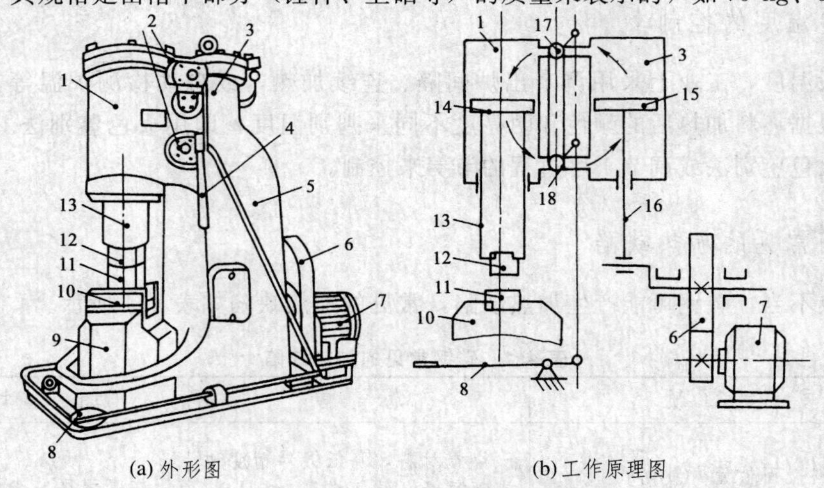

(a) 外形图　　(b) 工作原理图

1—工作缸；2—旋阀；3—压缩缸；4—手柄；5—锤身；6—减速机构；7—电动机；8—脚踏杆；9—砧座；10—砧垫；11—下砧块；12—上砧块；13—锤杆；14—工作活塞；15—压缩活塞；16—连杆；17—上旋阀；18—下旋阀

图 4.1 空气锤工作原理图及外形图

2）水压机

水压机一般用于单件、小批量生产中、大型锻件，其外形如图 4.2 所示。其规格是由标称压力的大小来表示的，如 8 000 kN（800 t）、125 000 kN（12 500 t）。其原理是利用 20～40 MPa 的高压水在工作缸中产生高达 5～125 MN 的静压力，使坯料受挤压产生塑性形变。

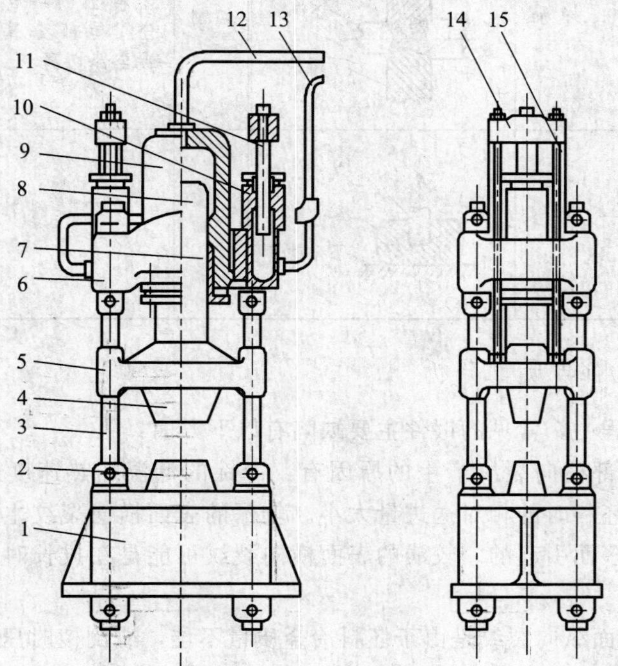

1—下横梁；2—下砧；3—立柱；4—上砧；5—活动横梁；6—上横梁；7—密封圈；8—柱塞；9—工作缸；10—回程缸；11—回程柱塞；12、13—管道；14—回程横梁；15—回程拉杆

图 4.2 水压机本体的典型结构

2. 机器自由锻的主要工序

要完成某锻件的锻造过程，必须采用一个或几个基本工序并按一定顺序加以组合。机器自由锻的主要工序如表 4.6 所示。

表 4.6 机器自由锻的主要工序

名称		定义	简图	名称	定义	简图
镦粗	完全镦粗	降低坯料高度，增加截面面积	上砥铁 坯料 下砥铁	扩孔	将已有孔扩大（用冲头）	扩张冲头 坯料 漏盘
	局部镦粗	局部减少坯料高度，增加截面面积	上砥铁 坯料 漏盘 下砥铁		将已有孔扩大（用马架）	挡铁 芯棒 坯料 马架

续表 4.6

名称	定义	简图	名称	定义	简图
拔长 （延伸）	减少坯料截面面积，增加长度	上砥铁 坯料 下砥铁	切割	用切刀等将坯料上的一部分，局部分离或全部切离	三角刀 坯料 下砧铁
冲孔	在坯料上锻制出通孔	冲子 坯料 下砧铁	弯曲	改变坯料轴线形态	上砧铁 坯料 下砧铁

3．自由锻件缺陷与质量分析

在自由锻生产过程中，常见的锻件主要缺陷有以下方面：

① 横向裂纹。内部横向裂纹产生的原因有：冷锭的低温加热速度过快引起较大的热应力，或在拔长低塑性坯料时的相对送进量太小。较深的表面横向裂纹主要是由于原材料质量差，坯料冶金缺陷较多而引起的。较浅的表面横向裂纹可能是在拔长时采用的相对送进量过大所引起的。

② 纵向裂纹。表面纵向裂纹是由于坯料冶金质量不佳，或倒棱时压下量过大引起的。内部纵向裂纹出现在冒口端时，是由于坯料缩管或二次缩孔在锻造时切头不足而引起。裂纹如果出现在锻件中心区，则是由于加热未能烧透，中心温度过低，或采用上、下平砧拔长圆形坯料变形量过大所造成的。

③ 表面龟裂。当坯料含铜、锡、砷、硫较多且始锻温度过高时，在锻件表面会出现龟甲状浅裂纹。

④ 内部微裂。又称为夹杂性裂纹，是由于中心疏松组织未能锻合而引起，常与非金属夹杂并存。

⑤ 局部粗晶。表现为锻件的表面或内部局部区域晶粒粗大。这是由于加热温度高、变形不均匀，并且局部变形程度（锻造比）太小所导致的。

⑥ 表面折叠。这是由于拔长时砧子圆角过小，送进量小于压下量而造成的。

⑦ 中心偏移。这是由于坯料加热时温度不均，或锻造操作时压下不均所导致的钢锭中心与锻件中心不重合。

⑧ 机械性能不能满足要求。锻件强度指标不合格，与冶炼、锻压和热处理有关。横向机械性能（塑性、韧性）不合格，则是由于冶炼杂质太多或镦粗比不够所引起。

分析研究锻件产生缺陷的原因，提出有效的预防和改进措施，是提高和保证锻件质量的重要途径。从锻件各种形成的原因可以看出，影响锻件质量的因素是多方面的，除了原材料质量的优劣具有重要影响之外，还与锻造工艺以及热处理工艺密切相关。

4.1.4 胎模锻造

在自由锻设备上使用可移动的模具（胎模）生产锻件的方法称为胎模锻。所用模具称为胎模。胎模锻时，金属最终在胎模中成型，与自由锻相比可以获得形状较复杂、尺寸较准确的锻件，锻件的质量和生产率比较高。胎模锻使用的设备和工具比较简单，可以使用自由锻设备，胎模无需固定在锤头或砧座上，工艺灵活多变，模具的制造也比较简单。但胎模锻劳动强度较大，一般只适合于小型简单锻件的生产。对于形状较为复杂的锻件，通常是先用自由锻的方法使坯料初步成型，然后在胎模中终锻成型。

常用的胎模有摔子、弯模、套模、合模和扣模等，其结构和应用如表4.7所示。

表4.7 常用胎模的种类、结构和应用

名称	简图	应用范围	名称	简图	应用范围
摔子		轴类锻件的成型或精整，或为合模制坯	扣模		非回转体锻件的局部或整体成型，或为合模锻造制坯
弯模		弯曲类锻件的成型，或为合模锻造制坯			
套模		回转体类锻件的成型	合模		形状较为复杂的非回转体类锻件的终锻成型

4.1.5 胎模锻件与自由锻件的主要区别

由于生产批量和生产条件的不同，同种零件的毛坯应各选自由锻件或胎模锻件。胎模锻件与自由锻件两者在结构上有较大不同，现以齿轮坯为例来介绍它们间的主要区别。自由锻件如图4.3（a）所示，开式胎模锻件如图4.3（b）所示。胎模锻件在结构上的特点如下：

① 形状复杂，可锻出不加工表面。

② 加工余量小，且批量越大设计余量就越小。

③ 与分模面垂直的面上有脱模斜度，该斜度的存在便于锻件从锻模中脱出。

④ 锻体的面与面交界处有圆角，该圆角的存在可提高模具寿命。

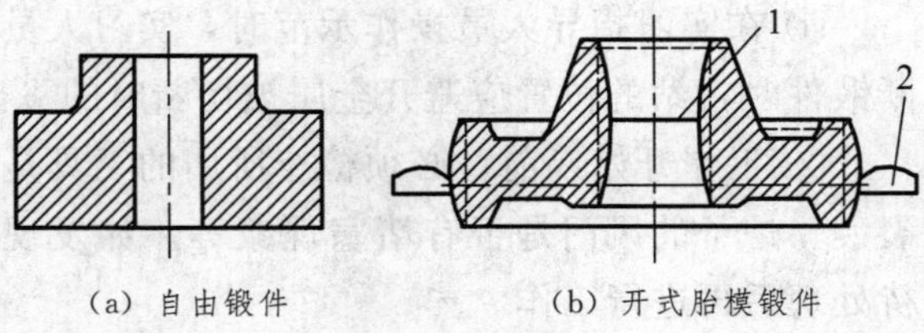

(a) 自由锻件 (b) 开式胎模锻件

图4.3 锻件

⑤ 锻件四周有飞边（即多余金属），锻后应切除。有孔锻件还存在有冲孔连皮，锻后应冲穿。

与胎模锻件相比，自由锻件形状力求简单，便于锻造，加工余量也相应增大。

4.1.6 锻件纤维组织

金属材料内部总有一定的脆性或塑性杂质，经压力加工，它们顺着变形方向呈链状或条状排列起来，这就是纤维组织（俗称流线）。锻件有了纤维组织，其各个方向上的力学性能就会不同，其中顺着纤维方向，其抗拉伸的能力强于垂直纤维方向，但抗剪切的能力则差。纤维组织很稳定，一般热处理不能消除它，只有通过锻压等方法来改变。生产重要锻件必须要考虑纤维组织的影响，这可通过选择合适的锻造工序和变形量来控制。典型零件合理的截面流线如图4.4所示。

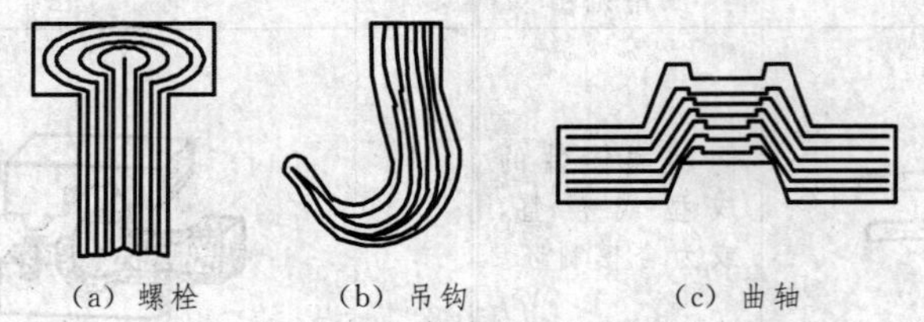

图4.4 典型零件合理的截面流线

4.1.7 锻压实习安全操作技术

1. 机器锻造实习安全技术

① 观察锻机时，站立位置距离锤机应不少于1.5 m。

② 实习人员进行机锻及实际操作其他机器时，必须得到实习指导人员的允许，并须有实习指导人员在场指导。

③ 不许锻造烧结或冷却了的金属，不许用锻机切断未加热的冷金属。

④ 应随时清除锻机砧面上的氧化皮，不得积存。清除渣皮时，只准用扫帚，绝对禁止用嘴吹或直接用手、脚清除。

⑤ 绝对禁止直接用手移动放置在砧面上的工具及工作物，手与头应绝对避免靠近锻锤的运动区。

⑥ 只准单人操作锻机，禁止其他人从旁帮助，以免动作不一致造成工伤事故。

⑦ 锻机开始锻击时，不可强打，使用时将锤头轻轻提起用木块垫好。

⑧ 实习完毕，应将锻炉熄火，并清理工作场地和检查所用工具。

2. 手工自由锻造实习安全技术

① 在实习指导人员操作示范时，实习人员应站在离开锻打一定距离的安全位置；示范切断锻件时，站的位置应避开金属被切断时的飞出方向。

② 工作开始以前，必须检查所用的工具是否正常、钳口是否能稳固地夹持、铁砧上有无裂痕、炉子的风门是否有堵塞现象等。如发现有不正常的地方，应立即报告实习指导人员，待处理后再进行工作。

③ 在铁砧上和铁砧旁的地面上，都不应放置其他物件。

④ 不得用手锤对着铁砧的工作面猛烈敲击，以免铁锤反跳造成事故；火热金属件不得乱抛乱放。

⑤ 禁止赤手拿金属块，以防金属块未冷却而烫伤。

⑥ 实习结束，清扫设备与周围场地，经指导教师同意方可离开。

4.2　冲　压

利用冲压设备和冲模使金属或非金属板料产生分离或变形的加工方法称为板料冲压，简称冲压。这种加工方法通常是在常温下进行的。

冲压工艺按加工性质不同可以分为两大类，即分离工序和变形工序，如图 4.5 所示，其中（a）、（b）、（c）为板料冲压分离工序，（d）、（e）、（f）为板料冲压成型工序。这里着重介绍冲裁工艺和弯曲工艺。

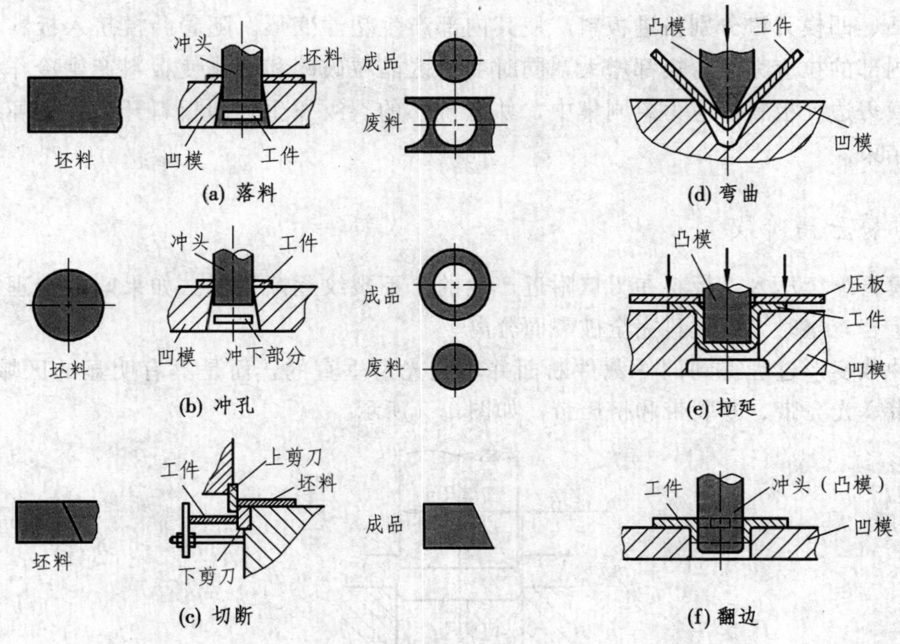

图 4.5　板料的冲压分离、成型工序

4.2.1　冲　裁

冲裁是利用冲模使板料产生分离的冲压工序，是冲压生产中应用最广泛的工序，它可以制成各种形状的平板零件，为弯曲、拉深、成型等工序准备毛坯；也可以对拉深件进行切边和对各种变形工件进行冲孔、切口等。

在具有尖锐刃口及间隙合理的凸、凹模作用下，材料的变形过程可分为弹性变形、塑性变形和剪裂分离三个阶段，如图 4.6 所示。

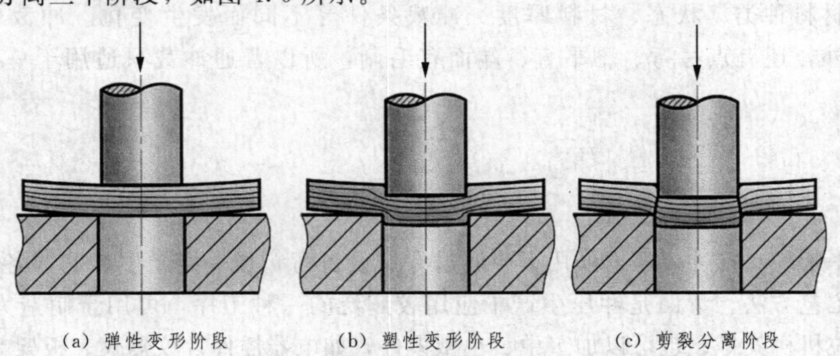

图 4.6　冲裁时板料变形过程

1. 弹性变形阶段

冲裁开始时，凸模接触材料，将材料压入凹模洞口，在凸、凹模的压力作用下，材料发生弹性压缩。由于凸、凹模之间存在间隙，材料同时受到弯曲和拉深的作用，随着凸模的下压，材料内应力达到弹性极限范围。

2. 塑性变形阶段

凸模继续下压，对板料的压力增加，当板料内应力达到屈服极限时，板料压缩和弯曲变形加剧，凸、凹模刃口分别挤进板料，使其内部产生塑性变形。随着凸模挤入板料的深度增大，板料内部的拉应力和弯矩都增大，同时变形区晶粒破碎和细化使板料产生冷作硬化，在凸模和凹模刃边处板料的应力急剧集中，并有微小的裂纹发生，即板料开始被破坏，使塑性变形趋于结束。

3. 剪裂分离阶段

当凸模再继续压入，板料在刃口附近产生的上下裂纹逐渐发展。如果间隙合理，则两裂纹相遇而重合，这时导致板料完全破裂而分离。

上述冲裁变形过程得到的冲裁件断面并不是光滑垂直的，而是具有明显的区域性特征，即有圆角带、光亮带、断裂带和挤压带，如图4.7所示。

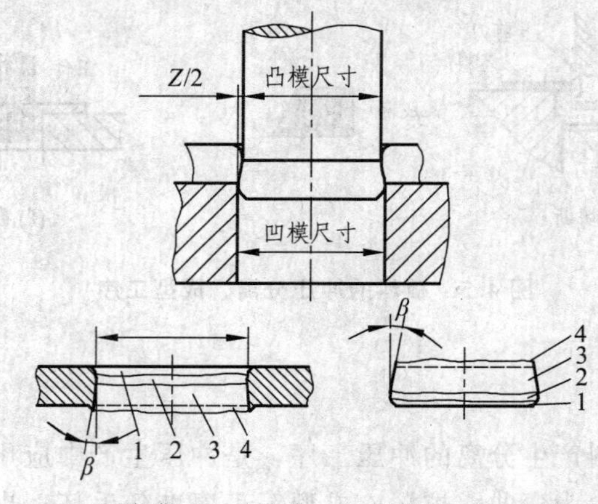

1—圆角带；2—光亮带；3—断裂带；4—毛刺

图4.7 冲裁件剪切断面特征

冲裁件断面的四个部分（圆角带、光亮带、断裂带和挤压带）在整个断面上所占的大小比例随着材料种类、状态、材料厚度、冲裁条件等不同而发生变化。冲裁件除断面粗糙、有锥度外，还有点弓弯、不平直、端面有毛刺，所以普通冲裁只适用于一般要求的冲裁件。

4.2.2 弯 曲

弯曲是平板坯料在冲模压力作用下或通过专用设备弯折成一定角度、制成各种形状零件的一种冲压工艺方法。弯曲是冲压生产中应用较广泛的一种工序，可用于制造大型结构件，如汽车、拖拉机机架等；也可以加工中、小型零件，如电器插件及仪器仪表板架等。如图4.8所示为“V”形件的弯曲变形过程。

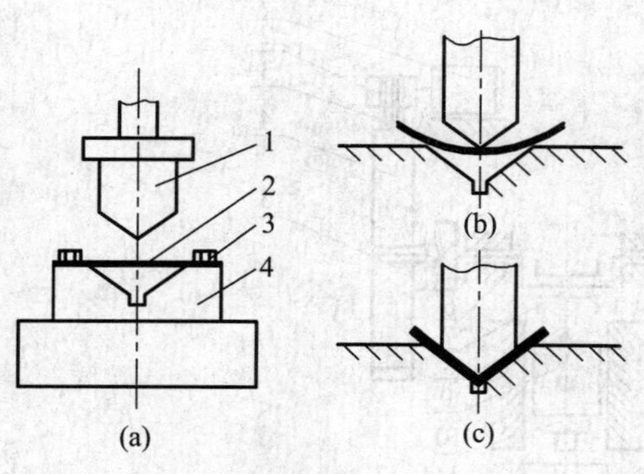

1—凸模；2—坯料；3—定位板；4—凹模

图 4.8　弯曲变形过程

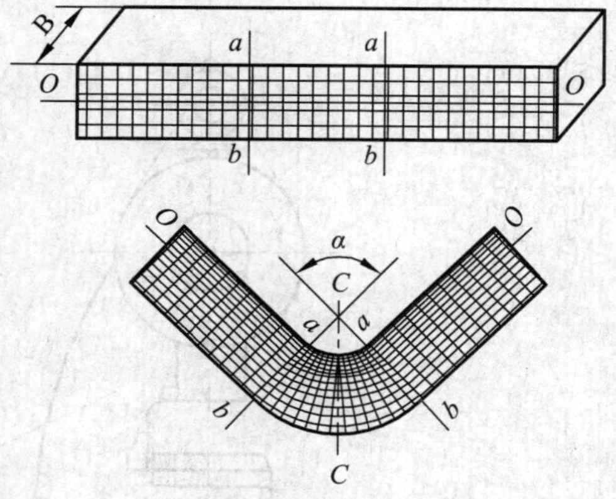

图 4.9　弯曲时板料各部分变化图

将平板坯料放在凹模上，凸模在压力机滑块作用下逐渐下滑并给板料以下压力，此时板料受压而产生弯曲变形；随着弯曲凸模的不断下压，板料弯曲半径逐渐减小，当压力机滑块到达下极点位置时，板料被紧紧地压在凸、凹模之间，此时其弯曲半径与凸模圆角半径相重合，板料即弯曲成型。

在弯曲过程中，板料的各部分材料发生不同的变化，如图 4.9 所示。弯曲变形区主要在零件的圆角部分，而平直部分基本没有变形。在变形区内，材料的外层（靠近凹模一边）受拉而伸长，材料的内层（靠近凸模一边）受压而收缩。在伸长和收缩两个变形区之间，有一纤维层长度不变，称为中性层。由于外层被拉伸、内层被压缩，而变形区的金属体积基本无变化，因此外层的材料宽度变小、内层的材料宽度变大。

4.2.3　曲柄压力机

1. 曲柄压力机的结构

曲柄压力机是锻压生产中最通用的机械之一。曲柄压力机虽然形状和吨位大小不同，但都是由以下三个基本部分所组成：

1）传动系统

传动系统由电机、皮带轮、齿轮、传动轴等组成。它的作用是将电机的能量和运动传递给工作机构。为了控制压力机的工作，传动系统中装有离合器和制动器。

2）工作机构

工作机构主要由曲柄、连杆、滑块组成。它的作用是将曲柄的旋转运动变为滑块的往复运动，实现曲柄压力机的动作要求。

3）机　身

传动系统和工作机构都安装在机身上，机身把压力机所有部分联结成一个整体。

2. 曲柄压力机的工作原理

曲柄压力机的工作原理如图 4.10 所示。

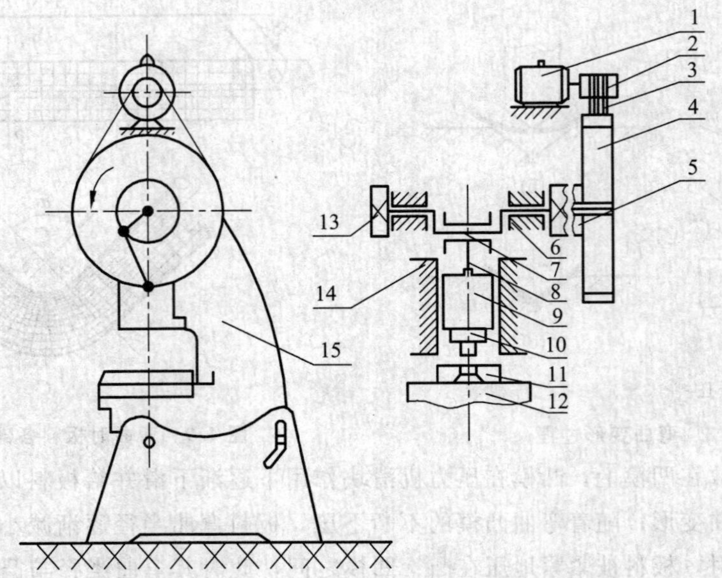

1—电机；2—小皮带轮；3—皮带；4—大皮带轮；5—离合器；6—轴承；7—曲轴；8—连杆；9—滑块；10—上模；11—下模；12—工作台；13—制动器；14—导轨；15—机身

图4.10 曲柄压力机传动原理图

曲柄压力机这一类设备，其工作原理简单地说就是通过曲柄机构（曲柄连杆机构、曲柄肘杆机构等）增力和改变运动形式（将旋转运动变成往复直线运动）。此外，大多数曲柄压力机还利用飞轮来储存和释放能量，使曲柄压力机产生大的工作压力来完成冲压作业。它是由曲轴、连杆和滑块所组成。曲轴在机身的轴承上作旋转运动。连杆把曲轴的旋转运动转变为滑块的往复运动，滑块行程等于曲柄半径的2倍。在工作时，上模紧固在滑块上，而下模则固定在压力机的工作台上，由于滑块的往复运动而进行冲压工作。压力机在电机开动后，飞轮不停地旋转，工作时有时需要滑块作往复运动，以便完成各种变形工艺；有时则需要滑块停止在上死点（上极点）或行程的某一位置，以便送料、出料或调整模具。为了实现这些要求，必须在传动系统设置离合器和制动器。当滑块需要运动时，离合器结合，制动器脱开，主动部分的飞轮通过离合器使从动部分的曲轴连杆机构得到运动。当滑块需要停止时，离合器脱开，主动部分和从动部分不再发生联系，这时制动器起制动作用，吸收从动部分的剩余动能，使滑块停止在上死点位置。离合器与制动器的控制通过操纵机构来实现。

3. 曲柄压力机的工作特点

① 曲柄压力机属于机械刚性传动，工作时机身形成一个封闭力系，压力机所能承受的负荷（或工作能力）完全取决于所有受力零件的强度。

② 由于曲柄连杆滑块为刚性连接，滑块有严格的运动规律、有固定的下死点。因此，在曲柄压力机上便于实现机械化和自动化。

③ 曲柄压力机的机身刚度较大，滑块导向性好，所以加工的零件精度高，可以完成挤压、精压等精度较高的少切削或无切削工艺。

4. 一般用途曲柄压力机的技术参数

曲柄压力机的主要技术参数反映了一台压力机的工艺能力、所能加工零件的尺寸范围以及有关生产率等指标，是使用压力机和设计模具的主要依据。主要技术参数包括以下几项：

① 公称压力：即指滑块离下死点前某一个特定距离（称公称压力行程）或曲柄旋转到离下死点前某一个特定角度（称公称压力角）时，滑块上所容许的最大作用力。

② 滑块行程：滑块从上死点到下死点所移动的距离，它为曲柄半径的 2 倍。

③ 滑块行程次数（次/分）：行程次数是滑块每分钟从上死点到下死点、然后再回到上死点的次数。

④ 滑块调节高度：滑块与工作台之间的可调节距离。

⑤ 模具空间的最大闭合高度：当连杆（调节到）最短、滑块处在下死点的位置时，滑块底面到工作台之间的距离。

⑥ 工作台尺寸。

⑦ 滑块尺寸。

⑧ 喉口深度：滑块中心线至机身的距离。

4.2.4 冲模的结构

冲模是实现坯料分离或变形必不可少的工艺装备。冲模的种类很多，按冲压工序可分为冲裁模、弯曲模、拉深模、成型模等；按工序组合可分为单工序冲模、复合模、连续模；按模具导向形式可分为无导向冲模、导柱模、导板模；按模具材料可分为金属冲模、非金属冲模等。一副冷冲模，由于用途不同，其结构及复杂程度也不同。有的冲模结构非常简单，只有几个或十几个零件，也有的模具由上百个零件组成。但无论其复杂程度如何，一副模具不外乎包括以下几个主要零件：

1. 工作零件

工作零件包括凸模、凹模、凸凹模。工作零件的作用是完成材料的分离或变形，使之加工成型。

2. 定位零件

定位零件主要包括挡料销、定位销、侧刃等零件。定位零件的作用主要是用来确定条料在冲模中的正确位置。

3. 压料、卸料与顶料零件

压料、卸料与顶料零件包括冲裁模的卸料板、顶出器、拉深模中的压边圈等。工件从条料冲制分离后，由于材料有回弹现象，工件会在凹模内难以取下来，使条料卡在凸模上，只有设法把工件或条料卸下来，才能保证冲压正常进行，卸料板与顶杆就是起这种作用。拉深模中的压边圈主要是起防止失稳和起皱的作用。

4. 导向零件

导向零件包括导柱、导套、导板等。导向零件的作用是保证上、下模正确运动，使上、下模位置不至于产生偏移。

5. 支持零件

支持零件包括上、下模板和凸、凹模固定板等。这类零件主要起连接和固定工作零件，使之成为完整模具结构的作用。

6. 紧固零件

紧固零件包括内六角螺钉、卸料螺钉等。其作用是连接和紧固各类零件，使之成为一体。

7. 缓冲零件

缓冲零件包括卸料弹簧及橡皮等，其作用是利用自身弹力实现卸料、退料。

图 4.11 为冲孔模结构图。冲孔模是单工序模，在冲床的一次冲程中只完成一道冲压工序。单工序模结构简单，效率低，适合于小批量、低精度的冲压件生产。

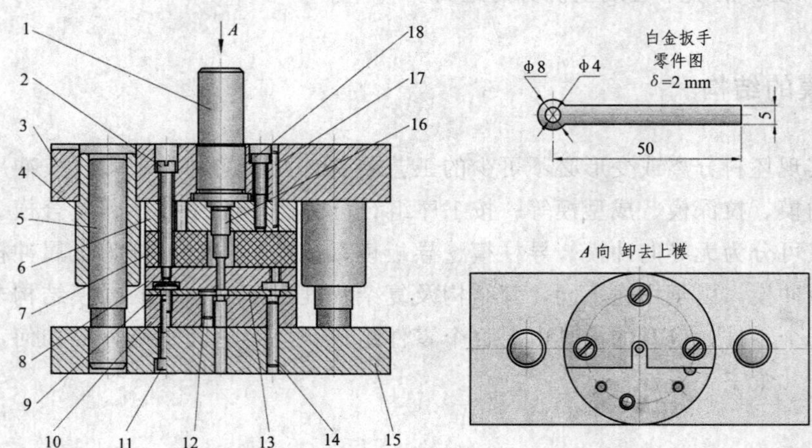

1—模柄；2—卸料螺钉；3—上模板；4—导套；5—导柱；6—夹板；7—橡胶板；8—卸料板；9—定位螺钉；10—凹模；11，18—内六角螺钉；12—导料销；13—定位板；14，17—销子；15—下模板；16—凸模

图 4.11 冲孔模结构图

图 4.12 所示为连续模结构图。在一副连续模中，有多个工位，依次完成加工工序。连续模效率高且结构相对简单，适合于大批量、一般精度的冲压件生产。

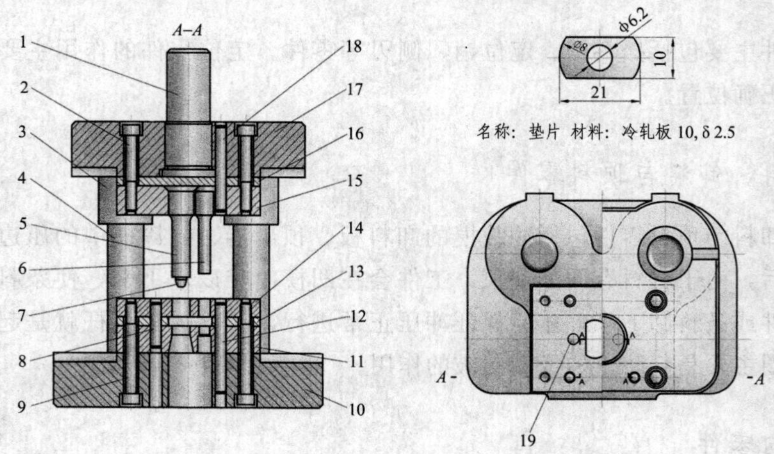

1—模柄；2，9—内六角螺钉；3—导套；4—导柱；5—大凸模；6—小凸模；7—定料销；8，12，18—销子；10—下模板；11—凹模；13—导料板；14—卸料板；15—凸模夹板；16—垫板；17—上模板；19—挡料销

图 4.12 连续模结构图

图 4.13 所示为复合模结构图。使用复合模时，在冲床的一次冲程中，在模具的同一工位上完成两道或两道以上加工工序。复合模效率高但结构复杂，适合于大批量、高精度的冲压件生产。

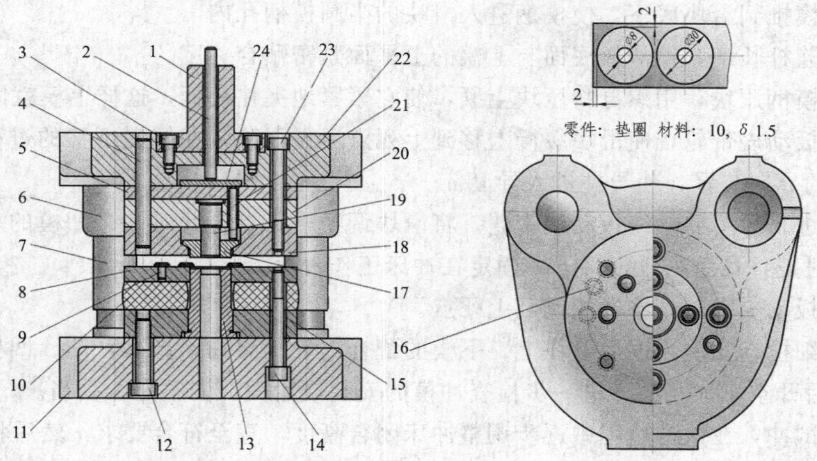

1—模柄；2—顶杆；3，12，14，23—内六角螺钉；4，16—销钉；5—垫板；6—导套；7—导柱；8—卸料板；9—挡料销；10—橡胶板；11—下模板；13—凹凸模；15—凹凸模夹板；17—卸料圈；18—凹模；19—凸模；20—凸模夹板；21—顶销；22—上模板；24—顶块

图 4.13　复合模结构图

4.2.5　冲模的安装

冲模安装在冲床上时，冲床闭合高度与冲模闭合高度之间的关系如图 4.14 所示。

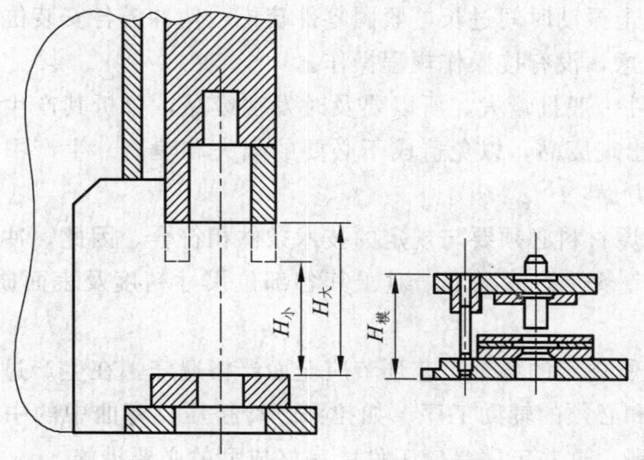

图 4.14　闭合高度

冲床的闭合高度限定了在该冲床上所使用冲模的极限高度。一般情况下，冲模的闭合高度与冲床的闭合高度要符合下列关系：

$$H_{大}-5>H_{模}>H_{小}+10$$

即模具的闭合高度应比冲床的最大闭合高度小 5 mm，比冲床的最小闭合高度大 10 mm。若冲模的闭合高度大于冲床的闭合高度，则此冲模不能在该冲床上工作；若小于冲床最小闭合高度，则需在冲床垫板上再加垫经磨平的垫板。

在安装冲模前，应检查冲床运转是否正常，图纸、工艺文件、材料和模具是否准备好。将模具与冲床的接触面擦拭干净。下面是将带有导向装置的落料模安装到40 t的冲床上的过程：

① 首先用手扳动皮带轮，把冲床滑块调到下死点位置，并把滑块上的模柄压块卸下。

② 将闭合状态的冲模放到工作台上。

③ 把冲模推到滑块底下，使模柄进入滑块的半圆模柄孔内。

④ 调整连杆长度，使滑块底面与上模的上平面紧密贴合。

⑤ 装上模柄压块，用螺母将压块上紧，使它紧紧地夹住模柄，这样上模就固定好了。

⑥ 用手扳动皮带轮，使滑块缓慢上移到上死点后再下移，在缓慢下移的过程中仔细地对正上、下模的导向装置，使导柱进入导套。

⑦ 导柱进入导套后继续扳动皮带轮，将滑块调至下死点。此时凸、凹模的对正就依靠导柱与导套的对正，最后用压板将下模固定在冲床工作台上。

⑧ 用手扳动皮带轮，将滑块调至上死点。

⑨ 经仔细检查安装无误后，在上、下模的配合部分（导柱，导套，凸、凹模之间）加上润滑剂，然后开空车冲几次，进一步检查冲模的安装、紧固、调整是否妥当。

⑩ 实物试冲，在试冲过程中逐步调整冲床闭合高度，直至符合要求，然后将螺杆锁紧。

4.2.6 冲压生产中造成废品的原因及防止措施

在冲压生产中，造成废品的原因很多，主要有以下几方面：

① 原材料质量低劣。

② 冲模的安装及调整、使用不当。

③ 操作者没有把条料正确地沿着定位送进，或没有保持条料按一定间隙送进。

④ 冲模由于长期使用而发生间隙变化，或本身工作零件及导向零件磨损。

⑤ 冲模由于受冲击振动时间过长，紧固零件疏松，使冲模各安装位置发生相对变化。

⑥ 操作者疏忽大意，没有按操作规程操作。

冲压生产中的零件一般批量大，所以要及时发现废品，分析其产生原因，并采取各种措施，尽量不出现或少出现废品，以免造成不必要的损失和浪费。生产中，防止废品产生的基本措施主要有以下几方面：

① 冲压所使用的原材料必须要与规定的技术条件相符合。因此，冲压前应严格检查原材料的规格与牌号，在有条件的情况下，对于其各部位尺寸精度及表面质量要求较高的工件，应进行化验检查。

② 对工艺规程中所规定的各个工艺环节应全面严格遵守。在生产过程中，不可遗漏或随便更换各个工序流程和必须的辅助工序。如拉深、冷挤压、弯曲中的中间退火、磷化处理及润滑等工序都不可忽视，这些工序是使工件能完好成型的必要措施。

③ 应保证所使用的压力机及冲模等工艺装备在正常的工作状态下。在冲压过程中，操作者要时常观察冲模磨损和安装状况，以及冲压设备运行完好情况。

④ 在生产中建立严格的检验制度，冲压首件一定要全面检查，检查合格后才能投入生产；同时还应建立对工件及工装巡回检查的制度，当发生意外时应及时迅速地解决处理。

⑤ 坚持文明生产制度。例如，工件及坯件的传送应有合适的工位器具，以避免压伤和擦坏工件表面而影响其表面质量。

⑥ 在冲压时，应始终保持模具内部清洁，工作场地整理应有条理。冲压后的工件要摆放整齐，不可乱扔乱放。

4.2.7 冲床的安全操作规程

① 操作者必须熟悉冲床性能、特点和操作方法，否则不准使用。

② 开机前应加润滑油，并检查各部位螺钉是否松动，离合器、制动器是否正常，确认正常后方可开机。

③ 根据零件合理选用冲床，不得超压使用，丝杆在连杆里的螺纹长度不得小于 80 mm。

④ 安装模具时，选择合理的闭合高度并将滑块调至下死点。先固定上模后，调整凸模进入凹模的深度和间隙，再固定下模，将滑块慢起至上死点。试冲正常后方可使用。

⑤ 只许一人操作离合器踏板，未经允许，他人不得操作。若发现连冲、异声，则应立即停车进行检查。

⑥ 工作台上不准放其他东西，操作者必须思想集中，严禁闲谈和将手伸入工作面（上、下模之间）。

⑦ 工作完毕应放好工具，清理好工件，卸下模具，打扫卫生。

习 题

4.1 锻造毛坯与铸造毛坯相比，其内部组织、力学性能有何不同？举例说明它们的应用场合。

4.2 锻造前坯料加热的目的是什么？

4.3 模锻的基本工序有哪些？

4.4 镦粗的方法有哪些？

4.5 模锻件与自由锻件的主要区别有哪些？

4.6 冲模有哪几类？它们如何区分？

4.7 冲压加工的特点是什么？

4.8 冲压有哪些工序？各有何特点？

4.9 如何安装调试冲模？

第5章　车　削

【实习目的及要求】

① 了解普通车床型号、组成、用途和常用的卧式车床传动系统、调整方法；
② 熟悉常用量具的结构和使用方法；
③ 了解车刀的主要几何角度及其作用；
④ 了解外圆、内孔、圆锥度、螺纹等加工过程；
⑤ 掌握车外圆、端面、切断等基本知识和加工方法；
⑥ 了解车削工艺的规程，零件加工精度、切削用量与加工经济性的相互关系；
⑦ 正确使用刀、量、工夹具，按图纸尺寸要求，独立完成台阶轴零件的加工。

5.1　车床结构与传动

5.1.1　概　述

在车床上用车刀对工件进行切削加工，称为车削加工。车工是机械加工中最基本、最常用的工种，车削的主运动是工件的旋转运动，进给运动是刀具的移动。因此，车床可加工各种零件的回转表面，应用十分广泛。车床一般约占各类机床总数的50%，在生产中具有重要的地位。车床加工范围如图5.1所示。

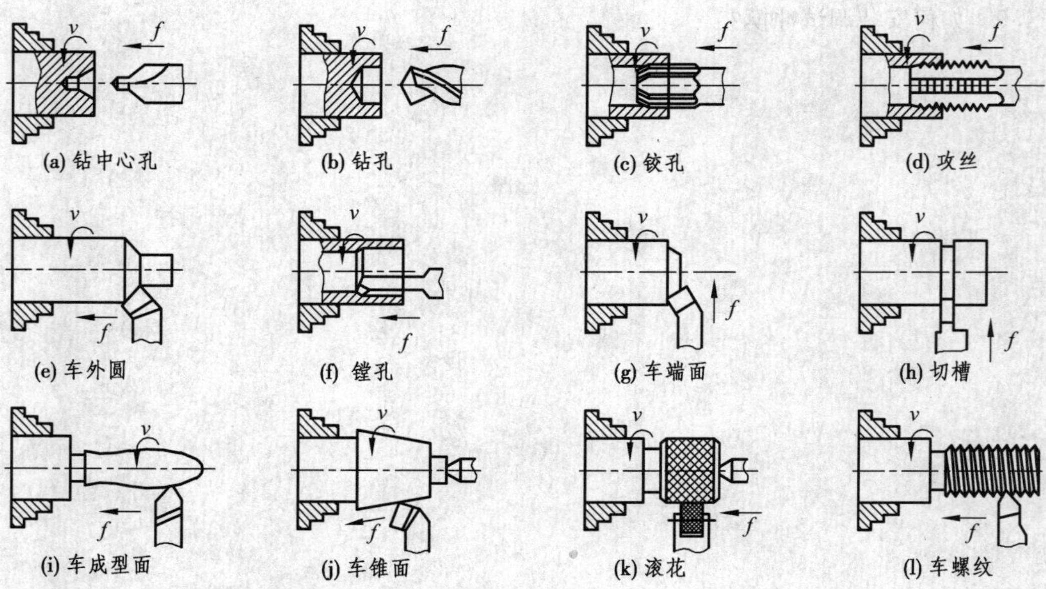

图5.1　车床加工范围

车床可加工内外圆柱面、内外圆锥面、端面、沟槽、螺纹、成型面及滚花等，此外，还可以在车床上进行钻孔、铰孔和镗孔。

车削加工的尺寸公差等级为 IT11～IT7，表面粗糙度 Ra 值为 12.5～0.8 μm。车床的种类很多，有普通卧式车床、转塔车床、多刀自动和半自动车床、立式车床、仪表车床以及数控车床等。单件小批量生产中多用普通卧式车床。随着电子技术和计算机技术的发展，数控车床为多品种小批量生产及实现高效率、自动化提供了有利的条件。

5.1.2　卧式车床的组成和作用

1. 车床的型号

我国目前的机床型号，按 JB1835—85《金属切削机床型号编制方法》编制，它是由汉语拼音字母和阿拉伯数字按一定的规律排列组成，以表示机床的类型和主要规格。如型号 C6132 的含义如下：

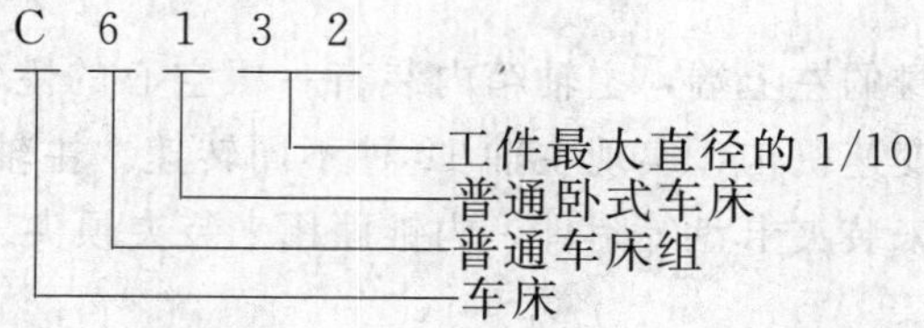

如果是精密车床，则在“C”后面加“M”。

2. C6136 型普通卧式车床的构造及功能

C6136 型常用卧式车床的主要结构如图 5.2 所示。

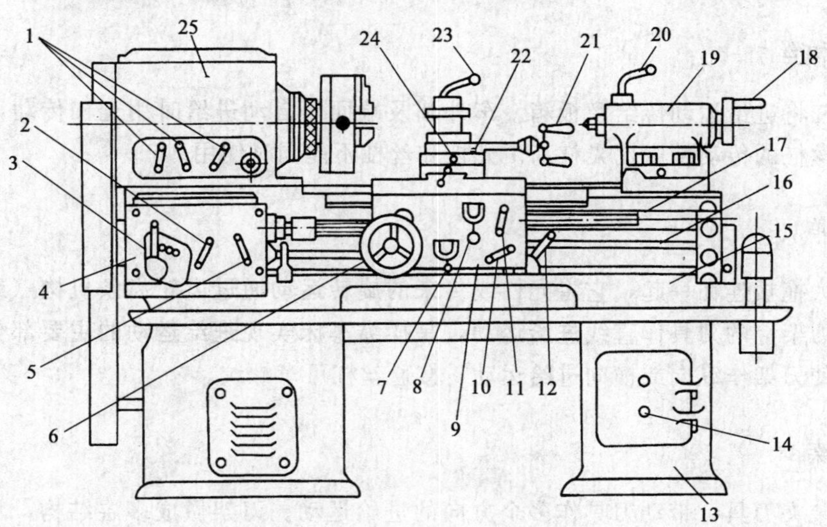

1—主变速手柄；2—倍增手柄；3—诺顿手柄；4—进给箱；5—离合手柄；6—纵向手动手轮；7—纵向自动手柄；8—横向自动手柄；9—溜板箱；10—自动进给换向手轮；11—对开螺母手柄；12—主轴开关和变向手柄；13—床腿；14—总电源开关；15—床身；16—光杠；17—丝杠；18—尾座手轮；19—尾座；20—尾座套筒锁紧手轮；21—小滑板手柄；22—刀架；23—方刀架锁紧手柄；24—横向手动手柄；25—主轴箱

图 5.2　C6136 型卧式车床的外形及构造

1. 床　身

用来支承和连接各主要部件之间有严格、准确相对位置的基础零件。床身上面有内、外两组平行的导轨，外侧的导轨用以大拖板的运动导向定位；内侧的导轨用以尾座的移动导向定位。床身的左右两端分别支承在左右床脚上，床脚固定在地脚螺栓地基或用可调减振垫铁上。床脚内装有变速箱和电气箱。

2. 变速箱（简称床头箱）

主要用于安装主轴和主轴的变速机构。主轴前端安装卡盘以夹紧工件，并带动工件旋转实现主运动。为方便安装长棒料，主轴为空心结构。电机的运动通过变速箱内的变速齿轮，可变化成六种不同的转速从变速箱输出，并传递至主轴箱，这样的传动方式称为分离传动。目的在于减小机械传动中产生的振动及热量对主轴的不良影响，提高切削加工质量。

3. 主轴箱

主轴箱安装在床身的左上端，主轴箱内装有一根空心的主轴及部分变速机构。由变速箱传来的六种转速通过变速机构，实现主轴12种不同转速。主轴的通孔中可以放入工件棒料。主轴右端的外锥面用来装夹卡盘等附件，内锥面用来装夹顶尖。

4. 进给箱

进给箱内装有进给运动的变速齿轮，主轴的运动通过齿轮传入进给箱，经过变速机构带动光杠或丝杠以不同的转速转动。它的作用是把从主轴经挂轮机构传来的运动传给光杠或丝杠，取得不同的进给量和螺距，经溜板箱而带动刀具实现直线进给运动。

5. 光杠和丝杠

光杠和丝杠将进给运动传给溜板箱。车外圆及端面等自动进给时用光杠传动，车螺纹时用丝杠传动，丝杠的传动精度比光杠高。光杠和丝杠不能同时使用。

6. 溜板箱

溜板箱与大拖板连在一起，它将光杠或传来的旋转运动通过齿轮齿条机构（或丝杠、螺母机构）带动刀架上的刀具作直线进给运动，是操纵车床实现进给运动的主要部分。通过手柄接通光杠可使刀架作纵向或横向进给运动，接通丝杠可车螺纹。

7. 刀　架

刀架用来装夹刀具，带动刀具作多个方向的进给运动。刀架做成多层结构，从上往下分别是大拖板、中拖板、转盘、小拖板和方刀架。

大拖板可带动车刀沿床身上的导轨作纵向移动，是纵向车削用的。中拖板可以带动车刀沿大拖板上的导轨作横向移动，是横向车削用和控制被吃刀量。转盘与中拖板用螺栓相连，松开螺母可在水平面内转动任意角度。小拖板用作纵向车削较短工件或角度工件，可沿转盘上的导轨作短距离移动，当转盘转过一个角度，其上导轨转动一个角度，此时小拖板便可以带动刀具沿相应方向作斜向进给。最上面的方刀架专门夹持车刀，它最多可装4把车刀。逆时针松开锁紧手柄可带动方刀架旋转，选择所用刀具；顺时针旋转时方刀架不动，但可将方刀架锁紧以承受加工中各种力对刀具的作用。

8. 尾　座

尾座装在床身内导轨上，可以沿导轨移动到所需位置，由底座、尾座体、套筒等部分组成。套筒在尾座体上，前端有莫氏锥孔，用于安装顶尖支承工件或用来装钻头、铰刀钻夹头；后端有螺母和一轴向固定的丝杠相连接，摇动尾座上的手轮使丝杠旋转，可以带动套筒向前伸或向后退。当套筒退到终点位置时，丝杠的头部可将装在锥孔中的刀具或顶尖顶出，移动尾座及套筒前均须松开各自锁紧手柄，一到位置后再锁紧。松开尾座体与底座的固定螺钉，用调节螺钉调整尾座体的横向位置。可以使尾座顶尖中心与主轴顶尖中心对正，也可以使它们偏离一定距离，用来车削小锥度长锥面。

5.1.3 常用机械传动方式

机床的动力来自电机。不同机床的主运动和进给运动要求不同的运动形式（旋转运动或直线运动）和运动速度，为此，机床上需采用不同的传动形式。最常用的传动形式有以下5种：

① 带传动。它是利用胶带与带轮之间的摩擦作用，将主动轴上带轮的转动传到被动轴的带轮上。常用的为三角胶带传动。

② 齿轮传动。齿轮传动是机床中应用最多的一种传动，其中又以圆柱直齿轮传动和圆柱斜齿轮传动用得最多。

③ 齿轮齿条传动。若以齿轮为主动，可将旋转运动变为直线移动，若以齿条为主动，则可以将直线运动变为旋转运动。

④ 蜗轮蜗杆传动。用于垂直交错轴之间的传动，蜗杆必须为主动。

⑤ 丝杆螺母传动。在丝杆螺母传动中丝杠为主动件，可将其旋转变为螺母的直线运动。

5.1.4 C6316 型普通卧式车床的传动系统

图 5.3 和图 5.4 分别是 C6136 型车床的传动框图和传动系统图。从系统图可知，车床的运动路线传递有两条，一条是由主电机经带轮和床头箱使主轴旋转，实现主切削运动，称为主运动传动系统。另一条是从床头箱挂轮到进给箱，再经光杠或丝杠到溜板箱使刀架移动，称为进给运动系统。

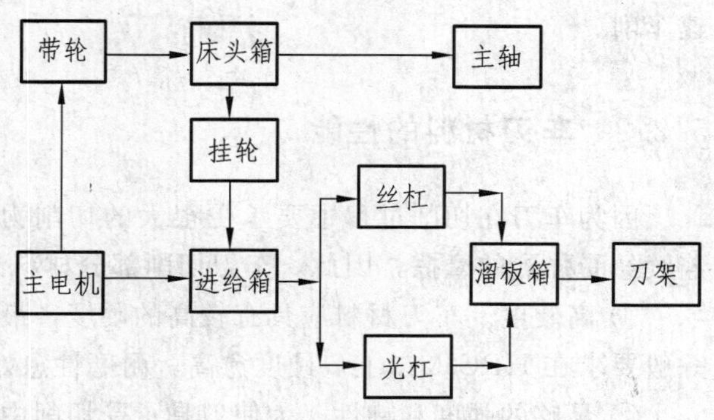

图 5.3　C6136 型车床的传动框图

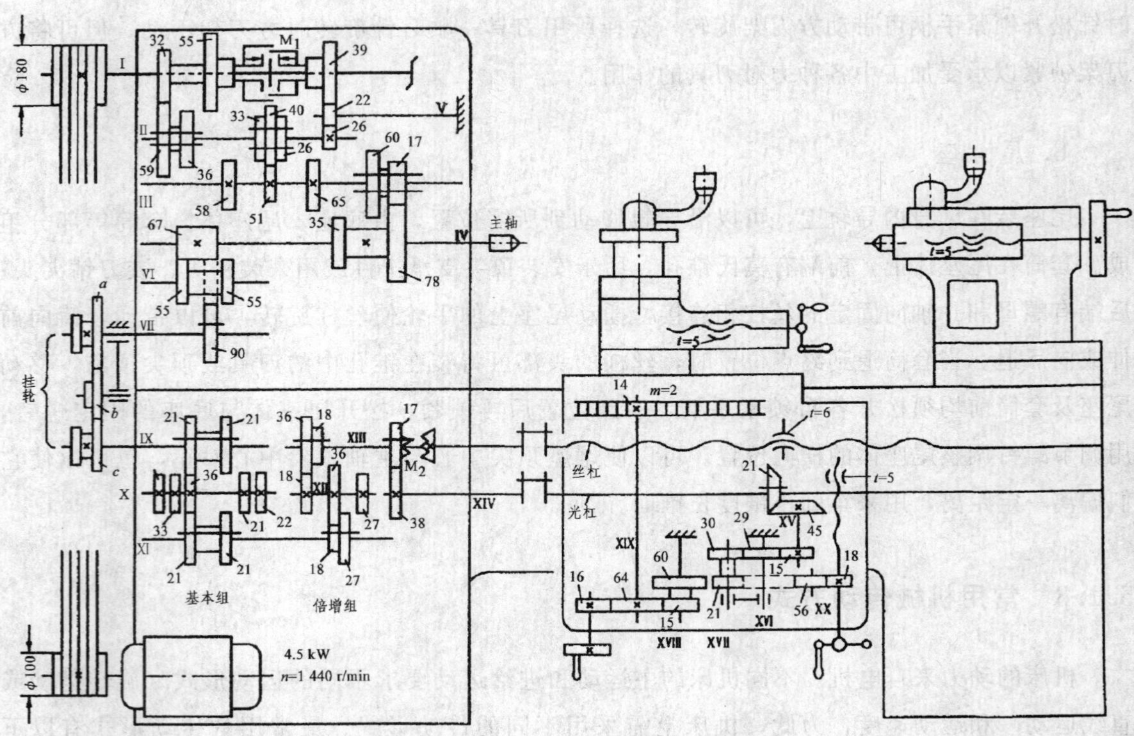

图 5.4　C6136 型车床的传动系统图

5.2　车　刀

5.2.1　车刀的种类

车刀是金属切削加工中应用最为广泛的刀具之一。车刀的种类很多，分类方法也不同。通常车刀是按用途、形状、结构和材料等进行分类的。

按用途分类有内、外圆车刀，端面车刀，切断刀，切槽刀，螺纹车刀，滚花刀，镗孔刀等。

按结构分类有整体式、焊接式和机械夹固式。

按材料分类有金属类和非金属类，金属类又有高速钢车刀或硬质合金钢车刀。常用高速钢制造的车刀有右偏刀、尖刀、切刀、成型刀、螺纹刀、中心钻、麻花钻（钻头和铰刀也是车床上常用的刀具），应用广泛。常用硬质合金制造的车刀有右偏刀、尖刀、车刀，多用于高速车削。

5.2.2　车刀材料的性能

因为车刀在切削过程中要承受很大的切削力和冲击力，并且在很高的切削温度下工作，连续经受强烈的摩擦，因此，车刀切削部分材料必须具备以下基本性能：

① 高硬度。车刀材料应具有较高的硬度，最低硬度必须高于工件材料的硬度；常温硬度一般要求在 HRC60 以上，硬度愈高，耐磨性愈好。

② 足够的强度和韧性。为使刀具承受切削中产生的切削力或冲击力，防止产生振动和冲击，刀具材料应具有足够的强度和韧性，才能防止脆裂和崩刃。一般的刀具材料如果硬度和

红硬性好，在高温下必耐磨，但其韧性往往较差，不宜承受冲击和振动；反之，韧性好的材料往往硬度和红硬温度较低。

③ 高耐磨性。车刀的耐磨性是指车刀材料抵抗磨损的能力，一般刀具材料的硬度愈高，耐磨性也愈好。

④ 高耐热性。高耐热性是指车刀材料在很高的切削温度下，仍能保持高的硬度、耐磨性、强度和韧性的性能，这是车刀材料极为重要的性能，常用红硬温度来表示。

此外，车刀还需要必须具备良好的导热性和刃磨性能等。

5.2.3 常用的刀具材料

目前工厂常用车刀材料有高速钢和硬质合金两大类。

1. 高速钢

高速钢是一种含有高成分钨（W）5%～20%、铬（Cr）3%～5%、钒（V）1%～5%的高合金工具钢。高速钢热处理后的硬度为 HRC63～66，热硬性好，红硬温度在 600℃左右时仍能基本保持切削性能。它的切削速度可比碳素工具钢高出 2～3 倍，因此称为高速钢。虽然高速钢的硬度、耐热性、耐磨性及所允许的切削速度还不如硬质合金，但由于高速钢的强度和韧性均较好，磨出的切削刀比较锋利，制造、刃磨简单，质量稳定，因此到目前为止，高速钢仍是制造小型车刀（自动车床、仪表车床用刀具，麻花钻、梯形螺纹精车刀和形状复杂的成型刀具）的主要材料。

常用的高速成钢牌号是 W18Cr4V（每个化学元素后面的数字，系指材料中含该元素的百分比），它的化学成分是含钨（W）18%左右、含铬（Cr）4%左右、含钒（V）1%左右、含碳（C）0.7%～0.8%。图 5.5 所示是各种刀具材料的硬度和红硬温度的比较。

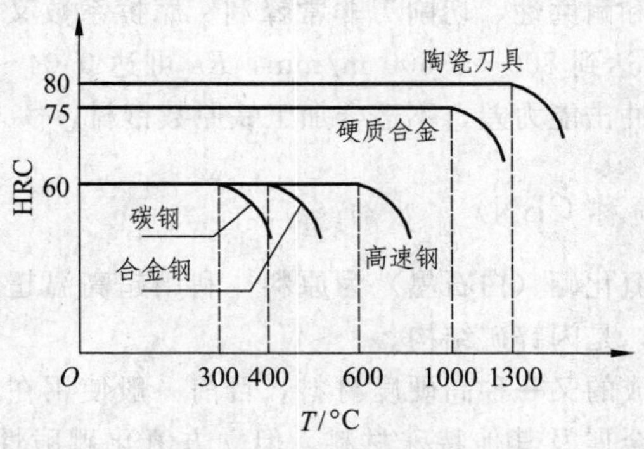

图 5.5 各种刀具材料的硬度和红硬温度的比较

2. 硬质合金

硬质合金是钨（W）和钛（Ti）的碳化物粉末加钴（Co）作为结合剂，经高压压制后再高温烧结而成的。硬质合金的硬度很高（HRA89～91），相当于 HRC70～75，能耐 850～1 000℃的高温。硬质合金刀具的切削速度为高速钢刀具的 4～10 倍，可用来加工工具钢和高速钢刀具不能加工的材料（如淬火钢等）。所以硬质合金是目前最广泛应用的一种车刀材料，它大大提高了劳动生产率。硬质合金的缺点是韧性差、性脆、怕冲击，这一缺陷可通过刃磨合理的刀具角度来弥补。

硬质合金按其成分不同，主要有钨钴合金和钨钛钴合金两大类。

① 钨钴类硬质合金由碳化钨（WC）和钴（Co）组成，它的代号以 YG 表示。这类硬质合金的韧性较好，因此适合于加工脆性材料（如铸铁等）或冲击性较大的工件。

钨钴类硬质合金按不同的含钴量，分为 YG3、YG6、YG8 等多种牌号。牌号后面的数字表示含钴量的百分数，其余为碳化钨。YG8 适合于粗加工，YG6 适合于半精加工，YG3 适合于精加工。

② 钨钛钴类硬质合金由碳化钨、碳化钛（TiC）组成，它的代号以 YT 表示。这类硬质合金的耐磨性能较好，能承受较高的切削温度，适合于加工塑性金属（如钢类）或其他韧性较大的塑性材料。

钨钛钴类硬质合金按含碳化钛量的不同，可分为 YT5、YT15 和 YT30 等几种牌号。牌号后面数字表示碳化钛含量的百分数。YT5 适合于粗加工，YT30 适合于精加工。

5.2.4 新型车刀材料

1. 陶 瓷

陶瓷刀具材料被誉为 20 世纪 80 年代取得突破性进展的刀具材料，它的特点是硬度高(HRA91～94)、高温硬度高、耐热性能好（1 200～1 450℃）和被加工金属亲和力小，主要用于精加工、半精加工硬度高（如淬火钢）或硬度低而黏结性强（如紫铜）的材料，而且陶瓷刀具材料价格低廉。但陶瓷刀材料抗弯强度低，热导率低，冲击韧性差，刃磨困难，不适合用于冲击力的断续切削和强力切削。

2. 人造金刚石

人造金刚石是在高温、高压和金属触媒作用的条件下，由石墨转化而成的。人造金刚石的特点是具有较高的硬度和耐磨性、切削刃非常锋利、摩擦系数又小，因此加工表面质量很高，加工有色金属时 v_c 可达到 800～3 800 m/min，Ra 可达 0.04～0.12，IT5。但人造金刚石强度较低，脆性较小，冲击能力差，不适合加工铁原数钢材。

3. 立方氮化硼（简称 CBN）

立方氮化硼是用六方氮化硼（白石墨）为原料，利用超高温超高压加入催化剂转变而成的，其结构与金刚石类似，是闪锌矿结构。

立方氮化硼是人工合成的又一种高硬度材料，目前一般使用在复合刀片上，可用来加工淬硬钢、冷硬铸铁、有色金属及其他特殊材料。但立方氮化硼脆性大，主要用于连续切削，应尽量避免冲击和振动。

5.2.5 车刀的组成

切削刀具种类很多，形状各异，但无论其结构制造如何复杂，它们的切削部分都可以看做是车刀的演变或组合。

车刀由刀头（或刀片）和刀杆两部分组成，刀头即车刀的切削部分，刀杆用于在刀架上夹持和固定车刀。

车刀及刀头的组成如图 5.6 所示。

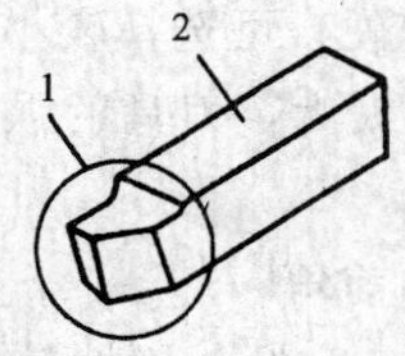

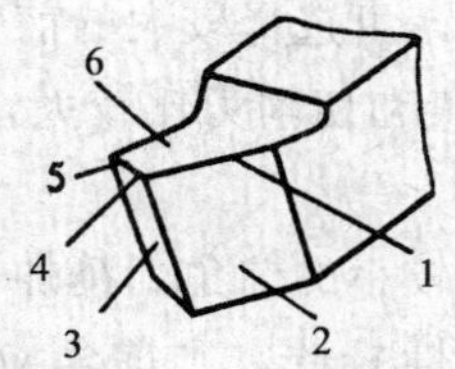

1—主切削刃；2—主后刀面；3—副后刀面；4—刀尖；5—副切削刃；6—前刀面

图 5.6　车刀的组成

① 前刀面：刀具上切屑流过的表面，也是车刀刀头的上表面。

② 主后刀面：同工件上加工表面互相作用和相对的刀面。

③ 副后刀面：同工件上已加工表面互相作用和相对的刀面。

④ 主切削刃：前刀面和主后刀面的相交部位，又称主刀刃，它担负着主要的切削工作。

⑤ 副切削刃：前刀面和副后刀面的相交部位，又称副刀刃，它配合主切削刃完成切削工作。

⑥ 刀尖：主切削刃和副切削刃的连接部位。为了提高刀尖的强度和车刀耐用度，很多刀具都在刀尖处磨出圆弧形过渡刃，又称为刀尖圆弧。一般硬质合金车刀的刀尖圆弧半径 $r=0.5\sim1$ mm。

⑦ 修光刃：副切削刃近刀尖处一小段平直的切削刃。装刀时必须使修光刃与进给方向平行，且修光刃长度必须大于工件每转 1 转车刀沿进给方向的移动量，才能起到修光的作用。

任何车刀都有上述组成部分，但数量不完全相同。如典型的外圆车刀由 3 个刀面、2 条切削刃和 1 个刀尖组成。而切断刀有 4 个刀面（2 个副后刀面）、3 条切削刃和 2 个刀尖。此外，所有的切削刃可以是直线的，也可以是曲线的，如成型刀的切削刃就是曲线的。

5.2.6　车刀刀头主要几何角度及其作用

1. 确定刀具角度的辅助平面

为了规定和测量车刀的切削角度，人为设想了三个辅助平面作为基准面，即切削平面、基面和正交平面，这三个平面是相互垂直的，如图 5.7 所示。

① 切削平面（P_s）：通过切削刃选定点，与切削刃相切并垂直于基面的平面。

② 基面（P_r）：通过切削刃上选定点并垂直于该点切削速度方向的平面。

③ 正交平面（P_o）：通过切削刃选定点并同时垂直于基面和切削平面的平面。

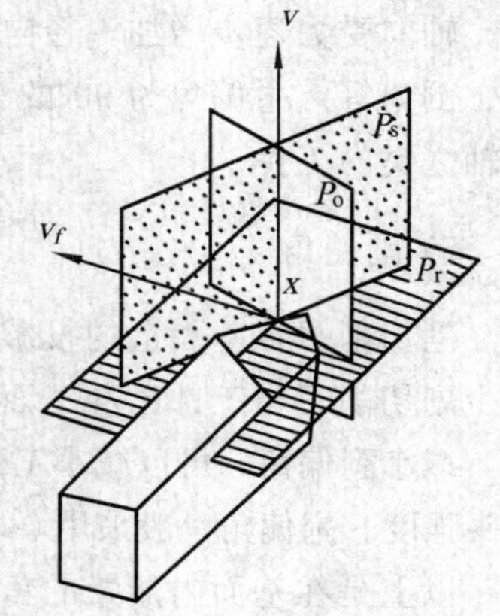

图 5.7　车刀刀头上的三个辅助平面

2. 刀头上的主要几何角度及选择

1）前角 γ_0

前刀面与基面之间的夹角称为前角。前角影响刃口的锋利和强度，影响切削变形和切削力。增大前角能使车刀刃口锋利，减少切削变形，可使切削省力，并使切屑容易排出。

前角的大小与工件材料、加工性质和刀具材料等有关，但影响最大的是工件材料。选择前角主要根据以下几个原则：

① 工件材料较软，可选择较大的前角；工件材料较硬，可选择较小的前角。因为材料越硬，切削时产生的热量和切削力比较大，如果前角选得太大，刀具的强度就会减弱，并使刀具寿命显著降低。

② 粗加工时应取较小的前角，精加工时应取较大的前角。

③ 若车刀材料韧性较差，则前角应取较小值；若车刀材料韧性较好，则前角可取较大值。因此，高速钢车刀的前角可相应比硬质合金车刀前角大5°～10°。

2）后角 α_σ

主后刀面与切削平面之间的夹角称为后角。后角的主要作用是减少车刀主后刀面与工件之间的摩擦。

后角太大，会降低车刀的强度；后角太小，会增加车刀后面跟工件表面的摩擦。选择后角主要根据以下几个原则：

① 粗加工时，应取较小的后角（硬质合金车刀：$\alpha_\sigma=5°\sim7°$）；精加工时，应取较大的后角（硬质合金车刀：$\alpha_\sigma=8°\sim10°$）。

② 工件材料较硬，后角宜取小值；工件材料较软，后角取大值。

3）副后角 α_σ'

副后刀面与切削平面之间的夹角称为副后角。副后角的主要作用是减少车刀副后刀面与工件之间的摩擦。

以上是在正交平面内测量的角度。

4）主偏角 κ_r

主切削刃在基面上的投影与进给方向之间的夹角称为主偏角。主偏角的主要作用是改变主切削刃和刀头的受力情况和散热情况。

一般使用的车刀主偏角有45°、60°、75°和90°等几种。45°～75°的车刀，随着主偏角的改变，轴向受力逐步增加，径向受力则减小，因而一般用于粗加工或有形状要求的工件，如斜面、倒角等。主偏角为90°的车刀，轴向受力大，径向受力最小，故一般用于加工细长轴、台阶轴之类的工件。

5）副偏角 κ_r'

副切削刃在基面上的投影与进给反方向之间的夹角称为副偏角。副偏角的主要作用，是减少副切削刃与工件已加工面之间的摩擦。

减小副偏角，可以减小工件的表面粗糙度值；相反，副偏角太大时，刀尖角就减小，影响刀头强度。副偏角一般采用6°～8°，但当加工中间切入工件时，副偏角应取得较大（45°～60°）。

以上是在基面内测量的角度。

6）刃倾角 λ_s

主切削刃与基面之间的夹角称为刃倾角。刃倾角的主要作用是控制切屑的排出方向，并影响切削性能及刀头强度。

刃倾角有正值、负值和零度三种，当刀尖处于主切削刃的最高点时，刃倾角是正值；切削时，切屑排向工件待加工表面，切屑不易擦毛已加工表面，车出的工件表面粗糙度值小，但刀尖强度较差。当刀尖处于主切削刃的最低点时，刃倾角是负值；切削时，切屑排向工件已加工表面，容易擦毛已加工表面，但刀尖强度好，能承受较大的冲击力。当主切削刃与基面平行时，刃倾角等于零度；切削时，切屑垂直于主切削刃方向排出。

一般车削时（指工件圆整、切削厚度均匀），选择零度刃倾角；断续切削和强力切削时，为了增加刀头强度，刃倾角应取负值；精车时，为了减小工件表面粗糙度值，刃倾角应取正值。

刃倾角是在切削平面内测量的角度。

5.3　车外圆

将工件装夹在车床卡盘上作旋转运动，车刀装夹在刀架上作纵向进给的加工方法称为车外圆。车外圆是车削中最基本、最常见的加工方法。

5.3.1　外圆车刀及其安装

车外圆及常用的车刀如图 5.8 所示。

尖刀主要用于车外圆；45°弯头刀和右偏刀既可车外圆又可车端面，应用较为普遍；90°右偏刀车外圆时径向力很小，常用来车削细长轴的外圆；圆弧刀的刀尖具有圆弧，可用来车削具有圆弧台阶的外圆。各种车刀一般均可用于倒角。

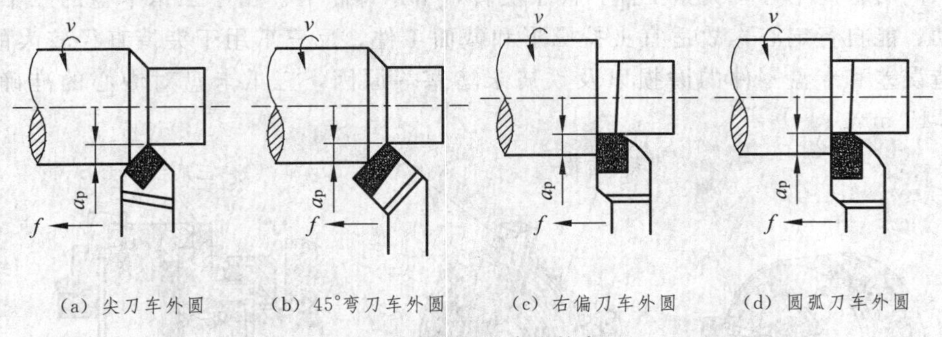

(a) 尖刀车外圆　(b) 45°弯刀车外圆　(c) 右偏刀车外圆　(d) 圆弧刀车外圆

图 5.8　车外圆及常用的车刀

车刀安装在刀架的左侧，如图 5.9 所示。

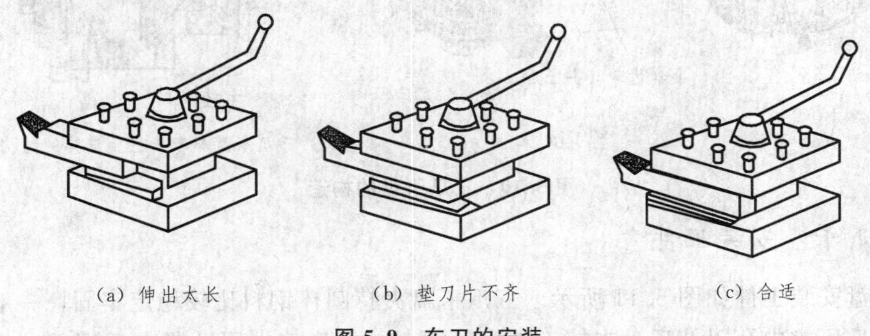

(a) 伸出太长　(b) 垫刀片不齐　(c) 合适

图 5.9　车刀的安装

安装车刀时应注意以下几点：

① 刀尖应与工件旋转轴心线等高。车刀装得太高，会使车刀的实际后角减小，使车刀的后刀面与工件之间的摩擦力增大；车刀装的太低，会使车刀的实际前角减小，使切削不顺利，一般用尾架顶尖校对。

调整车刀高度采用垫刀片，垫刀片应平整并与刀架对齐，而且尽量以少而厚的垫片为好，防止车削时产生振动。

② 车刀伸出刀架的长度一般以刀体厚度的1.5～2倍为宜，伸出太长，切削时刀杆刚性减弱，容易产生振动；伸出太短，刀架碰撞工件，不利切削。

③ 刀杆中心线应跟进给方向垂直，否则会使主偏角和副偏角的大小发生改变。车刀至少要用两个螺钉压紧在刀架上，并逐个轮流旋紧，旋紧时不得用力过大而损坏螺钉。

④ 安装好车刀后，一定要用手动的方式对机械加工极限位置进行检查。

5.3.2 工件的装夹

在车床上安装工件时，应使被加工表面的轴线与车床主轴回转轴线重合，保证工件处于正确的位置，同时要将工件夹紧，以防止在切削力的作用下工件松动或脱落，保证实习安全。

车床上安装工件的附件（即通用夹具）很多，现只向同学们介绍实习中用得最多的三爪卡盘。

1. 三爪卡盘的构造

三爪卡盘的构造如图5.10所示。用卡盘扳手插入三爪卡盘上的任何一个方孔，顺时针转动小伞齿轮，与它相啮合的大伞齿轮将随之转动，大伞齿轮背面的方牙平面螺纹即带动三个卡爪同时移向中心，夹紧工件。扳手反转，卡爪即松开。由于三爪卡盘的三个卡爪是同时移动、能自行定心，故适宜夹持圆形和截面工件。反三爪用于夹持直径较大的工件。由于制造误差和卡盘零件的磨损以及铁屑末堵塞等原因，三爪卡盘对中心的准确度约为0.05～0.15 mm。

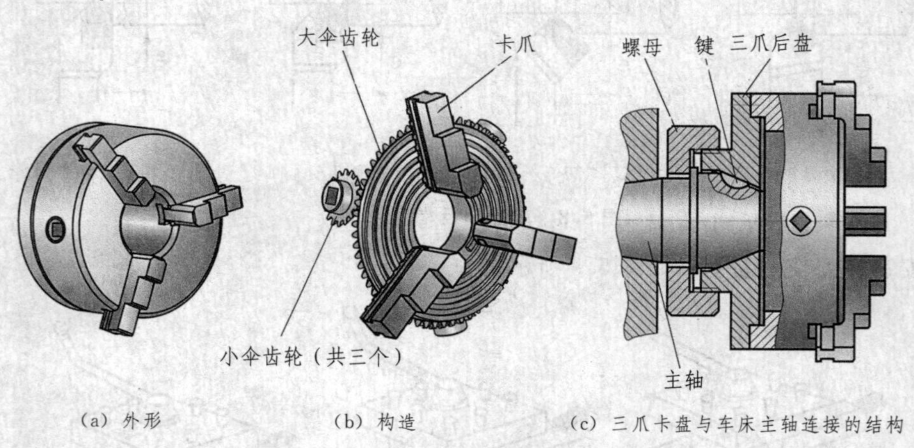

(a) 外形　(b) 构造　(c) 三爪卡盘与车床主轴连接的结构

图5.10 三爪卡盘的构造

2. 三爪卡盘安装工件

三爪卡盘安装工件如图5.11所示。三爪卡盘夹持圆棒钢料比较稳定牢固，一般也无需找正。利用卡爪反撑内孔以及反爪夹持工件大外圆，一般应使端面贴紧卡爪端面；当夹持工件外圆而左端又不能贴紧卡盘时应对工件进行找正，一般先轻轻夹紧工件，用手扳动卡盘靠目测或划针盘找正，用小锤轻击，直到工件径向和端面跳动符合加工要求时，再进一步夹紧。件数较多时，为了减少找正时间，可在工件与卡盘之间加一平行垫块，用小锤轻击，使之贴平即可。

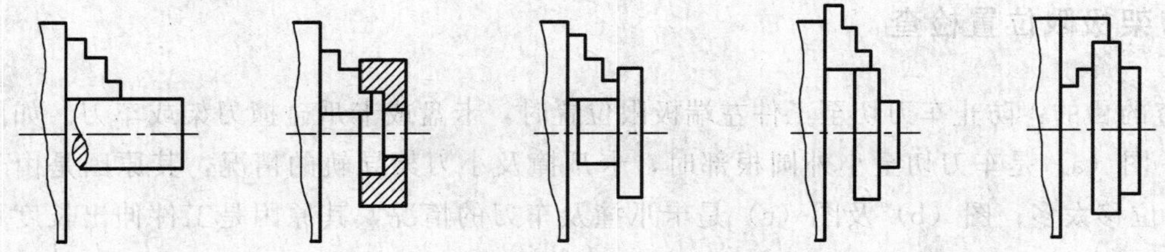

(a) 夹持棒料　(b) 用卡爪反撑内孔　(c) 夹持小外圆　(d) 夹持大外圆　(e) 用反爪夹持大直径工件

图 5.11　三爪卡盘安装工件的举例

3. 卡盘安装工件的注意事项

① 毛坯上的飞边、凸台应避开卡爪位置。

② 卡盘夹持的毛坯外圆长度一般不要小于 10 mm，不宜用卡盘夹持长度较短又有明显锥度的毛坯外圆。

③ 工件找正后必须夹牢，以防切削时飞出。女同学及力气小的同学应加套筒，以增加压紧力。

④ 夹持棒料和圆形工件，悬伸长度一般比技术要求的长度尺寸长 5～10 mm 左右。如遇要求长度长或直径大的工件，则须加辅助装夹（如顶尖等），以防工件弯曲或被车刀顶弯、顶落，造成打刀或伤人等事故。

5.3.3　切削用量及其选择

1. 切削用量三要素

切削用量三要素是指切削速度 v_c、进给量 f（或进给速度 v_f）和背吃刀量 a_p，如图5.12所示。

① 切削速度 v_c（m/min 或 m/s）是指单位时间内工件与刀具沿主运动方向相对移动的距离。

$$v_c = \frac{\pi \cdot D \cdot n}{1000} \quad (\text{m/min})$$

式中，D 为工件待加工表面（mm）；n 为工件的转速（r/mm）。

② 进给量 f（mm/r）和进给速度 v_f 是在主运动一个循环内，刀具与工件沿进给运动方向相对移动的距离。

③ 背吃刀量 a_p（mm）是待加工表面与已加工表面之间的垂直距离。

$$a_p = \frac{D-d}{2} \quad (\text{mm})$$

式中，d 为工件已加工表面直径（mm）。

待加工表面　加工表面　已加工表面

图 5.12　背吃刀量

2. 切削用量的选择

为了保证加工质量和提高生产率，零件加工应分若干步骤，中等精度的零件，一般按“粗车—精车”的方案进行（实习中常采用此方案）；精度较高的零件，一般按“粗车—半精车—精车或粗车—半精车—磨削”的方案进行。

5.3.4 刀架极限位置检查

① 检查的目的：防止车刀切至工件左端极限位置时，卡盘或卡爪碰撞刀架或车刀。如图5.13所示，图（a）是车刀切至小外圆根部时，卡爪撞及小刀架导轨的情况，其原因是由于小刀架向右位移太多；图（b）及图（c）是卡爪撞及车刀的情况，其原因是工件伸出长度不适当。

② 检查的方法：在工件和车刀安装之后，手摇刀架将车刀移至工件左端应切削的极限位置，用手缓慢转动卡盘，检查卡盘或卡爪有无撞及刀架或车刀的可能。若不会撞及，即可开始加工，否则应对工件、小滑板或车刀的位置作适当的调整。

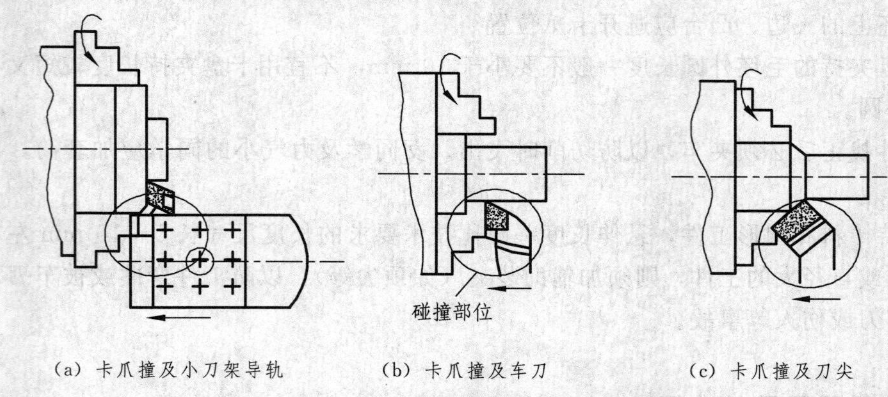

图 5.13 车刀切至极限位置时的碰撞现象

5.3.5 刻度盘的作用及其正确使用

1. 刻度盘的作用

大滑板、中滑板及小滑板均有刻度盘，刻度盘的作用是为了在切削工件时能准确移动车刀，控制尺寸。大滑板的刻度每小格为0.5 mm；中滑板的刻度盘与横向手柄均装在横丝杠的端部；中滑板和横丝杆的螺母紧固在一起，当横向手柄带动横丝杠和刻度盘转动1周时，螺母即带动中滑板移动1个螺距。因此，刻度盘每转1格，中滑板移动距离＝丝杠螺距/刻度盘格数（mm）。

例如：C6132车床中滑板的丝杠螺距为4 mm，其刻度盘等分为80格，故每转1格，中滑板带动车刀在横向所进的切深量为4 mm÷80＝0.05 mm，从而使回转表面车削后直径的变动量为0.10 mm。为方便起见，车削回转表面时通常将每格的读数记为0.10 mm，10格的读数记为1 mm。同样道理，小滑板的刻度也是每小格为0.05 mm，但须注意它所进的是长度，而不是回转表面的尺寸，故每小格实际读数还是0.05 mm。

加工外圆表面时，车刀向工件中心移动为进刀，手柄和刻度盘是顺时针旋转；车刀由中心向外移动为退刀，手柄和刻度盘是逆时针旋转；加工内圆表面时，情况则相反。

2. 刻度盘的正确使用

由于丝杆与螺母之间有一定间隙，所以如果要求刻度盘多摇过几格时，不能直接退回几格，而必须反向摇回约半圈，待消除全部间隙后再转到所需的位置，如图5.14所示。

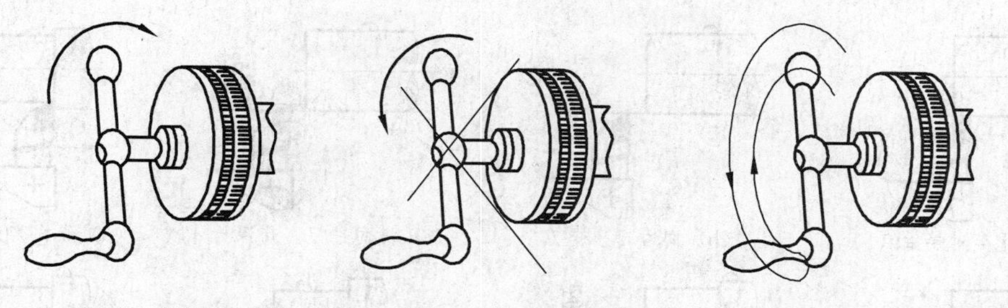

(a) 要求：多摇过3格　(b) 错误：直接退回3格　(c) 正确：反转半圈，再转至所需位置

图5.14　刻度盘的正确使用

小滑板刻度盘的作用、读数原理及使用方法与中滑板刻度盘相同，所不同的是，小滑板刻度盘一般用来控制工件端面的背吃刀量，利用刻度盘移动小滑板的距离就是工件长度的变动量。

5.3.6　切削方法与步骤

常用“一对、二退、三进刀、四试、五测、六加工”来描述切削方法步骤。具体含义如下：

① 开车对接触点：车刀刀尖轻微地接触旋转工件的最大点，找到横向进给的起始点。

② 向右退出车刀：这是为了防止在进刀过程中刀尖与工件相碰，同时为了找准进刀所需尺寸。

③ 横向进刀：经过计算工件毛坯直径与加工后的实际直径之差，得出进刀时的尺寸，再经刻度盘反映出实际进刀量的大小。

④ 纵向车削1～2 mm，检查进刀量是否准确，这是非常重要的加工步骤。

⑤ 退刀、停车、测量：检查所车尺寸是否符合所需尺寸，如不符则再调整进刀量，直到符合要求。

⑥ 纵向切削至终点：此时可以用自动走刀进行切削，当车刀离终点1 mm左右时，即停止自动走刀，用手均匀的摇至终点，以免造成尺寸误差。

5.3.7　试切的作用与方法

1. 试切的作用

由于刀架丝杠和螺母的螺距及刻度盘的划线均有一定的制造误差，只按刻度盘确定切削深度难以保证精车时所需的尺寸公差，因此，需要通过试切准确控制尺寸。此外，试切也可防止进错刻度而造成废品。

2. 试切的方法

车外圆的试切方法及步骤如图5.15所示。图中是试切的一个循环。如果尺寸合格即可开车按背吃刀量 a_p 车削整个外圆；如果未到尺寸，应自第6步再次横向进刀定背吃刀量 a_p，重复第4、第5步直到尺寸合格为止，各次所定的背吃刀量 a_{p1}、a_{p2}…均应小于各次直径余量的一半。如果尺寸车小，可按图所示的方法，按刻度将车刀横向退出一定的距离，再行试切直到尺寸合格为止。

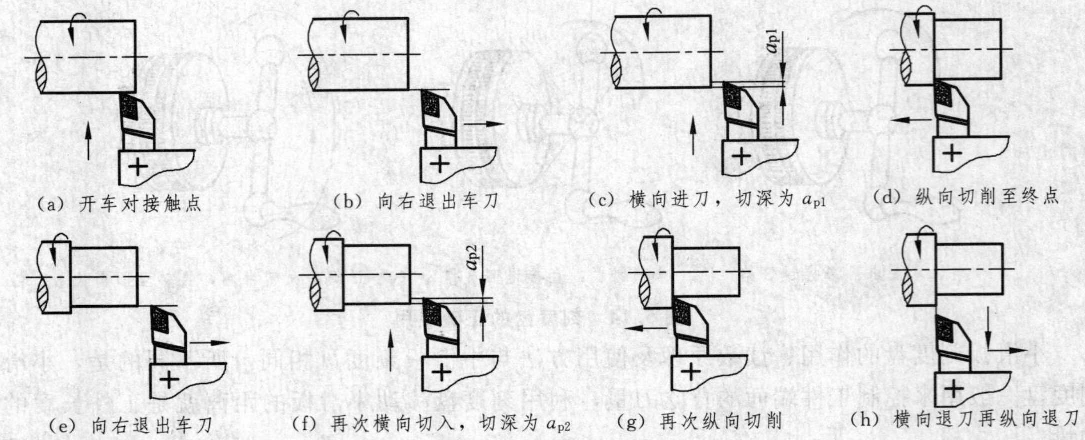

图 5.15 外圆的试切方法与步骤

5.4 车端面

端面车削方法及所用车刀如图 5.16 所示。车端面时刀尖必须准确对准工件的旋转中心，否则会将端面中心处车出凸台，并易崩坏刀尖。车端面时，若切削速度由外向中心逐渐减小，则会影响端面的粗糙度，因此，工件切速应比车外圆时略高。

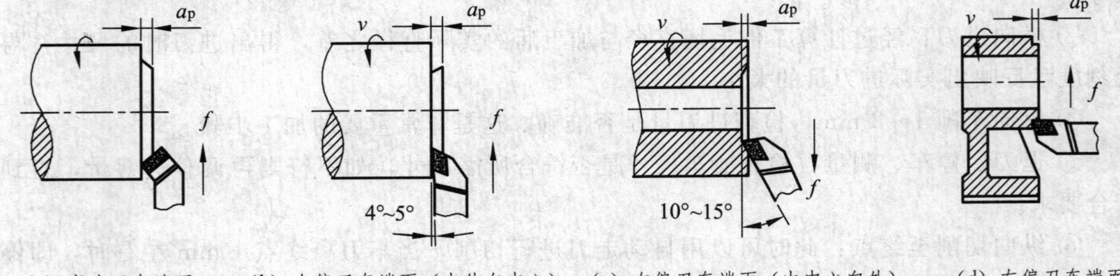

图 5.16 车端面

45°弯头刀车端面如图 5.16（a）所示，中心的凸台是逐步车掉的，不易损坏刀尖。右偏刀由外向中心车端面如图 5.16（b）所示，凸台是瞬时车掉的，这样容易损坏刀尖，因此切近中心时应放慢进给速度。对于有孔的工件，车端面时常用右偏刀由中心向外进给，如图 5.16（c）所示，这样切削厚度较小，刀刃有前角，因而切削顺利，粗糙度 R_a 值较小；零件结构不允许用右偏刀时，可用左偏刀车端刀车端面，如图 5.16（d）所示。

车削大的端面时，为了防止因车刀受力使刀架移动而产生凸凹现象（见图 5.17），应将大拖板紧固在床身上。

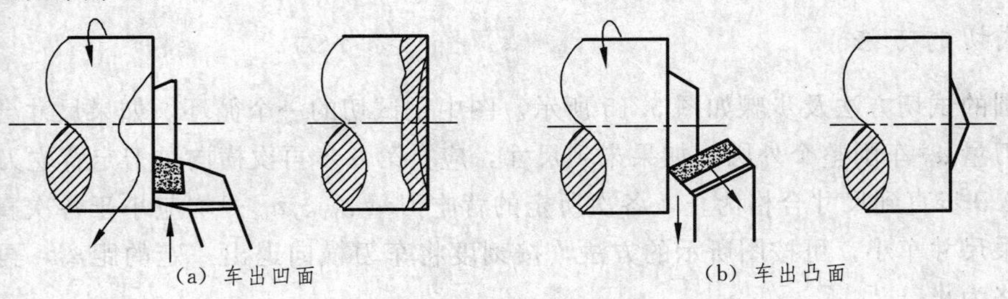

图 5.17 车大端面产生凸凹现象

5.5　台阶轴考核

5.5.1　零件图

请选择合适的刀具和工序，按图 5.18 所示零件图加工台阶轴，其参数见表 5.1。

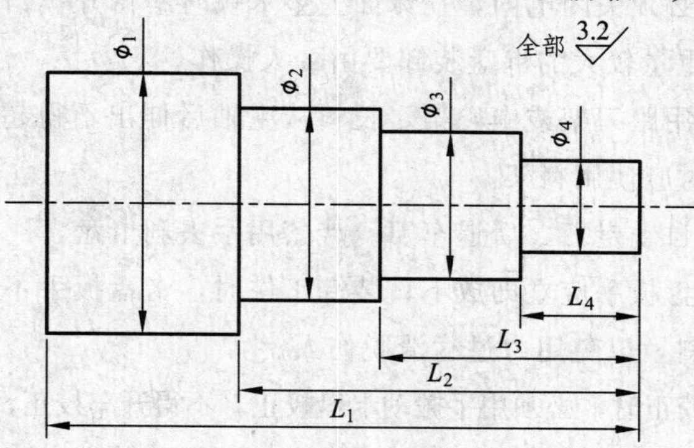

图 5.18　台阶轴零件图

表 5.1

ϕ_1	$23_{-0.10}^{0}$	L_1	26±0.20
ϕ_2	$18.5_{-0.08}^{0}$	L_2	20±0.16
ϕ_3	$14.6_{-0.06}^{0}$	L_3	14±0.10
ϕ_4	$10.2_{-0.04}^{0}$	L_4	7±0.06

5.5.2　评分细则（见表 5.2）

表 5.2

ϕ_1 $23_{-0.10}^{0}$	2	每超差 0.05 扣 1 分
L_1 26±0.20	2	每超差 0.10 扣 1 分
ϕ_2 $18.5_{-0.08}^{0}$	3	每超差 0.04 扣 1 分
L_2 20±0.16	3	每超差 0.08 扣 1 分
ϕ_3 $14.6_{-0.06}^{0}$	4	每超差 0.04 扣 1 分
L_3 14±0.10	4	每超差 0.06 扣 1 分
ϕ_4 $10.2_{-0.04}^{0}$	5	每超差 0.02 扣 1 分
L_4 7±0.06	5	每超差 0.04 扣 1 分
3.2	2	每超差一级扣 1 分

5.6 普通车床安全操作规程

① 卡盘、花盘必须有保险螺钉，使用前要紧固。

② 使用拨盘、顶针、鸡心夹头装夹工件要采用安全拨盘，以防鸡心夹头伤人。

③ 装、卸卡盘时都必须关闭电门，在床面上垫木块时不得开车借主轴转动，尤其是转卡盘决不允许开车进行。重量较大的卡盘装卸要由 2 人操作。

④ 车削长零件时要用跟刀架或中心架。长料从主轴后伸出不得超过 200 mm 并应加上醒目标志，超过 200 mm 时应使用料架。

⑤ 停车时必须先停自动走刀，后退车刀。严禁用手去刹卡盘。

⑥ 装卸工件后，卡盘扳手应立即放下；装卸工件时，卡盘扳手不得加装套管，扳手应与导轨垂直使用，不得倾斜，以免用力过猛滑脱伤人。

⑦ 零件尚未夹紧和校正时，必须用手搬动卡盘校正，不得开车校正，以防零件飞出伤人。

⑧ 零件在装夹前应去除毛刺，以防割手或由于毛刺影响装夹牢固。

⑨ 使用顶针应经常加油，高速切削必须使用活顶针，不得使用磨损了的顶针。把工件装上顶针时要注意中心孔是否正确。切断工件不得采用两顶针装夹的方法。

⑩ 车刀伸出长度应尽量短，伸出距离一般不得超过刀杆厚度的 1～2 倍。车刀用的垫铁不要太多，一般只用 2～3 片，要平整且要与刀架对齐；刀架上螺丝要拧紧，一般要紧固 2 个螺丝，紧固时应轮换逐个拧紧。

⑪ 使用锉刀时应用左手握柄、右手握头。锉削时，应从右面锉到左面，并且要长而缓慢，压力要均匀一致。锉刀上切屑必须随时清除，以免锉削时打滑。

⑫ 用砂布抛光时，转速应高些，可用手直接握住砂布或把砂布放在锉刀下面进行抛光。但要慢慢移动，最好使用抛光夹抛光。用砂布砂内圆时，必须用木棒缠砂布插进，禁止用手缠砂布或棉纱砂内圆。

⑬ 工件上有凹槽时，不可进行锉削和抛光，应用木塞填补后再进行。

⑭ 车削铸铁、铸铜、铸铝、木材等有大量粉末飞扬的工件时，应戴口罩。

⑮ 镗孔操作中，用塞规测量孔径时，应先把镗刀摇开，拔出塞规时用力不可过猛，以防手撞在刀尖或尾座钻头上受伤。

⑯ 要防止滚花时产生的径向压力把工件顶垮，对薄壁零件要防止变形。

⑰ 车削镁合金零件时，要准备好防火器材（石墨粉、石棉被、砂子和熔剂粉等）。零件起火时不要用水或普通化学剂灭火，以防爆炸。为防止镁合金燃烧，切屑应随时清除，且不要与其他切屑混合；切削深度不宜过小，进给量不应小于 0.05 mm；一次走刀后，必须很快退出刀具；清除切屑时，刀具不许与零件表面摩擦；应避免用水或乳状液进行冷却。

⑱ 加工畸形和偏心零件时要加平衡配重，应夹紧牢固，先开慢车，然后再变为需要的转速。

⑲ 高速切削要戴防护眼镜或加设防护罩。

⑳ 装卸、校正、测量、锉削、抛光工件和调换卡盘都必须停车进行，将刀架移至安全处、撤除垫板等物后，方可开车。

习　题

5.1　普通卧式车床可加工哪些表面？车削外圆的尺寸公差等级可达几级？粗糙度 Ra 值为多少？

5.2　光杠和丝杆的作用是什么？

5.3　横向进给手动手柄转过 24 格时，刀具横向移动多少毫米？外径 36 mm，要车 35 mm，对刀后切削时，横向手柄应进多少小格？

5.4　试切的目的是什么？主要应用在什么情况下？试阐述正确的试切方法。

5.5　对粗车和精车应如何选择切削用量？

5.6　如何选择切削刀具的几何角度？不同的几何角度对加工零件的质量有何影响？

5.7　用正、负刃倾角的两把刀车削时，其切屑流动方向如何？

第6章 铣 削

【实习目的及要求】

① 了解铣削加工的基本知识；

② 了解常用铣刀种类及作用；

③ 了解常用立铣和卧铣机床的组成、运动和用途；

④ 了解铣床附件大致结构、用途和简单分度的方法；

⑤ 掌握一般铣削加工的方法；

⑥ 按图纸要求尺寸，在卧铣和立铣上加工出合格的六方体。

6.1 概 述

在铣床上利用铣刀的旋转和工件的移动对工件进行切削加工的过程称为铣削。铣削时铣刀的回转运动是主运动，工件的直线运动或斜线运动是进给运动。在机械加工中，铣削是除了车削加工之外用得较多的一种加工方法。铣削主要用于加工各种平面（如水平面、垂直面和斜面）、沟槽（如直角槽、键槽、V形槽、T形槽和燕尾槽）、齿轮（如直齿、斜齿、圆锥齿和齿条）、特形面和螺旋槽，也可以用来切断工件，还可以进行钻孔、镗孔等。

铣削加工的尺寸等级一般可达IT 11～IT 9，表面粗糙度值为Ra 6.3～1.6 μm。

由于铣刀是一种旋转使用的多刃刀具，在铣削时每个刀刃是间歇进行切削的，刀刃的散热条件好，因而可以采用较大的铣削用量。所以铣削是一种高生产效率的加工方法。

6.2 铣 床

铣床的种类很多，常用的有立式铣床、卧式铣床和数控铣床，其他还有龙门铣床、万能工具铣床和各种专用铣床。

6.2.1 卧式万能铣床

卧式万能铣床是铣床中应用最广的一种，它的主轴轴线与工作台平面平行，呈水平位置。工作台可沿纵、横、垂直三个方向移动，并可在水平平面内回转一定的角度，以适应不同铣削的需要。X6132型卧式万能升降台铣床如图6.1所示，其型号含义如下：

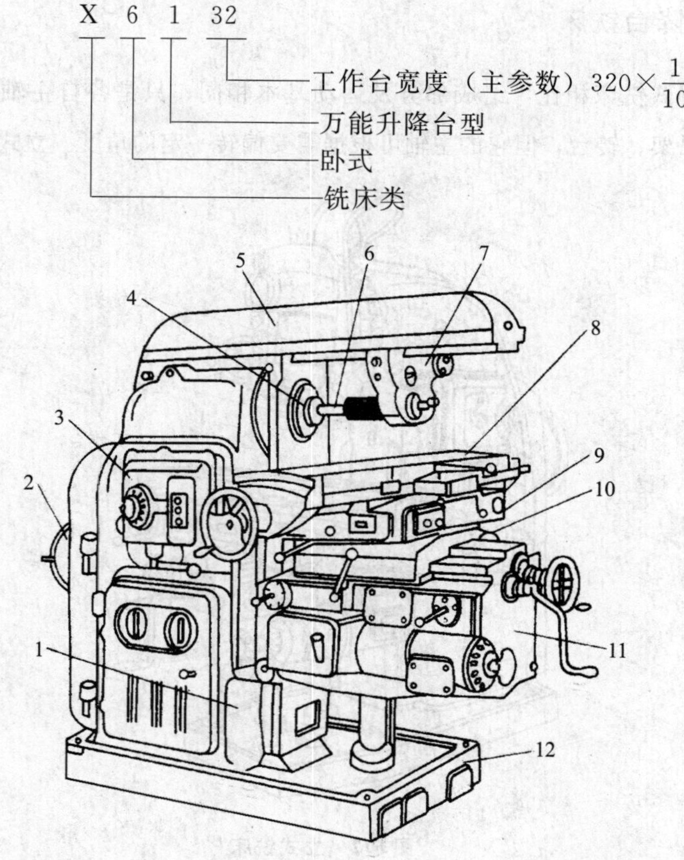

1—床身；2—电动机；3—变速机构；4—主轴；5—横梁；6—刀杆；7—刀杆支架；
8—纵向工作台；9—转台；10—横向工作台；11—升降台；12—底座

图6.1 X6132卧式万能升降台铣床

X6132型卧式万能铣床的主要组成部分及作用如下：

① 床身：用来支承和固定铣床各部件。

② 横梁：横梁一端装有吊架，用以支承铣刀杆外伸，增加刀杆的刚性。横梁的伸出长度可以调整。

③ 主轴：主轴为空心轴，前端为锥孔，用来安装铣刀杆并带动铣刀作旋转运动。

④ 纵向工作台：纵向工作台台面有T形槽，用以安装工件及夹具；下面通过螺母与丝杆螺纹连接，可在转台的导轨上纵向移动；侧面有固定挡块，以实现机床的机动纵向进给。

⑤ 横向工作台：位于升降台上面的水平导轨上，可以带动纵向工作台一起作横向运动，用以调整工件与铣刀之间的横向位置或获得横向进给。

⑥ 升降工作台：支承纵向工作台和转台，可带动整个工作台沿床身的垂直导轨上下移动，以调整工作台面到铣刀的距离，可作垂直进给。

⑦ 转台：可将纵向工作台在水平面内扳转一定的角度（正反均为0°～45°），以便铣削螺旋槽工件。

⑧ 底座：用于支承床身和升降台，盛放冷却液。

万能卧式升降台铣床的主轴转动和工作台移动的传动系统是分开的，分别由单独的电动机驱动，使用单手柄操纵机构，工作台在三个方向上均可快速移动。

6.2.2 立式升降台铣床

立式铣床与卧式铣床相比，组成部分及运动基本相同，只是各自主轴所处空间位置不同，并且没有横梁、吊架、转台，但它的主轴可根据需要偏转一定的角度。立式铣床如图6.2所示。

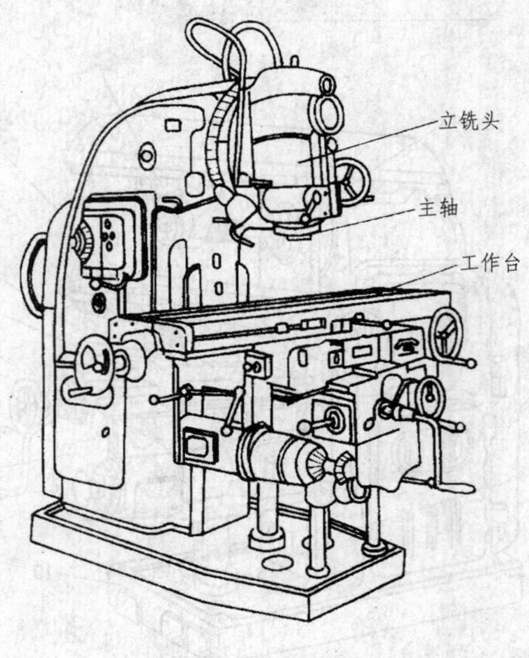

图 6.2 立式铣床

6.2.3 铣床的主要附件

1）平口钳

平口钳是一种通用工具，适用于装夹小型或形状较为规则的工件。

2）回转工作台

回转工作台也称为圆形工作台，主要用于铣削圆弧形表面和曲线槽。

（3）万能铣头

在卧式铣床上装上万能铣头，不仅能完成各种立铣的工作，还可以根据需要，将铣头扳成任意角度，从而扩大了卧式铣床的加工范围。

4）万能分度头

在铣削过程中，经常会遇到铣四方、六方、齿轮、花键和刻线等工作，这时工件在铣过一个面或槽后，需要转一定的角度再进行铣削，这种转动角度的方法就叫分度。分度头就是能对工件在水平、垂直和倾斜位置进行分度的机床附件。分度头有许多类型，其中最常见的是万能分度头，其结构图及传动系统图分别如图 6.3 和图 6.4 所示。

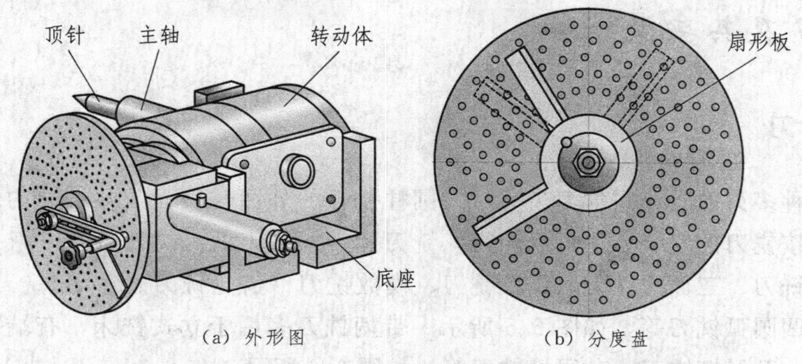

(a) 外形图 (b) 分度盘

图 6.3 分度头结构图

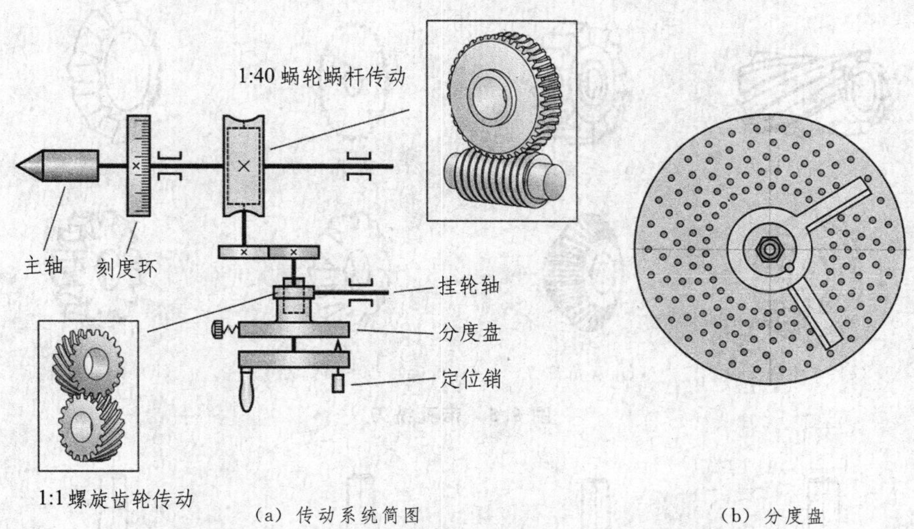

(a) 传动系统简图 (b) 分度盘

图 6.4 分度头传动系统图

分度头是通过涡轮、蜗杆来传动的，其中涡轮是 40 个齿，蜗杆是 1 个头，所以得出传动比为$\frac{40}{1}$；若工件在整个圆周的等分数为 Z，则得出分度头手柄所需转的圈数 $n=\frac{40}{Z}$。

使用分度头对工件分度的方法很多，有直接分度法、简单分度法、角度分度法等，这里仅介绍最常用的简单分度法。

我们上面了解了 $n=\frac{40}{Z}$，若加工螺母为六边形，则 $n=\frac{40}{6}=6\frac{2}{3}$。也就是说分度头手柄需转过 6 圈后再多摇过$\frac{2}{3}$圈，这$\frac{2}{3}$圈可以通过分度盘来控制。分度头一般配有 2 块分度盘，分度盘正反两面有许多孔圈，各圈上的孔数都不相同，但同一圈上的孔距是相等的。第一块分度盘正面各圈的孔数依次为：24，25，28，30，34，37；反面各圈的孔数依次为：38，39，41，42，43。第二块分度盘正面各圈的孔数依次为：46，47，49，51，54；反面各圈的孔数依次为：57，58，59，62，66。采用简单分度法时，分度盘固定不动，上面计算的$\frac{2}{3}$圈，分母为 3，我们将分度手柄上的定位销拔出，调整到孔数为 3 的倍数的孔圈上，即手柄的定位销可插在孔数为 24 的孔圈上，此时手柄转过 6 圈后，再沿孔数为 24 的孔圈转过 16 个孔距即可（$=6\frac{2}{3}=6\frac{16}{24}$）。

如果要铣的零件的等分数为质数，如铣 71 个齿的齿轮，就不能应用简单分度法，而应采用别的分度法（如差动分度法）。

6.3 铣刀及其安装

6.3.1 铣 刀

铣刀是一种多刃刀具，它的刀齿分布在圆柱铣刀的外回转表面或端铣刀的端面上。铣刀的种类很多，按铣刀的安装方法可分为带孔铣刀和带柄铣刀两大类。带孔铣刀一般用于卧式铣床，有圆柱铣刀、三面刃铣刀、锯片铣刀、模数铣刀（齿轮铣刀）、单角铣刀、双角铣刀、凸圆弧铣刀、凹圆弧铣刀等，如图6.5所示。带柄铣刀多用于立式铣床，有端面铣刀、立铣刀、键槽铣刀、T形槽铣刀、燕尾槽铣刀等，如图6.6所示。

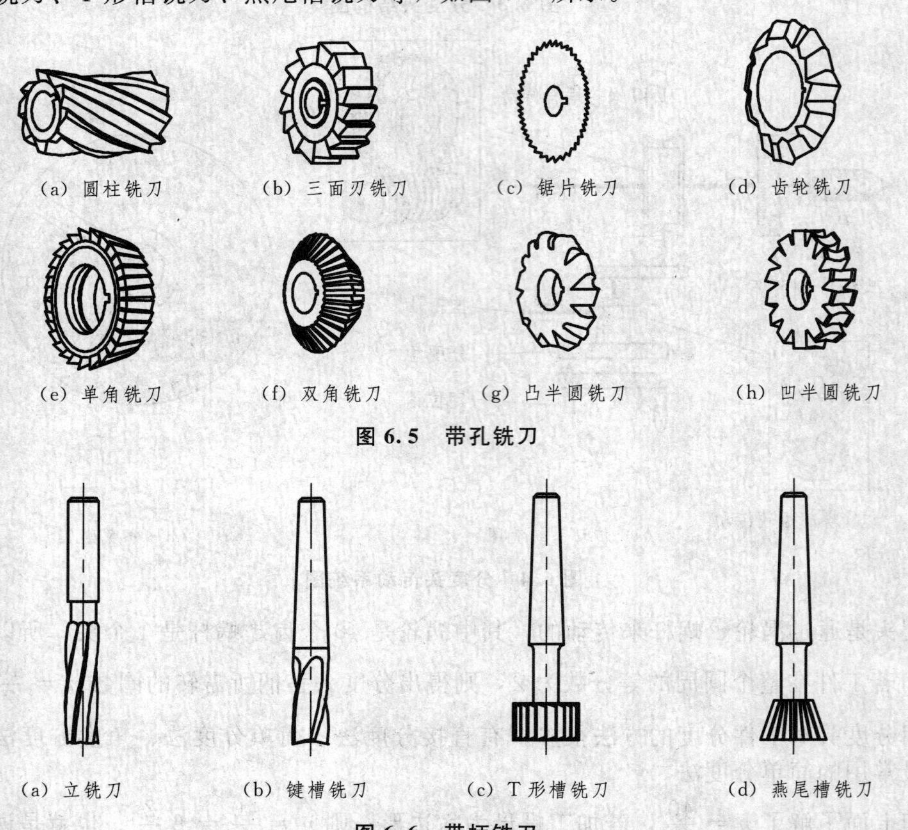

图6.5 带孔铣刀

图6.6 带柄铣刀

铣刀结构复杂，种类繁多，制造困难，因此铣刀的成本高。

常用的铣刀材料有高速钢和硬质合金钢。一般形状较为复杂的铣刀都采用高速钢制造，如$W_{18}Cr_4V$，其耐热度可达600℃。采用硬质合金钢制造的铣刀耐热度可达1 000℃，所以可以采用较高的铣削速度，生产效率高，表面质量好。

6.3.2 铣刀的安装

1. 带孔铣刀的安装

带孔铣刀一般安装在刀杆上，如图6.7和图6.8所示。安装时应注意：

① 铣刀尽可能靠近主轴或吊架，以增加刚性。

② 定位套筒的端面与铣刀的端面必须擦净，以减小铣刀的端面跳动。

③ 在拧紧刀杆上的压紧螺母时，必须先安装上吊架，以防刀杆弯曲变形。

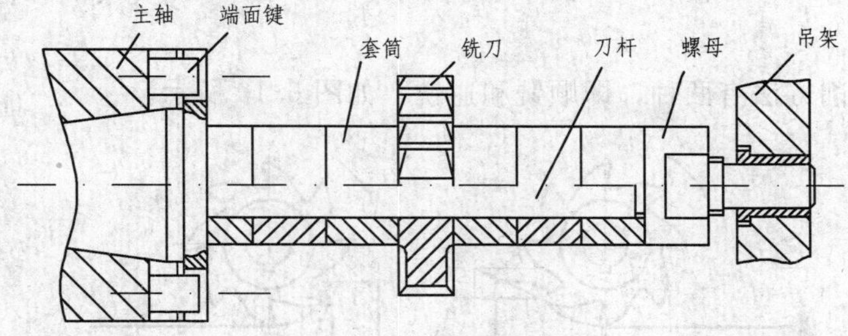

图 6.7　圆盘铣刀的安装

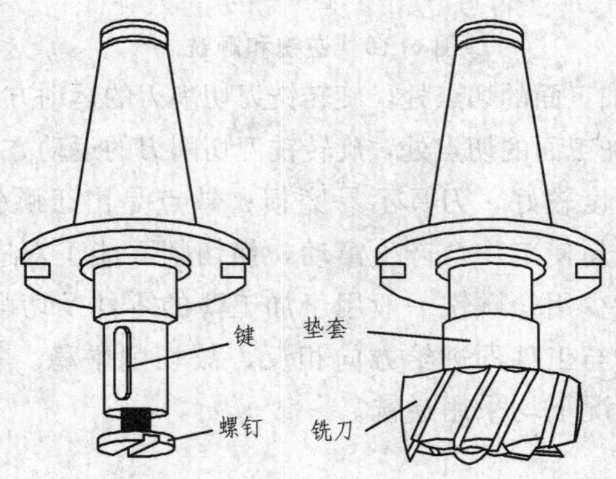

图 6.8　端铣刀的安装

2. 带柄铣刀的安装

① 直柄铣刀的安装。这类铣刀多为小直径铣刀（≤20 mm），用弹簧夹头安装，如图6.9所示。

② 锥柄铣刀的安装。根据铣刀锥柄尺寸选择合适的过渡锥套用拉杆将铣刀及过渡套一起拉紧在主轴端部的锥孔内。

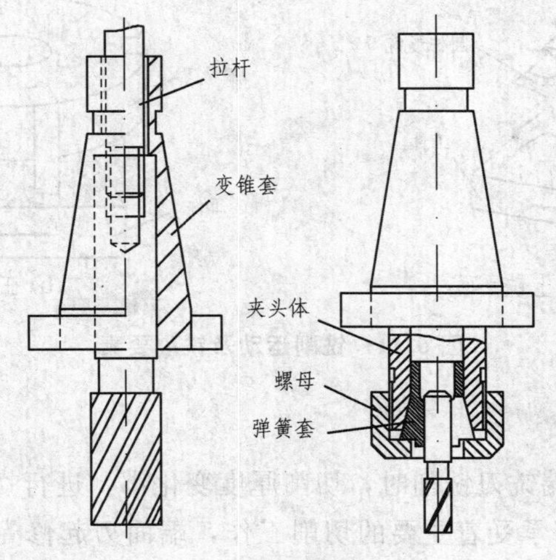

图 6.9　带柄铣刀的安装

6.4 铣削方法

在铣床上，铣削方法有两种，即顺铣和逆铣，如图 6.10 所示。

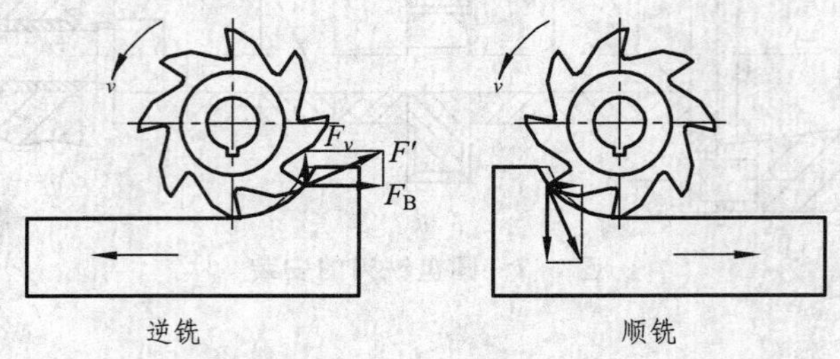

图 6.10 逆铣和顺铣

顺铣：在铣刀与工件已加工面的切点处，旋转铣刀切削刃的运动方向与工件进给方向相同。

逆铣：在铣刀与工件已加工面的切点处，旋转铣刀切削刃的运动方向与工件进给方向相反。

顺铣的优点是表面粗糙度较好，刀具不易磨损；缺点是由于顺铣是铣刀的旋转方向与工件的进给方向相同，因而极易使工作台产生窜动，使切削不能正常进行，易损坏机床和刀具，报废工件，出安全事故，故少用。顺铣一般用于加工薄的零件及切削余量小的零件。

逆铣是铣刀的旋转方向与工件的进给方向相反，故切削平稳。在铣削加工中大量采用逆铣，特别是切削余量大的情况下均采用逆铣。

6.5 各类表面的铣削加工

铣床的工作范围很广，这里只介绍常见的平面、斜面、沟槽、成型面等的铣削工作。铣削时，铣刀的旋转运动为主运动，工件的移动为进给运动。主要铣削要素为：铣削速度指铣刀最大直径处切削刃的线速度；进给量指铣刀每转一周时，工件相对于铣刀沿进给方向移动的距离；铣削深度指平行于铣刀轴线方向上切削层的尺寸；铣削宽度指垂直于铣刀轴线方向上切削层的尺寸，如图 6.11 所示。

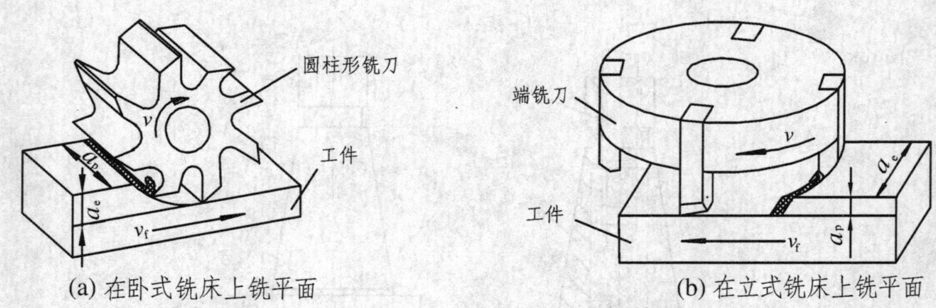

(a) 在卧式铣床上铣平面 (b) 在立式铣床上铣平面

图 6.11 铣削运动及铣削要素

1. 铣平面

① 用端铣刀铣平面。端铣刀铣削时，切削厚度变化小，进行切削的刀齿较多，切削比较平稳。而且端铣刀的柱面刃承受着主要的切削工作，端面刃起修光作用，所以加工表面质量好。在目前，铣削平面多采用镶齿端铣刀在立式和卧式铣床上进行，如图 6.12 所示。

② 用圆柱铣刀铣平面。圆柱铣刀一般用于卧式铣床上铣平面，它分为直齿铣刀和螺旋齿

铣刀两种，如图 6.13 所示。由于直齿切削不如螺旋齿切削（用螺旋齿铣刀铣削时，同时参与切削的齿数较多，并且每个齿工作时都是沿螺旋方向逐渐地切入和脱离工件表面）平稳，因而多用螺旋齿圆柱铣刀。

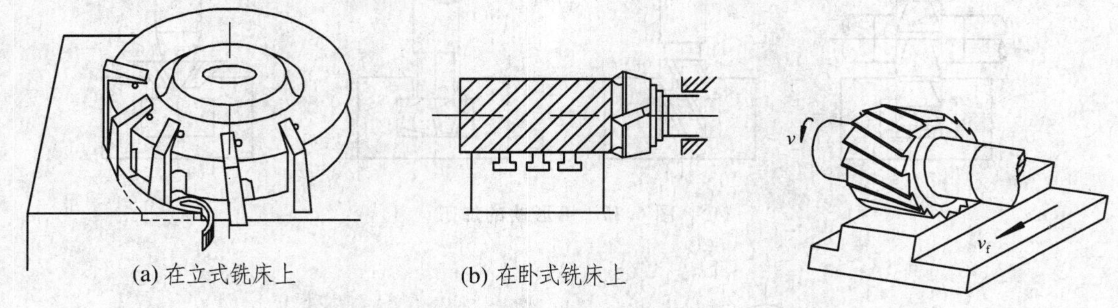

(a) 在立式铣床上　(b) 在卧式铣床上

图 6.12　用端铣刀铣平面

图 6.13　用圆柱铣刀铣平面

用圆柱铣刀铣削时，铣削方式可分为顺铣和逆铣两种。当工件的进给方向与铣削方向相同时为顺铣，反之则为逆铣。

由于丝杠与螺母传动存在一定的间隙，虽然顺铣质量好，但在顺铣时造成工作台在加工过程中无规则地窜动，严重时甚至会“打刀”，因此生产中广泛采用逆铣。

③ 立铣刀铣平面。对于工件上较小平面或台阶面，常用立铣刀加工。

2. 铣斜面

① 用斜垫铁铣斜面。在零件设计基准面下垫一斜块，使工件加工面呈水平状态，即可进行铣削，如图 6.14 所示。

② 利用分度头铣斜面。工件装在分度头上，将分度头主轴转动所需角度后进行铣削。

③ 用万能立铣头铣平面。万能立铣头能方便地改变刀轴的位置，因此可转动铣头使刀具相对工件有相同的倾斜角，再进行铣削，如图 6.15 所示。

④ 用角度铣刀铣斜面。用与工件斜面相同角度的角度铣刀直接铣斜面，如图6.16所示。

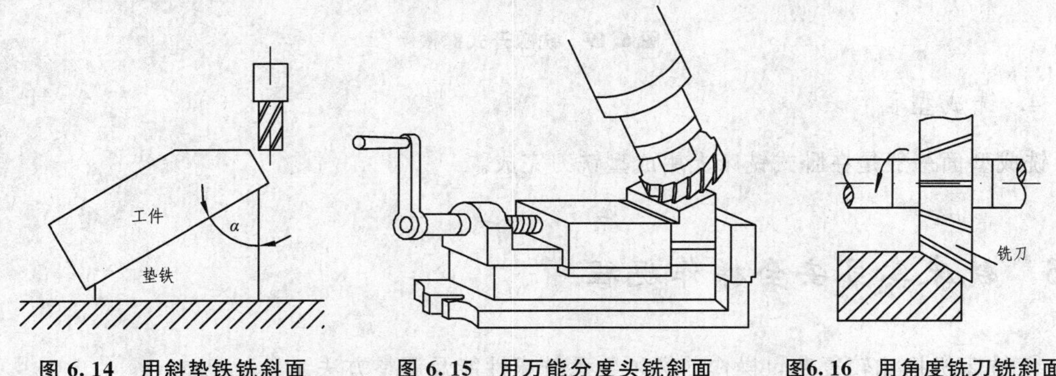

图 6.14　用斜垫铁铣斜面　**图 6.15　用万能分度头铣斜面**　**图6.16　用角度铣刀铣斜面**

3. 铣沟槽

铣床上加工沟槽的种类很多，如直槽、角度槽、V 形槽、T 形槽、燕尾槽和键槽等，如图 6.17～图 6.19 所示，可根据沟槽形状选择相应的沟槽铣刀进行铣削。注意：在铣燕尾槽和 T 形槽时，应先铣出宽度合适的直槽，然后再用相应的燕尾槽铣刀或 T 形槽铣刀铣削。铣封闭式键槽时，一般是利用键槽铣刀在立式铣床上进行。如用立铣刀铣键槽，由于铣刀中央无切削刃，不能垂直进刀，必须预先在槽的一端钻一个落刀孔，再进行铣削。对于开式键槽，可在立式铣床上用立铣刀进行铣削，也可在卧式铣床上用三面刃铣刀加工。

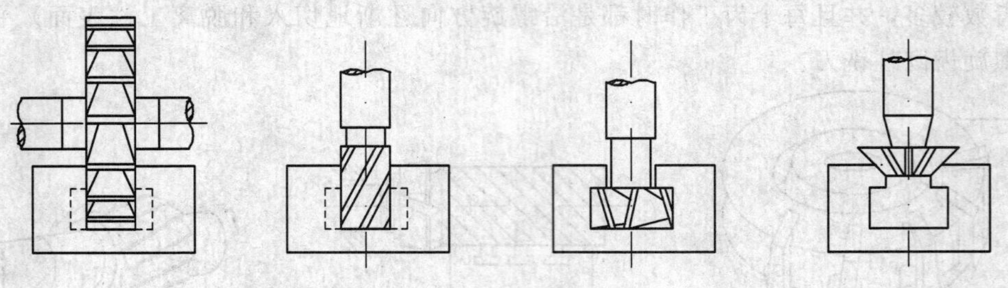

图 6.17 T形槽的加工

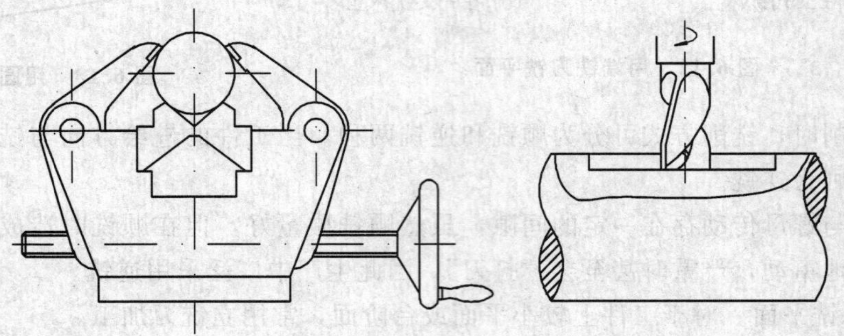

图 6.18 铣封闭式键槽

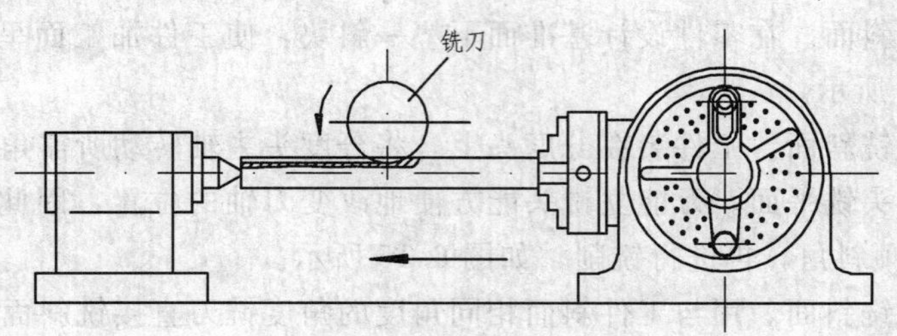

图 6.19 铣敞开式键槽

4. 铣成型面

铣成型面一般是在卧式铣床上用成型铣刀完成。

6.6 铣床实习安全操作规程

① 铣床机构比较复杂，操作前必须熟悉铣床性能及调整方法。

② 铣床运转时不得调整速度（扳动手柄），如需调整铣削速度，应停车后再调整。

③ 注意铣刀转向及工作台运动方向，学生一般只准使用逆铣法。

④ 切削用量要选择得当，不得随意更改。

⑤ 铣削齿轮用分度头分齿时，必须等铣刀完全离开工件后方可转动分度头手柄。

⑥ 实习结束，清扫设备与周围场地，经指导教师同意后方可离开。

习　题

6.1　何谓逆铣和顺铣？如何选择？

6.2　铣削能加工哪些表面？

6.3　试说明分度头的工作原理。

6.4　试说出四种常用铣床附件名称以及其主要作用。

6.5　在 FW250 分度头上加工一个六角螺钉，求每铣一面时，分度手柄应转多少。

6.6　铣床的主轴和车床主轴一样都作旋转运动，试说出两种以上既能在车床上又能在铣床上加工表面的例子，并分析各自的主运动和进给运动。

第7章　磨　工

【实习目的及要求】

① 了解砂轮组成、种类、用途及安装；

② 了解磨床的类型和用途，了解外圆磨床的组成及功用；

③ 熟悉外圆磨床的磨削特点和工艺方法；

④ 将实习件（轮轴）在外圆磨床上磨削至规定尺寸要求。

7.1　磨削加工的特点

磨削加工是在磨床上通过砂轮对工件表面进行切削加工的一种工艺方法，它可以使工件获得高精度及高表面质量，是机器零件精密加工的主要方法之一。磨削加工主要用于加工内外圆柱、圆锥面、平面及各种成型表面（如螺纹、齿轮等），如图7.1所示。

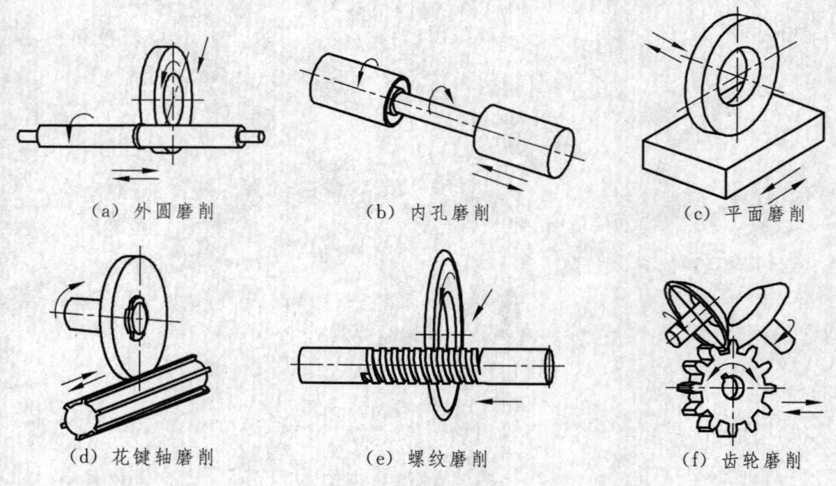

图7.1　磨削的常见方法

磨削加工是机械制造中重要的加工工艺，已广泛用于各种表面的精密加工。随着现代机器向高速度、高精度、重负荷和自动化方面发展，机器零件的精度要求越来越高，特别是随着精密铸造、精密锻造等现代成型工艺的发展以及磨削技术自身的不断进步，越来越多的零件用铸坯、锻坯直接磨削就能达到精度要求。因此，磨削在机械制造业中的应用日益广泛，各种磨床在机器厂所占的比例也日益增加。

从本质上来说，磨削加工是一种切削加工，但和通常的车削、铣削、刨削等相比却有以下的特点：

① 磨削属多刃、微刃切削。砂轮上每一磨粒相当于一个切削刃，而且切削刃的形状及分布处于随机状态，每个磨粒的切削角度、切削条件均不相同。图7.2为磨粒切削示意图。

② 磨削加工精度高，表面粗糙度值低，加工精度可达IT6～IT5，表面粗糙度值为0.8～0.2 μm，这是因为背吃刀量小，磨刃的切削量小。

③ 磨削加工材料广泛。由于砂轮磨粒硬度很高，因此磨削不仅可以加工一般的金属材料，还可以加工淬硬工件及硬质合金等高硬度材料；但磨削不宜加工硬度低而塑性很好的有色金属材料，因为砂轮易被软材料堵塞。

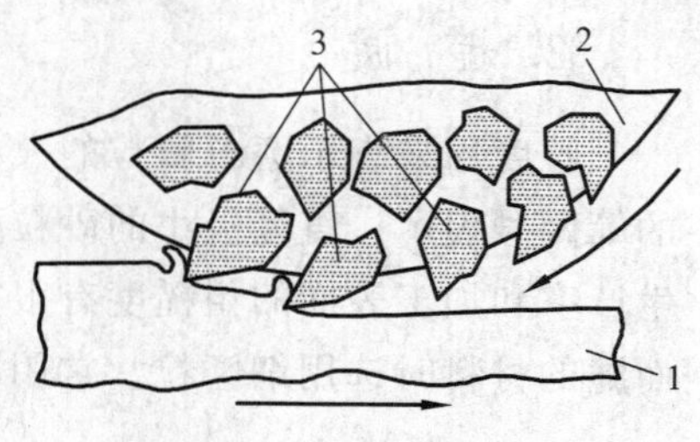

1—工件；2—砂轮；3—磨粒

图 7.2 磨粒切削示意图

④ 磨削加工径向分力大，切削温度高。砂轮与工件接触面较宽，因此径向分力较大。磨削时，砂轮高速旋转摩擦生热及工件发生弹塑性变形产生的变形热较多，而砂轮导热性差，故磨削时温度高，因此一般都要使用磨削液。

7.2 砂轮的组成、特性及选用

7.2.1 砂轮的组成

砂轮是由磨料和结合剂经压坯、干燥、烧结而成的疏松体，由磨粒、结合剂和气孔三部分组成。图7.3为砂轮局部放大示意图。砂轮磨粒暴露在表面部分的尖角即为切削刃。结合剂的作用是将众多磨粒黏结在一起，并使砂轮具有一定的形状和强度；气孔在磨削中主要起容纳切屑和磨削液以及散发磨削液的作用。

1—工件；2—砂轮；3—磨粒；4—结合剂；5—气孔；6—脱落的磨粒切屑

图 7.3 砂轮的构造

7.2.2 砂轮的特性

砂轮的特性包括磨料、粒度、结合剂、硬度、组织、形状和尺寸六大要素。

1. 磨 料

磨料是砂轮的主要成分，它直接担负切削工作，应具有很高的硬度和锋利的棱角，并要有良好的耐热性。常用的磨料有氧化物系、碳化物系和高硬磨料系三种，其代号、性能及应用详见表7.1。

表 7.1 常用磨料的代号、性能及应用

系 列	磨料名称	代号	特 性	适 用 范 围
氧化物系 Al_2O_3	棕色刚玉	A	硬度较高、韧性较好	磨削碳钢、合金钢、可锻铸铁、硬青铜
	白色刚玉	WA		磨削淬硬钢、高速钢及成型磨
碳化物系 SiC	黑色碳化硅	C	硬度高、韧性差、导热性较好	磨削铸铁、黄铜、铝及非金属等
	绿色碳化硅	GC		磨削硬质合金、玻璃、玉石、陶瓷等
高硬磨料系 C、BN	人造金刚石	SD	硬度很高	磨削硬质合金、宝石、玻璃、硅片等
	立方氮化硼	CBN		磨削高温合金、不锈钢、高速钢等

2. 粒　度

粒度用来表示磨料颗粒的大小。一般直径较大的砂粒称为磨粒，其粒度用磨粒所能通过的筛网号表示；直径极小的砂粒称为微粉，其粒度用磨料自身的实际尺寸表示。粒度对磨削生产率和加工表面的粗糙度有很大的影响。一般粗磨或磨软材料时选用粗磨粒；精磨或磨硬而脆的材料时选用细磨粒。常用磨料的粒度、尺寸及应用范围见表7.2。

表7.2　常用磨料的粒度、尺寸及应用范围（摘自GB2477—1983）

粒　度	公称尺寸/μm	应　用　范　围
20＃ 24＃ 30＃	1180～1000 850～710 710～600	荒磨钢锭，打磨铸件毛刺，切断钢坯等
40＃ 46＃ 60＃	500～425 425～355 300～250	磨内圆、外圆和平面，无心磨，刀具刃磨等
70＃ 80＃ 90＃	250～212 212～180 180～150	半精磨、精磨内外圆和平面，无心磨和工具磨等
1008 1508 240＃	150～125 106～75 75～53	半精磨、精磨、珩磨、成型磨、工具磨等
ⅥMO W28 W20	40～28 28～20 20～14	精磨、超精磨、珩磨螺纹磨、镜面磨等
W14 ≀ W0.5	14～10 ≀ 0.5～更细	精磨、超精磨、镜面磨、研磨、抛光等

3. 结合剂

结合剂的作用是将磨粒黏结在一起，并使砂轮具有所需要的形状、强度、耐冲击性、耐热性等。黏结愈牢固，磨削过程中磨粒就愈不易脱落。常用结合剂的名称、代号、性能及应用范围见表7.3。

表7.3　砂轮结合剂的种类、性能及应用

名　称	代号	性　能	应用范围
陶瓷结合剂	V	耐热、耐水、耐油、耐酸碱，气孔率大、强度高、韧性弹性差	应用范围最广，除切断砂轮外，大多数砂轮都采用
树脂结合剂	B	强度高、弹性好、耐冲击、有抛光作用，耐热性、抗腐蚀性差	制造高速砂轮、薄砂轮
橡胶结合剂	R	强度和弹性更好，有极好的抛光作用，但耐热性更差，不耐酸	制造无心磨床导轮、薄砂轮、抛光砂轮

4. 硬　度

硬度是指砂轮表面上的磨粒在磨削力的作用下脱落的难易程度。磨粒容易脱落，则砂轮的硬度低，称为软砂轮；磨粒难脱落，则砂轮的硬度高，称为硬砂轮。砂轮的硬度主要取决于结合剂的黏结能力及含量，与磨粒本身的硬度无关。砂轮的硬度等级与代号见表 7.4。

表 7.4　砂轮的硬度等级与代号

硬度等级	大级	超软	软			中软		中		中硬			硬		超硬
	小级	超软	软 1	软 2	软 3	中软 1	中软 2	中 1	中 2	中硬 1	中硬 2	中硬 3	硬 1	硬 2	超硬
代　号		D、E、F	G	H	J	K	L	M	N	P	Q	R	S	T	Y

选择砂轮的硬度主要根据工件材料特性和磨削条件来决定。一般磨削软材料时应选用硬砂轮，磨削硬材料时应选用软砂轮，成型磨削和精密磨削也应选用硬砂轮。

5. 组　织

砂轮的组织是指磨粒和结合剂的疏密程度，它反映了磨粒、结合剂、气孔三者之间的比例关系。按照 GB/T2484—1994 的规定，砂轮组织分为紧密、中等和疏松三大类 15 级，详见表 7.5。

表 7.5　常用砂轮的组织与代号

组织号	0	1	2	3	4	5	6	7	8	9	10	11	12	13	14
磨粒率/%	62	60	58	56	54	52	50	48	46	44	42	40	38	36	34
疏密程度	紧　密					中　等						疏　松			

砂轮的组织对磨削生产率和工件表面质量有直接影响。一般的磨削加工广泛使用中等组织的砂轮；成型磨削和精密磨削则采用紧密组织的砂轮；而平面端磨、内圆磨削等接触面积较大的磨削以及磨削薄壁零件、有色金属、树脂等软材料时应选用疏松组织的砂轮。

6. 砂轮的形状和尺寸

为适应各种磨床结构和磨削加工的需要，砂轮可制成各种形状与尺寸。表 7.6 为常用砂轮的形状、代号及用途。

表 7.6　常用砂轮的形状、代号及用途

砂轮名称	代号	简　图	主　要　用　途
平行砂轮	P		用于磨外圆、内圆、平面、螺纹及无心磨等
双斜边形砂轮	PSX		用于磨削齿轮和螺纹
双面凹砂轮	PSA		主要用于外圆磨削和刃磨刀具、无心磨砂轮和导轮
薄片砂轮	PB		主要用于切断和开槽等

续表 7.6

砂轮名称	代号	简 图	主 要 用 途
筒形砂轮	N		用于立轴端面磨
杯形砂轮	B		用于磨平面、内圆及刃磨刀具
碗形砂轮	BW		用于导轨磨及刃磨刀具
碟形砂轮	D		用于磨铣刀、铰刀、拉刀等，大尺寸的用于磨齿轮端面

为了方便使用，在砂轮的非工作面上标有砂轮的特性代号，如图 7.4 所示。按 GB/T2484—1994 规定，其标志顺序及意义如下：

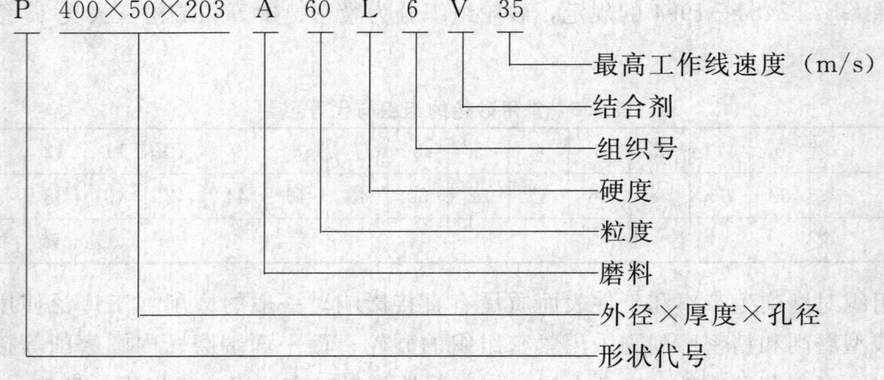

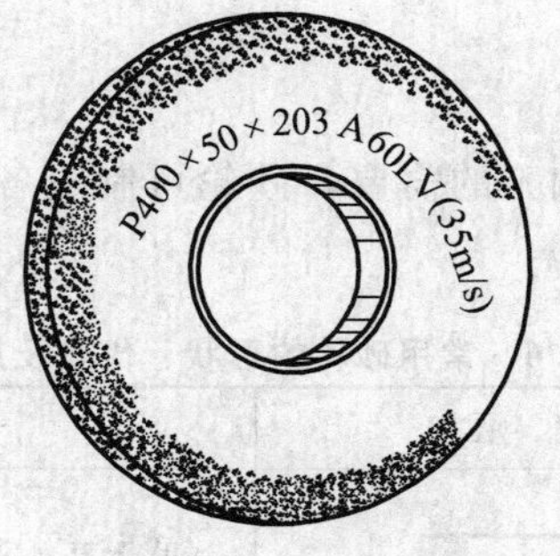

图 7.4 砂轮的标志

7.2.3 砂轮的选用

选用砂轮时，应综合考虑工件的形状、材料性质及磨床条件等各种因素，具体可参照表 7.7 的推荐加以选择。在考虑尺寸大小时，应尽可能把外径选得大些，以提高砂轮的圆周速度，有利于提高磨削生产率、降低表面粗糙度；磨内圆时，砂轮的外径取工件孔径的 2/3 左右，有利于提高磨具的刚度。应特别注意的是，不能使砂轮工作时的线速度超过所标志的数值。

表 7.7 砂轮的选用

磨削条件	粒度		硬度		组织		结合剂			磨削条件	粒度		硬度		组织		结合剂		
	粗	细	软	硬	松	紧	V	B	R		粗	细	软	硬	松	紧	V	B	R
外圆磨削				●			●			磨削软金属	●			●		●			
内圆磨削			●				●			磨韧性、延展性大的材料	●				●			●	
平面磨削			●				●			磨硬脆材料		●	●						
无心磨削				●			●			磨削薄壁工件	●		●		●			●	
荒磨、打毛刺	●		●					●	●	干磨	●		●						
精密磨削		●		●		●	●	●		湿磨		●		●					
高精密磨削		●		●		●	●	●		成型磨削		●		●		●	●		
超精密磨削		●		●		●	●	●		磨热敏性材料	●				●				
镜面磨削		●	●			●		●		刀具刃磨			●				●		
高速磨削		●		●						钢材切断			●					●	●

7.3 砂轮的检查、安装、平衡和修整

7.3.1 砂轮的检查

砂轮安装前一般要进行裂纹检查，严禁使用有裂纹的砂轮。通过外观检查确认无表面裂纹的砂轮，一般还要用木槌轻轻敲击，声音清脆的为没有裂纹的好砂轮。

7.3.2 砂轮的安装

最常用的砂轮安装方法是用法兰盘装夹砂轮，如图 7.5 所示。两法兰盘的直径必须相等，其尺寸一般为砂轮直径的一半。安装时，砂轮和法兰盘之间应垫上 0.5～1 mm 厚的弹性垫板，砂轮与砂轮轴或法兰盘间应有一定的间隙，以免主轴受热膨胀而将砂轮胀裂。

7.3.3 砂轮的平衡

由于砂轮各部分密度不均匀、几何形状不对称以及安装偏心等各种原因，往往会造成砂轮重心与其旋转中心不重合，即产生不平衡现象。不平衡的砂轮在高速旋转时会产生振动，影响磨削质量和机床精度，严重时还会造成机床损坏和砂轮碎裂。因此，在安装砂轮前都要进行平衡。砂轮的平衡有静平衡和动平衡两种，一般情况下只需作静平衡，但在高速磨削（线速度大于 50 m/s）和高精度磨削时，必须进行动平衡。

图 7.6 为砂轮静平衡装置。平衡时先将砂轮装在法兰盘上，再将法兰盘套在心轴上，然后放到平衡架的平衡轨道上。平衡的砂轮可以在任意位置都静止不动，而不平衡的砂轮，其较重部分总是转到下面，这时可移动平衡块的位置使其达到平衡。

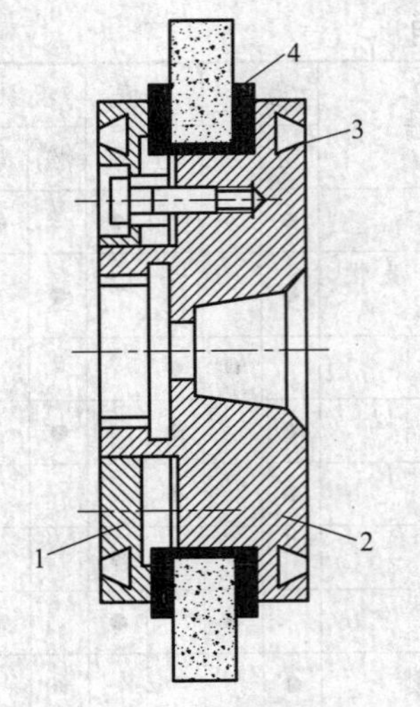

1、2—法兰盘；3—平衡块槽；4—弹性垫板

图 7.5 砂轮的安装

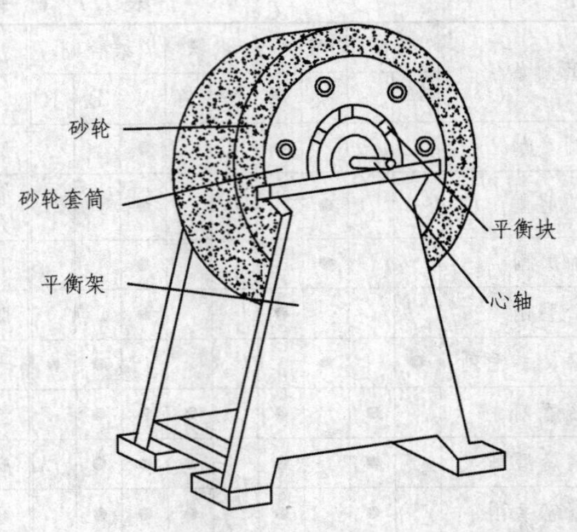

图 7.6 砂轮的静平衡

7.3.4 砂轮的修整

砂轮工作一定时间后，会出现磨粒钝化、表面空隙被磨屑堵塞、外形失真等现象，此时必须除去砂轮表层的磨料，重新修磨出新的刃口，以恢复砂轮的切削能力和外形精度。砂轮的修整一般利用金刚石工具采用车削法、滚压法或磨削法进行。

7.4 磨削运动与磨削用量

磨削时砂轮与工件的切削运动也分为主运动和进给运动，其中主运动是砂轮的高速旋转，进给运动一般为圆周进给运动（即工件的旋转运动）、纵向进给运动（即工作台带动工件所作的纵向直线往复运动）和径向进给运动（即砂轮沿工件径向的移动）。

磨削用量一般用磨削速度（$v_{砂}$）、工件圆周速度（$v_{工件}$）和纵向进给量描述。

磨削速度 $v_{砂}$ 是磨削时砂轮外圆的线速度，又称砂轮圆周速度，可用式（7—1）计算。磨削速度较高，一般在 30～35 m/s。

$$v_{砂} = \frac{\pi \cdot D \cdot n}{1\ 000 \times 60} \quad (\text{m/s}) \tag{7—1}$$

式中，D 为砂轮直径（mm）；n 为砂轮转速（r/min）。

工件圆周速度 $v_{工件}$ 是磨外圆时工件待加工表面外圆的线速度，可用式（7—2）计算。工件圆周速度比磨削速度低得多，一般为 5～30 m/min。

$$v_{工件} = \frac{\pi \cdot d_1 \cdot n_1}{1\ 000} \quad (\text{m/min}) \tag{7—2}$$

式中，d_1 为工件外圆直径（mm）；n_1 为工件转速（r/min）。

纵向进给量 f 是工件每转 1 周时工件沿其轴向移动的距离（mm/r）。纵向进给量与纵向速度的关系可用式（7—3）计算。一般 $f = (0.3 \sim 0.6)B$，其中 B 为砂轮宽度。

$$v_{纵} = \frac{f \cdot n_1}{1\ 000} \tag{7—3}$$

7.5　外圆磨床的主要组成及功用

外圆磨床分为普通外圆磨床和万能外圆磨床。普通外圆磨床可磨削工件的外圆柱面和外台阶端面，并可转动上工作台磨削外圆锥面；万能外圆磨床不仅能磨削工件外圆柱面和外圆锥面，还能磨削内圆柱面、内圆锥面及端面。

外圆磨床由床身、工作台、头架、尾架和砂轮架等组成，如图 7.7 所示。

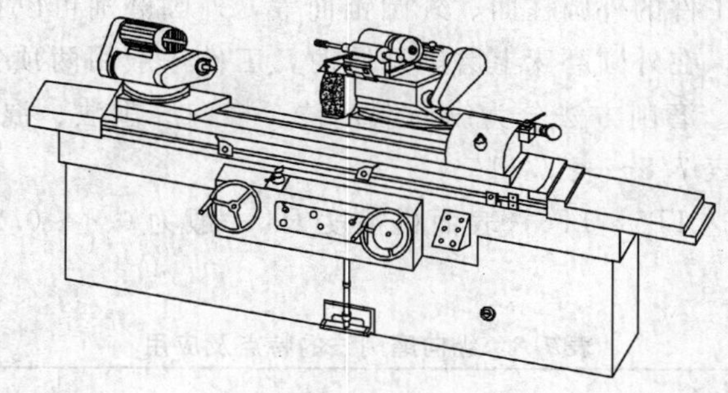

图 7.7　外圆磨床的外形简图

① 床身。床身用于支承和连接磨床各个部件，以提高机床刚度。磨床床身为箱形结构，内部有液压传动装置，上部有纵向和横向两组导轨以安装工作台和砂轮架。

② 工作台。工作台由上、下两层组成，上工作台可相对于下工作台偏转一定角度，以便磨削锥面；下工作台下装有活塞杆活塞，可通过液压机构使工作台作往复运动。图 7.8 为外圆磨床液压传动简图，由活塞、油缸、换向阀、节流阀、油箱、油泵、止通阀等元件所组成。当止通阀处于“通”状态时，压力油通过止通阀流向换向阀再流至油缸的左端或右端，从而推动活塞带动工作台向右或向左运动；油缸另一端的无压力油则通过换向阀、节流阀回到油箱。工作台的往复换向是通过行程挡块改变换向阀的位置实现的，而工作台运动速度的改变是通过调节节流阀改变压力油的流量大小实现的。

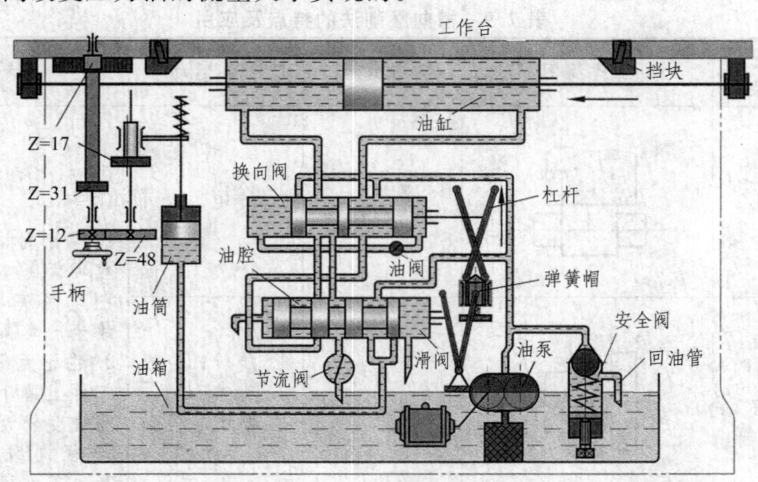

图 7.8　外圆磨床的液压传动图

③ 砂轮架。砂轮架上安装砂轮，由单独电动机带动作高速旋转。砂轮架安装在床身的横向导轨上，可通过手动或液压传动实现横向运动。

④ 头架。头架用于安装工件，其主轴由电动机经变速机构带动作旋转运动，以实现周向进给；主轴前端可安装卡盘或顶尖。

⑤ 尾架。尾架安装在工作台右端，尾架套筒内装有顶尖，可与主轴顶尖一起支承工件。它在工作台上的位置可根据工件长度任意调整。

7.6 外圆磨削方法

外圆磨削是指磨削工件的外圆柱面、外圆锥面等，外圆磨削可以在外圆磨床上进行，也可以在无心磨床上进行。在外圆磨床上磨削外圆时，工件一般用两顶尖安装，但与车削不同的是两顶尖均为死顶尖。磨削方法分为纵向磨削法、横向磨削法、混合磨削法和深磨法等，各自的特点及应用详见表 7.8～表 7.11。

外圆磨削的精度可达 IT5～IT6，表面粗糙度 Ra 一般为 0.4～0.2 μm，精磨时 Ra 可达 0.16～0.01 μm。

表 7.8 纵向磨削法的特点及应用

磨削表面特征	砂轮工作表面	工作简图	砂轮运动	工件运动	特点及应用
光滑外圆面	1	1	1. 旋转； 2. 横向进给	1. 旋转； 2. 纵向往复	1. 磨削深度小，工件余量需多次走刀才能切除，故生产率低； 2. 砂轮两端面边角担负切除余量，其余部分只担负降低工件表面粗糙度的作用； 3. 磨削力小，磨削温度低，因而工件精度高，表面粗糙度小； 4. 适用于单件小批磨削长轴工件及精磨
带端面及退刀槽的外圆面	1 2	2 1	1. 旋转； 2. 横向进给	1. 旋转； 2. 纵向往复，在端面处停靠	
带圆角及端面的外圆面	1 2 3	2 3 1	1. 旋转； 2. 横向进给	1. 旋转； 2. 纵向往复，在端面处停靠	

表 7.9 横向磨削法的特点及应用

磨削表面特征	砂轮工作表面	工作简图	砂轮运动	工件运动	特点及应用
光滑短外圆面	1	1	1. 旋转； 2. 横向进给	1. 旋转	1. 磨削时，砂轮工作面的磨粒负荷基本一致，一次磨削中即可完成粗、精、光磨，故生产率高； 2. 由于无纵向进给，磨粒在工件上留下重复磨痕，表面粗糙度较大； 3. 径向磨削力大，磨削热高，工件容易变形和烧伤； 4. 适用于成批磨削精度要求不高的短轴工件
带端面的短外圆面	1 2	2 1	1. 旋转； 2. 横向进给	1. 旋转； 2. 纵向往复，在端面处停靠	
带端面的短外圆面	1 2	2 1 α	1. 旋转； 2. 横向进给	1. 旋转	

表 7.10　混合磨削法的特点及应用

磨削表面特征	砂轮工作表面	工作简图	砂轮运动	工件运动	特点及应用
带端面的稍短外圆面	1 2	5~10 2 1	1. 旋转； 2. 分段横向进给	1. 旋转； 2. 纵向间歇运动； 3. 小距离纵向往复	1. 先用横磨法分段粗磨，相邻两段重叠 5～10 mm，留 0.01～0.03 mm 余量用纵磨法精磨，因而磨削精度高，且效率也高； 2. 加工表面长度为砂轮宽度的 2～3 倍时最适宜； 3. 适用磨削余量大、刚度好的工件
曲轴轴颈	1 2	1 2	1. 旋转； 2. 分段横向进给	1. 旋转； 2. 纵向间歇运动； 3. 小距离纵向往复	

表 7.11　深磨法的特点及应用

磨削表面特征	砂轮工作表面	工作简图	砂轮运动	工件运动	特点及应用
光滑外圆面	1 2	b_1 b_2 α a_p 1 2	1. 旋转； 2. 横向进给	1. 旋转； 2. 纵向往复	1. 粗、精磨削一次完成，加工精度高，生产效率高； 2. 要求磨床功率大、刚度好； 3. 须将砂轮修磨成锥形或阶梯形，阶梯数及台阶深度按工件长度和磨削余量确定，每一台阶深度一般在 0.3 mm 左右； 4. 适用大批量生产
光滑外圆面	1 2 3	1 2 3 0.1 0.05	1. 旋转； 2. 横向进给	1. 旋转； 2. 纵向往复	

7.7　其他磨床类机床的结构特点及适用场合

7.7.1　内圆磨床及其工作特点

图 7.9 为内圆磨床外形图，它由床身、头架、砂轮架、拖板和工作台等部分组成。其结构特点是砂轮主轴转速特别高，一般达 10 000～20 000 r/min，以适应磨削速度的要求。

内圆磨削时，工件常用三爪卡盘或四爪卡盘安装，长工件则用卡盘与中心架配合安装。磨削运动与外圆磨削基本相同，只是砂轮旋转方向与工件旋转方向相反。其磨削方法也分为纵磨法和横磨法，一般纵磨法应用较多。

与外圆磨削相比，内圆磨削的生产率很低，加工精度和表面质量较差，测量也较困难。一般内圆磨削能达到的尺寸精度为 IT6～IT7，表面粗糙度 Ra 值为 0.8～0.2 μm。

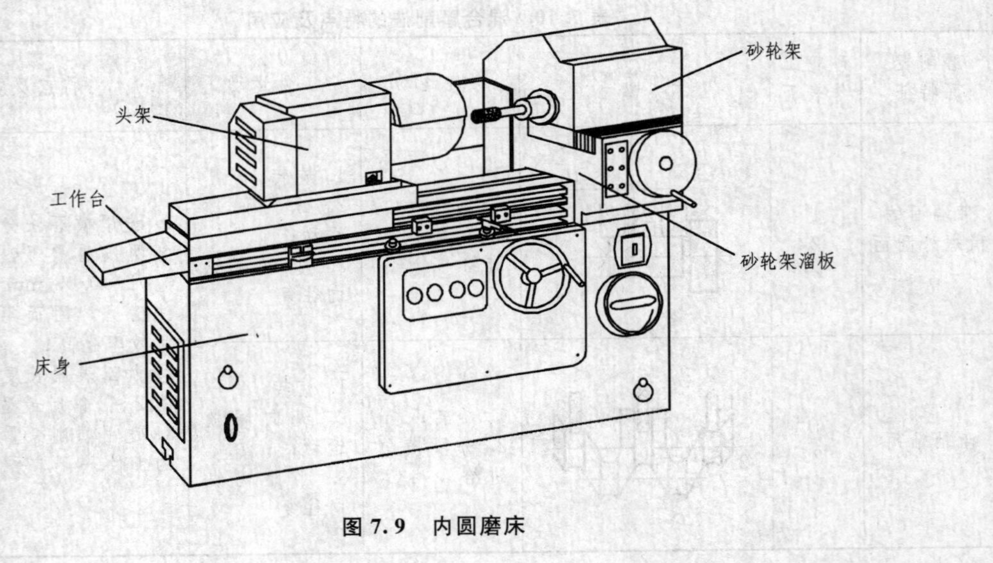

图 7.9 内圆磨床

7.7.2 平面磨床及其工作特点

平面磨床的主轴分为立轴和卧轴两种，工作台也分为矩形和圆形两种。图 7.10、图 7.11分别为卧轴矩台和立轴圆台平面磨床的外形图，它们由床身、工作台、立柱、拖板、磨头等部件组成。与其他磨床不同的是，平面磨床工作台上装有电磁吸盘，用于直接吸住工件。

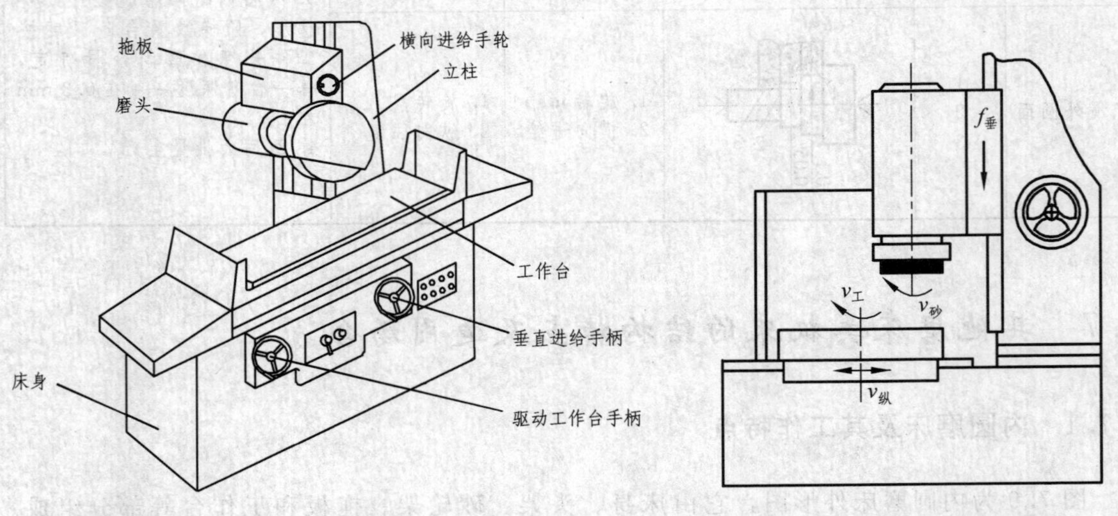

图 7.10 卧轴矩台平面磨床外形

图 7.11 立轴圆台平面磨床外形

平面的磨削方式有周磨法（用砂轮的周边磨削）和端磨法（用砂轮的端面磨削）。磨削时的主运动为砂轮的高速旋转，进给运动为工件随工作台作直线往复运动或圆周运动以及磨头作间隙运动。

平面磨削尺寸精度为 IT5～IT6，两平面平行度误差小于 100 ∶ 0.1，表面粗糙度 Ra 为 0.4～0.2 μm，精密磨削时 Ra 可达 0.1～0.01 μm。常见平面的磨削方法见表 7.12。

表 7.12　各种平面的磨削方法

磨削方法	平面特征	简　图	磨　削　要　点	夹　具
卧轴往复工作台式磨床周磨	平面		1. 工件在吸盘上吸牢； 2. 工件台往复一次，砂轮轴向进给 3. 粗、精磨前要修整砂轮	电磁吸盘
卧轴回转工作台式磨床周磨	环形平面		1. 选准基准面； 2. 工作台缓慢转动，砂轮轴向往复运动	圆吸盘
立轴往复工作台式磨床端磨	平面		1. 一般磨削时磨头倾斜一小角度，精磨时磨头必须与工件垂直； 2. 粗、精磨前要修整砂轮	电磁吸盘
立轴回转工作台式磨床端磨	环形平面		1. 圆台中央部分不安装工件； 2. 工件端面一般较小，故磨削深度不宜太大	圆吸盘

7.7.3　无心磨床及其工作特点

无心外圆磨床由砂轮、导轮、修整器、工件支架和床身等部分组成，如图 7.12 所示。

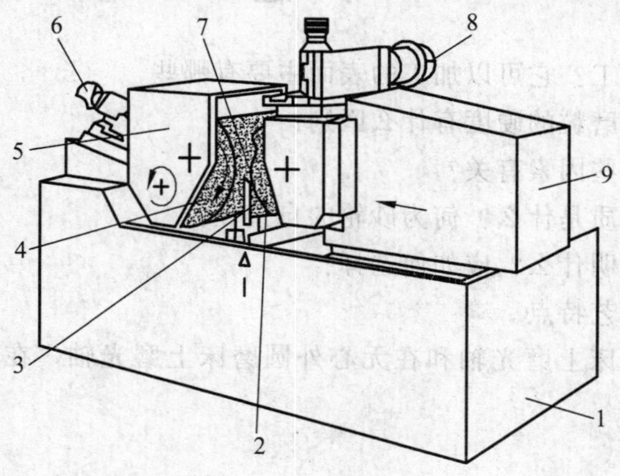

1—床身；2—导轮；3—工作支架；4—砂轮；5—磨削轮架；
6—磨削轮修整器；7—工件；8—导轮修整器；9—导轮架图

图 7.12　无心外圆磨床

在无心磨床上磨削工件时，被磨削的加工面即为定位面，因此无心磨削外圆时工件不需打中心孔，磨削内圆时也不必用夹头安装工件。无心磨削的圆度误差为 0.005～0.01 mm，工件表面粗糙度值 Ra 为 0.1～0.25 μm。

图 7.13 为无心外圆磨削的工作原理图。工件放在砂轮和导轮之间，由工件支架支承着。磨削时导轮、砂轮均沿顺时针方向转动，由于导轮材料摩擦系数较大，故工件在摩擦力带动

下，以与导轮大体相同的低速旋转，如图 7.13（a）所示。无心磨削也分纵磨和横磨，纵磨时将导轮轴线与工件轴线倾斜一角度，此时导轮除带动工件旋转外，还带动工件作轴向进给运动，如图 7.13（b）所示。

无心磨削的特点如下：

① 生产率高。无心磨削时不必打中心孔或用夹具夹紧工件，生产辅助时间少，故效率大大提高，适合于大批量生产。

② 工件运动稳定。磨削均匀性不仅与机床传动有关，还与工件形状、导轮和工件支架状态及磨削用量有关。

③ 外圆磨削易实现强力、高速和宽砂轮磨削；内圆磨削则适用于同轴度要求高的薄壁件磨削，如图 7.14 所示。

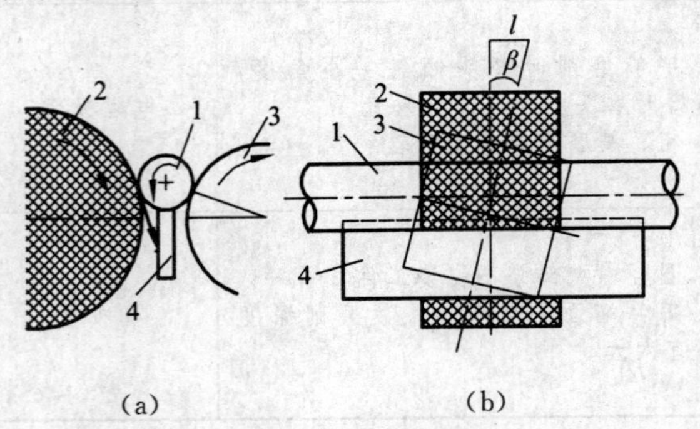

1—工件；2—砂轮；3—导轮；4—支架

图 7.13 无心外圆磨削的工作原理

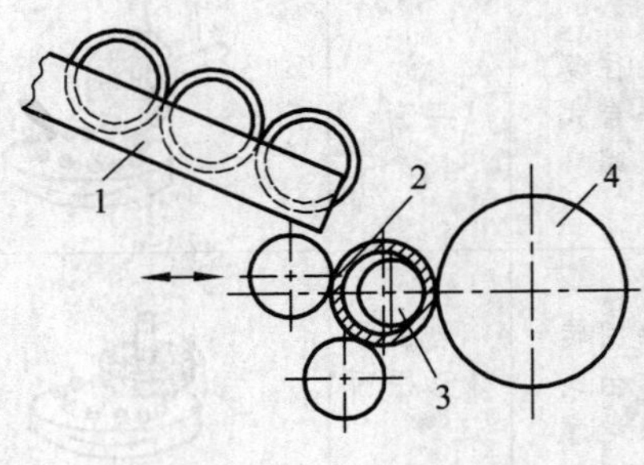

1—工件导槽；2—工件；3—砂轮；4—导轮

图 7.14 内圆无心磨削示意图

习 题

7.1 什么叫磨削加工？它可以加工的表面主要有哪些

7.2 砂轮的硬度和磨粒的硬度有什么区别？

7.3 砂轮性质与哪些因素有关？

7.4 磨削过程的实质是什么？何为砂轮的自锐性？

7.5 磨料的硬度说明什么？应如何选择？

7.6 说明磨削的工艺特点。

7.7 在万能外圆磨床上磨光轴和在无心外圆磨床上磨光轴，在装夹、运动上有何异同之处？

第8章 钳 工

【实习目的及要求】

① 了解钳工工作在机械制造及维修中的地位和作用。

② 掌握锉削、划线、锯割、钻孔等方法和应用。

③ 正确使用钳工常用工具、量具和设备，按手锤图纸 A 的技术要求，独立完成手锤的加工。

8.1 概 述

钳工是手持工具来完成工件的加工、装配、调整和修理等操作的工作，其基本操作有划线、錾削、锯削、锉削、钻孔、锪孔、攻螺纹、套螺纹、刮削和装配等。

钳工一般只需要钳工工作台、台虎钳及简单工具就能工作，具有工具简单、加工灵活、操作方便、适应性强等特点，可以完成机械加工不便或无法完成的工作。但钳工因靠手工操作，因而劳动强度大、生产效率低、操作技能要求高。目前，在机械制造、装配和修理工作中，钳工仍起着十分重要的作用。

随着机械制造技术的发展，钳工工艺也在不断改进，钳工操作、钳工工具也在不断提高机械化程度，以减轻其劳动强度和提高劳动生产率。

8.2 锉 削

锉削是用锉刀对工件表面进行切削加工的过程。锉削的目的是使工件达到图纸中的尺寸精度、形位公差和表面粗糙度要求。锉削可以加工工件的外表面、内孔、圆弧、沟槽及各种形状复杂的表面。其加工精度可达 0.01 mm 左右，表面粗糙度 Ra 可达 0.4 mm 左右。

在现代大工业生产条件下，出现了许多新工艺、新设备，但仍有一些场合不便于机械加工或难以加工，这时锉削就有了用武之地。比如个别零件的修整，小量生产、修理某些形状复杂的零件等，而且在保证质量的前提下，锉削加工更方便更经济。

8.2.1 锉 刀

1. 锉刀的构造

锉刀是锉削的工具，由高碳工具钢 T12A、T13A 制成，经过热处理后其切削部分的硬度达到 HRC 62～67。锉刀如图 8.1 所示，其中，锉刀面是锉刀的上、下两个面，是锉刀的主要工作面；锉刀边是锉刀的两个侧面，有的没有齿，有的有齿，没有齿的侧面称为光边，有齿的侧面称为齿边，齿边和光边的区别在于使用时是否会碰到相邻的面。

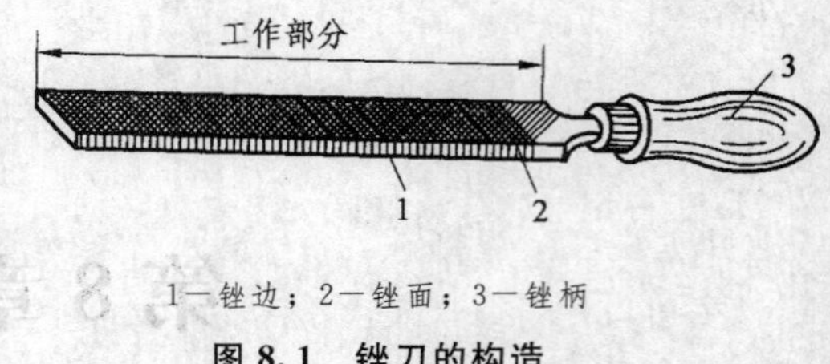

1—锉边；2—锉面；3—锉柄

图 8.1 锉刀的构造

2. 锉刀的分类

锉刀按用途不同可分为普通锉刀、特种锉刀和整形锉刀（又称什锦锉刀或组锉）。普通锉刀适用于一般工件表面的锉削；特种锉刀适用于各种特殊表面的加工；整形锉刀适用于精加工及工件上细小部分和精密工件的加工。

普通锉刀又可按锉刀的长度（工作部分的长度）、齿纹粗细（齿距大小）、截面形状和齿纹形状来分类。

① 按锉刀长度分：常用的有 14″、12″、10″、8″、6″、4″等。注意圆锉是以直径来表示的。

② 按齿纹粗细分：一般有粗齿（2.3～0.83 mm）、中齿（0.77～0.42 mm）、细齿（0.45～0.25 mm）。

③ 按截面形状分：有平锉、方锉、圆锉、半圆锉、三角锉等，如图 8.2 所示。

④ 按齿纹形状分：有单齿纹和双齿纹，单齿纹用来加工软材料（如铝、铜），双齿纹用来加工硬材料。

根据以上所述，一把锉刀规格的表示，应以锉刀的长度、齿纹粗细、截面形状三个方面来表示，如 12″粗齿平锉。

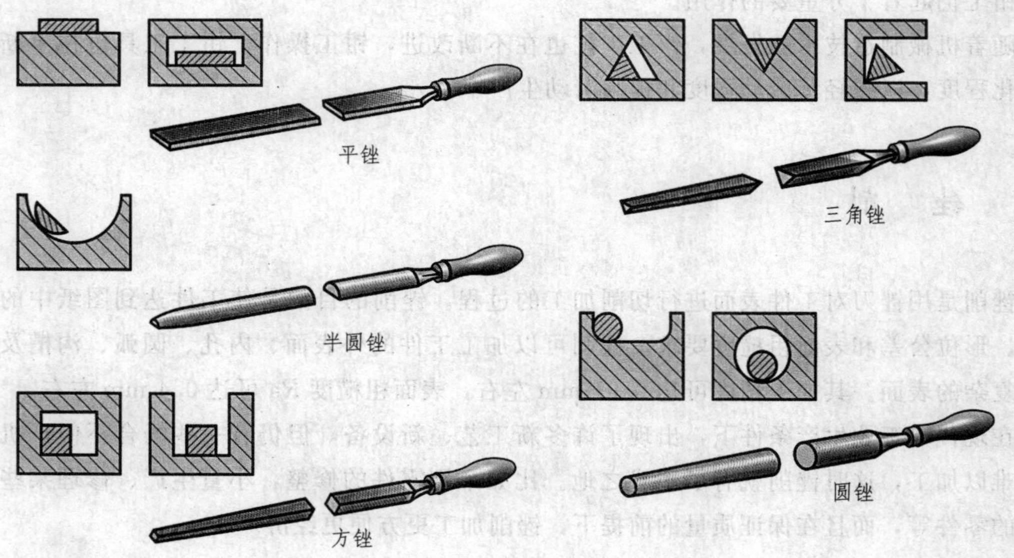

图 8.2 锉刀的种类（按截面形状）

3. 锉刀的正确选择

正确选择锉刀，可保证加工质量，减轻劳动强度，提高工作效率；反之，则会使锉刀过早丧失切削能力，且浪费时间和体力。

由于一把锉刀包含了齿纹、长度、齿距和截面形状四个方面的因素，所以选择锉刀要综合分析、考虑这四方面特点，一般按以下原则选择：

① 按工件加工余量的大小和图纸要求的尺寸精度与表面粗糙度值来选择。

② 按工件待加工表面形状选择。

③ 按工件材料的软硬来选择。

④ 按工件待加工面的大小来选择。

8.2.2　锉削姿势和锉削方法

1. 工件装夹的具体要求

工件装夹的具体要求其实就是稳固、水平。稳固即是将工件夹紧，以不产生松动、滑移、脱落为原则，同时强调夹紧力大小适中。水平即是将工件装平，无论加工面在工件上的位置如何，都应尽量使之与地面平行。

夹持已加工表面时一定要衬以钳口铁，以免夹伤表面。

被加工面必须高出钳口 5～10 mm，过高会引起工件振动影响工件表面及产生噪音，过低会锉伤钳口同时损伤锉刀面。

2. 锉刀的握法

大锉刀（10″以上）握法：右手握锉刀柄，柄端顶住掌心，大拇指放在柄的上部，其余手指握满锉刀柄；左手按住锉刀的前端，如图 8.3（a）所示。

中锉刀（8″、6″）握法：右手握法与大锉刀相同，左手只需用大拇指和食指轻轻握住锉刀即可，如图 8.3（b）所示。

小锉刀（包括什锦锉）握法。如图 8.3（c）、（d）所示。

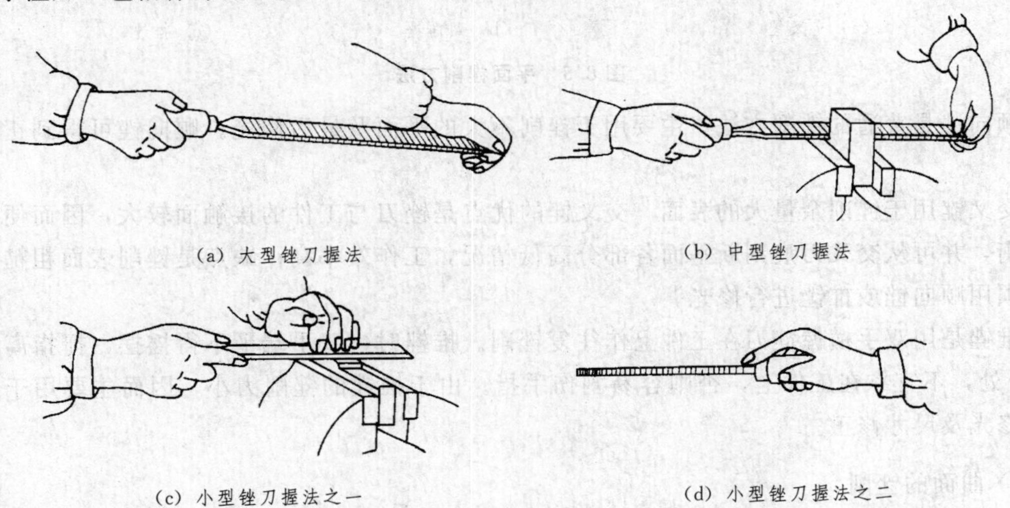

(a) 大型锉刀握法　(b) 中型锉刀握法

(c) 小型锉刀握法之一　(d) 小型锉刀握法之二

图 8.3　锉刀的握法

3. 锉削姿势

手拿锉刀，这时人的身体自然与钳台虎钳口成 45°，左脚在前与钳台虎钳口垂线成 30°，右脚在后与钳台虎钳口垂线成 75°，右膝伸直，身体重心落在左脚上，左膝随着锉削时的往复运动而屈伸，如图 8.4 所示。锉削开始，身体前倾 10°，右肘尽量向后收缩，然后身体继续前倾，左膝稍有收缩，右肘向前推进向锉刀施力。此时锉刀对工件进行锉削，当锉刀推进三分之二时身体停止前进，此时身体自然后移，并且锉刀略提起后退回原位，这时锉刀不对工件进行锉削。注意锉削时锉削速度一般为 40 次/分钟，太快容易疲劳和磨钝锉刀齿，太慢则效率不高。

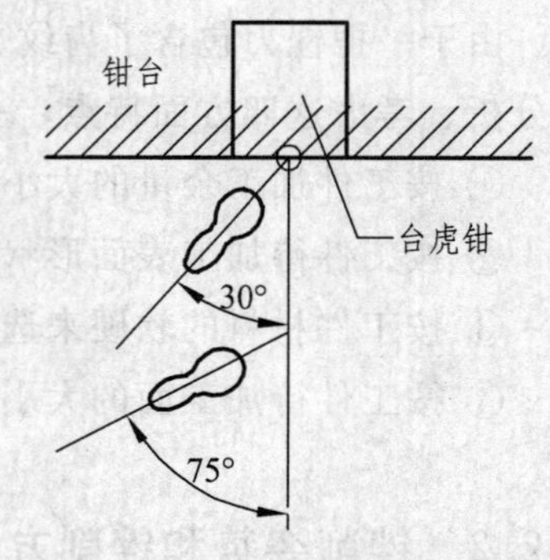

图 8.4　锉削站立位置示意图

锉削推力大小应由右手控制，压力的大小应由两手共同控制。由于锉刀的位置是不断改变的，要使锉刀前后两端所受力的力矩相等，两手所加的压力就要随所在位置的不同作相应的改变，随着锉刀的推进，左手所加的压力由大变小（手感有铁屑切下即可），右手则反之。

4. 锉削方法

1）平面的锉削

平面的锉削有顺向锉、交叉锉、推锉三种锉削方法，具体如图 8.5 所示。

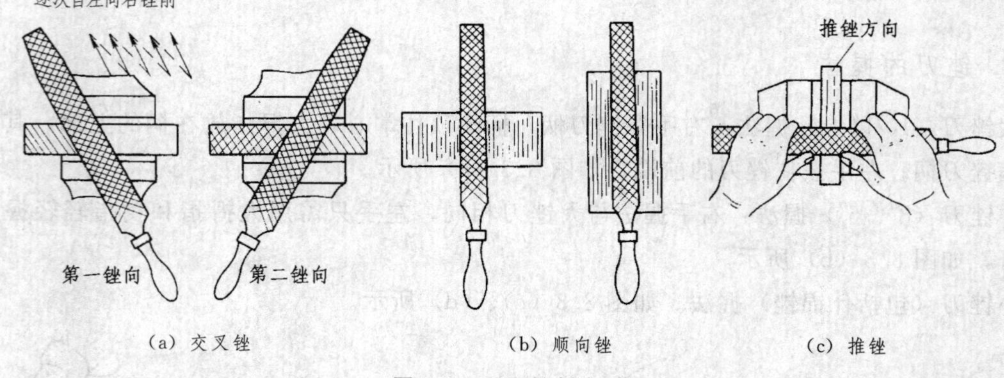

图 8.5　平面锉削方法

顺向锉是普通的锉削方法，主要用于锉削不大的平面及最后修光。顺向锉可得到正直的刀痕。

交叉锉用于锉削余量大的表面。交叉锉的优点是锉刀与工件的接触面较大，因而便于掌握平衡，并可从交叉刀痕判断平面各部分高低情况，工作效率高；缺点是锉削表面粗糙，最后必须用顺向锉或推锉进行修光。

推锉是用双手横握锉刀在工件上作往复锉削。推锉时，双手端平不得摇摆，拇指离工件 5 mm 处，不宜靠在工件上，否则容易割伤手指。由于推锉的锉削力小，因而主要用于最后表面修光及尺寸修正。

2）曲面的锉削

根据曲面的不同锉削方法也不同，但都被称为滚锉法。

① 外圆弧的锉削：采用顺着圆弧锉的方法。在锉刀作前进运动的同时，还要绕着圆弧的中心摆动。即：开始左手下压、右手抬高，向前锉时左手逐渐上抬而右手逐渐下压。注意在锉削时不要出现反动作。

② 内圆弧的锉削：锉削内圆弧面时，锉刀要同时完成前进运动、向左或向右移动（约半个到一个锉刀直径）、绕锉刀中心线转动（顺时针或逆时针方向转动约 90°）三个动作。

③ 球面的锉削：锉刀在作外圆弧的锉法动作的同时，还要绕球面的中心和周向作摆动。

8.2.3 工件的检测

工件的检测贯穿于实习操作的全过程之中，并对加工质量起监督保障作用。从领取材料开始一直到加工完成，每道工序都必须按照图纸的要求进行检测，包括尺寸、形位公差、表面粗糙度等方面的检测。

尺寸的检测使用的量具是游标卡尺，主要用来检测尺寸是否符合要求，以便在加工过程中把握好加工进度和加工精度。

形位公差的检测主要是检测平面度、垂直度、圆弧面。

① 平面度的检测：用刀口尺以透光法来测量，即用刀口尺斜向 45°放在被测平面上，朝向有较强光的方向（如阳光、灯光），从刀口尺与平面接触部分看透过的光线是否均匀、细微，如果均匀、细微则说明在被测平面与刀口尺接触部分是一条直线。由于平面是由两条相交直线构成的，所以要在工件表面的长度、宽度、对角线三个方向分多次多条线检测，从而判断平面的平面度。

② 垂直度的检测：用直角尺以透光法来测量，测量方法与刀口尺一样，不同的是将直角尺宽边靠在基准面上（通常测量的垂直度是与基准面相邻的面），并倾斜 45°。

③ 圆弧面的检测：用样板或尺规以透光法进行测量。

8.2.4 锉削时的注意事项

① 铸件、锻件的硬皮或砂粒，应预先用砂轮磨去或錾去，然后再锉。

② 工件必须牢固地夹在台虎钳钳口中间，并略高于钳口。装夹已加工表面时，应在钳口与工件间垫铜皮，以防夹坏已加工表面。

③ 不能用手摸刚锉过的表面，以免再锉时打滑。

④ 不能用嘴吹铁屑或用手清除铁屑，以防锉屑飞入眼中或伤手。

⑤ 不能用无柄锉刀或柄开裂的锉刀进行锉削，以防止锉刀尾部伤人。

⑥ 新锉刀应先用一面，用钝后再用另一面。因为用过的锉齿容易腐蚀，两面同时用会使总的使用期缩短。

⑦ 锉刀齿内嵌入铁屑后，应用钢丝刷顺着锉纹方向刷掉铁屑。

⑧ 操作中，工具、夹具、量具应在钳桌上摆放整齐，以防损坏。

⑨ 锉刀较脆，切不可摔落在地面上或当杠杆撬其他物件。用油光锉时，力量不可太大，以免折断。

8.3 钻 孔

在钻床上用钻头对实体材料加工出孔的方法称为钻孔。

钻削时，钻头的旋转运动为主运动，钻头的轴向移动为进给运动。

钻削时，由于钻头是在半封闭状态下进行切削的，它具有转速快、产生的热量多、温度高、导致钻头磨损严重、排屑困难等特点，故钻孔属于粗加工，尺寸公差为IT10～IT12，表面粗糙度 Ra 为 12.5 μm。

8.3.1 钻孔设备

1. 台式钻床

台式钻床主要用于加工小型工件，加工的孔径一般小于 ϕ13 mm。台式钻床使用皮带传动，主轴进给是手动的。其特点是操作灵活方便，质量轻，转速高，移动方便。

2. 立式钻床

立式钻床是钻床中通用的一种，其主轴转速和走刀量变化范围大，可自动走刀，刚性好，功率大，适用于加工中、小型工件上的孔。在立式钻床上可进行钻孔、扩孔、铰孔、攻螺纹等多种加工。

3. 摇臂钻床

摇臂钻床有一个能绕立柱转动的摇臂，摇臂可带动主轴箱沿立柱垂直移动，主轴箱还可在摇臂上作横向移动，便于调整刀具位置，而不需要移动工件。摇臂钻床适合加工大型、复杂工件。

钻床的主要加工范围如图 8.6 所示。

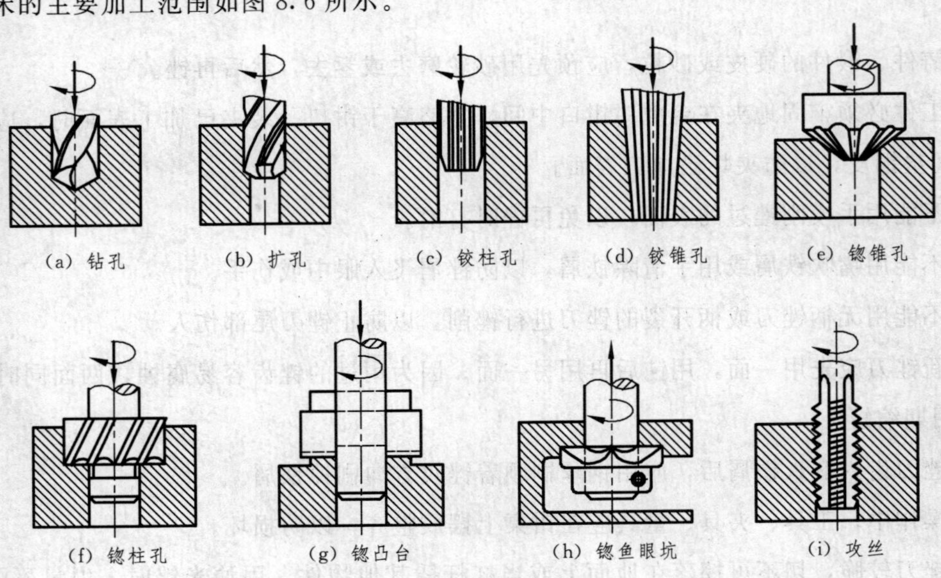

图 8.6 在钻床上进行的主要工作

8.3.2 钻孔工具、刀具及刀具几何角度

1. 麻花钻

麻花钻是最常用的钻孔刀具，多用高速钢制成，工作部分淬硬至 HRC 62～67。它由柄部、颈部和工作部分组成，工作部分又分为切削部分和导向部分。钻头有直柄和锥柄两种，一般直径小于 ϕ13 mm 的制成直柄，直径大于 ϕ13 mm 的制成锥柄。

麻花钻切削部分示意图如图 8.7 所示。

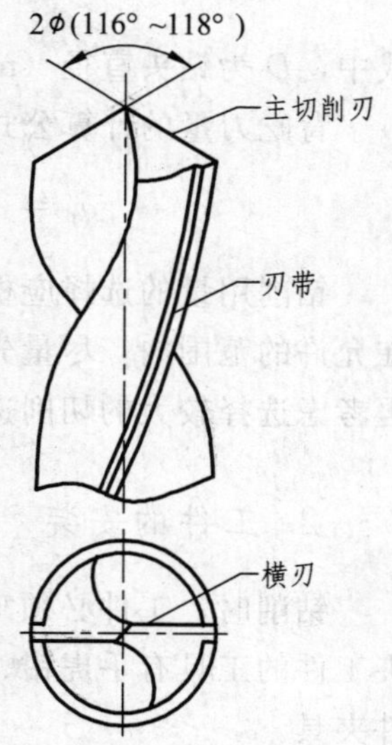

图 8.7 麻花钻切削部分

2. 切削部分的基本要素

① 前刀面：形成切削刃的螺旋槽表面，切屑沿其排出。

② 后刀面：钻头顶端的两个曲面，与孔底对应。

③ 切削刃：前刀面与后刀面的交线，是两条相互对称的切削刃，起着主要的切削作用。

④ 副切削刃：钻头导向部分最外侧的两条刃带，起导向和修光孔壁的作用。

⑤ 横刃：两个后刀面之间的交线，对工件起挤刮作用。横刃太长，则轴向抗力大，定心不良；横刃太小，则易磨损，不耐用。

3. 切削部分的几何角度

① 前角 γ_0：在主截面内，前刀面与基面之间的夹角称为前角。主切削刃上各点的前角是不相等的，外缘处前角为 18°～30°，自外缘向中心逐渐减小，接近横刃处的前角为－30°。

前角大小决定切削材料的难易程度和切屑在前刀面上摩擦阻力的大小，前角愈大，切削越省力。

② 后角 α_0：在圆柱截面内，后刀面与切削平面之间的夹角称为后角。标准麻花钻头外缘处的后角为 8°～14°，钻心处后角为 20°～26°。后角大利于散热，但刃口锋利，强度差，切削振动大，孔的表面质量差，刃易磨损，不耐用。

③ 顶角 2φ：两条主切削刃的夹角称为顶角，标准麻花钻的顶角为 118°±2°。顶角的大小影响主切削刃上轴向力的大小，顶角愈小，轴向力愈小，但钻头所受的扭矩增大，切屑变形加剧，排屑困难。

④ 横刃斜角 φ：横刃与主切削刃在钻头端面内的投影之间的夹角称为横刃斜角。后角刃磨正确的横刃斜角 φ 为 50°～55°。

4. 钻孔的辅助工具

钻孔的辅助工具包括钻夹头和钻套。钻夹头又称为钻帽，用来装夹直柄钻头。钻套用于装夹锥柄钻头，根据钻头锥柄莫氏锥度号数来选用相应的钻套。

8.3.3 钻削方法

1. 钻削用量及选择

钻削用量是指钻头在钻削时的切削速度 v_c（m/min）、进给量 f（mm/r）、背吃刀量 a_p

(mm) 的总称。

切削速度的计算公式为

$$v_c = \frac{\pi \cdot D \cdot n}{1000} \quad (\mathrm{m/min})$$

式中，D 为钻头直径（mm）；n 为钻头的转速（r/mim）。

背吃刀量的计算公式为

$$a_p = \frac{D-d}{2} \quad (\mathrm{mm})$$

钻削用量的选择应根据钻头直径、工件材料、表面粗糙度等几方面来决定。基本原则是：在允许的范围内，尽量先选择较大的进给量，当进给量受表面粗糙度和钻头刚度的限制时，再考虑选择较大的切削速度。

2. 工件的安装

钻削时，工件必须牢固装夹在夹具式工作台上，以保证加工质量和操作安全。钻孔时装夹工件的工具有手虎钳、机用虎钳、V 形铁和压板等，可根据钻孔直径和工件形状来选择工件夹具。

3. 钻孔操作

① 钻孔前工件要划线定心，在工件孔的位置划出加工圆和检查圆，并在加工圆的中心冲出样冲眼。

② 按划线钻孔时，应先对准样冲眼钻一浅坑，如有偏位，可用样冲重新冲孔纠正，也可用錾子錾出几条槽来纠正。

③ 起钻时手动力量要小，进给速度要慢；等钻头定心良好、情况正常后，用力稍大，进给速度要均匀；将钻通时，进给量要减小，速度要慢，以免产生“扎刀”，折断或卡死钻头。在钻削时要加冷却液，并且钻头必须经常退出排屑。

8.3.4 钻孔缺陷及导致原因

常见的钻孔缺陷及导致原因如表 8.1 所示。

表 8.1 常见的钻孔缺陷及导致缺陷的原因

钻孔缺陷	导致缺陷的原因
孔径超差	钻头两主切削刃长度不等；两横刃斜角不对称；钻头摆动大
孔壁粗糙	钻头不锋利；后角太大；进给量太大；冷却液选择不当或供给不足
孔位偏移	划线不正确；工件安装不当或不牢固；钻头横刃长定心不好；孔开始起钻偏差未纠正
孔歪斜	钻头与工件表面、主轴与工作台不垂直；横刃太长；轴向抗力大；钻头变形、弯曲；进给量过大
钻头折断	钻头磨损；排屑不良发生堵塞；钻透时未减小进给量

8.3.5　钻孔安全操作规程

① 工件应装夹平稳、牢固。

② 严禁戴手套操作钻床，袖口应扎紧，女生发辫应压入工作帽。

③ 变换转速和钻头应停机，主轴停转前不得抓钻夹头。

④ 不准用手拉或嘴吹钻屑，以防伤手或入眼，应用毛刷、钩子清除钻屑。

⑤ 钻通时应减小进给量。

⑥ 严禁两人或两人以上同时操作一台钻床。

8.4　划　线

1. 划线的基本概念

划线是根据图纸的要求，用划线工具在毛坯或半成品上划出加工图形或加工界线的一种操作。

2. 划线的种类及特点

① 平面划线。平面划线所划的线在工件的一个平面上，因此，划线时一般要选择两个划线基准，如图 8.8（a）所示。

② 立体划线。立体划线所划的线在工件的几个相互垂直的平面上，因而划线时要选择三个划线基准，如图 8.8（b）所示。

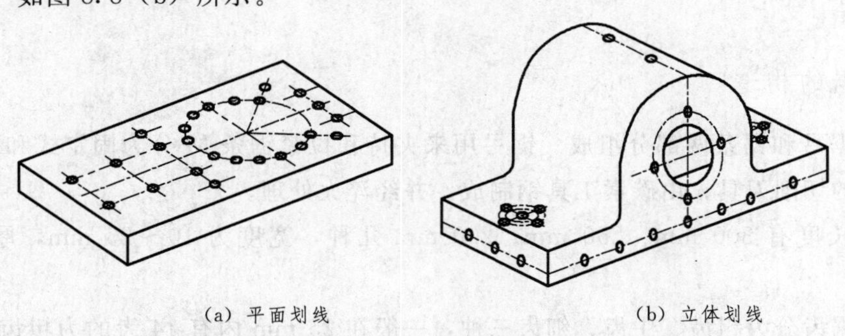

(a) 平面划线　　(b) 立体划线

图 8.8　平面划线和立体划线

3. 划线工具及其正确使用

划线工具有划线平板、千斤顶、V 形铁、方箱、直角尺、划针及划针盘、划规及划卡、高度游标卡尺、样冲等，应依据划线方法的不同来使用各种不同的工具。例如，划线平板是划线的工作台，适用于各种平面、立体划线。V 形铁适用于圆形工件。划规和划针的使用与圆规和铅笔一样，只不过一个是划在纸上，一个是划在工件上。高度游标卡尺可划任意方向的直线。

4. 划线的作用

划线是一种复杂、细致的工件，它关系到产品质量的好坏，因而非常重要。尤其是在进行了多道机械加工的工件上划线，若因划线失误而造成废品，损失更大。划线的具体作用如下：

① 合理地分配各表面的加工余量和确定孔的位置。

② 划出清晰的界线，为工件安装和后续加工提供依据、标志。

③ 检查毛坯的形状和尺寸是否合乎要求，剔除不合格的毛坯。

④ 采用“借料”划线可以使误差不大的毛坯得到补救，使加工后的工件仍能符合要求。

5. 划线基准及选择

划线基准是用来确定点、线、面的依据，只有选好了基准，才能提高划线的质量和效率以及相应提高工件合格率。

划线基准的选择有三个原则：以两个互相垂直的平面为基准；以一个平面和一条中心线为基准；以两条中心线为基准。

6. 划线的步骤

① 准备工件：包括准备划线工具，清理工件上的毛刺等。

② 确定划线基准，先划水平线，后划垂直线、斜线、曲线。

③ 对照图纸检查划线的正确性。

④ 经确认无误后，打上样冲眼。

8.5 锯 割

1. 手锯的构造

手锯由锯弓和锯条两部分组成。锯弓用来夹持和拉紧锯条 M 分为固定式和可调式两种。锯条是多刃的切削刀具，由碳素工具钢制成，并经淬火处理。

锯条的长度有 300 mm、250 mm、200 mm 几种，宽度为 10～25 mm，厚度为 0.6～1.25 mm。

锯条的锯齿分为粗齿、中齿、细齿三种，一般在 25 mm 内有 14 齿的为粗齿、18 齿的为中齿、24 齿的为细齿。

锯条的选用一般根据工件材料的软硬、截面面积的大小和厚薄来决定。粗齿锯条用来锯割软材料或厚材料；细齿锯条用来锯割硬材料和截面积小的工件。在锯割时要保证工件截面上有两个以上的锯齿在同时进行切削。

为了减少锯条对锯缝的摩擦，锯齿制成各种锯路。锯路有波浪形和交叉形两种，其中交叉形锯路为常用的锯路。

2. 锯割的基本操作

① 锯条的安装。手锯是向前推的时候才起切削作用的，所以锯齿应向前。锯条安装应松紧适当，装得太紧锯条会失去弹性，太松会使锯条扭曲，一般以两个手指的力旋紧为宜。锯条安装好后不能有歪斜和扭曲，否则锯割时易折断。图 8.9 所示为锯条的安装方向。

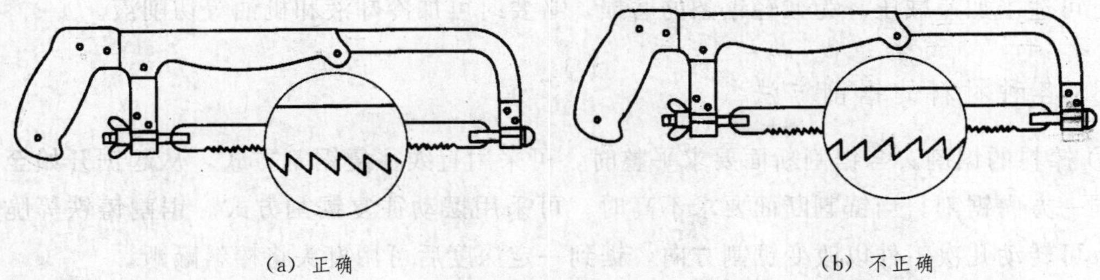

(a) 正确　(b) 不正确

图 8.9　锯条的安装方向

② 工件安装。工件应尽可能安装在台虎钳的左边，以便操作。工件伸出钳口不应过长，防止锯切时产生振动。工件要夹紧，并应防止变形和夹坏已加工表面。

③ 起锯方法。起锯的方法有两种，一种是从工件远离自己的一端起锯，如图 8.10（a）所示，称为远起锯；另一种是从工件靠近操作者身体的一端起锯，如图 8.10（b）所示，称为近起锯。一般情况下采用远起锯较好。无论用哪一种起锯方法，起锯角度都不要超过 15°，角度过大会碰落锯齿。起锯时用左手大拇指指甲靠住锯条以控制锯缝位置，右手握住锯柄。起锯时，锯弓往复行程要短，压力要小，锯条要与工件表面垂直；待锯痕深约 2 mm 后，将锯弓逐渐调至水平位置进行正常锯割。锯割方法如图 8.11 所示。

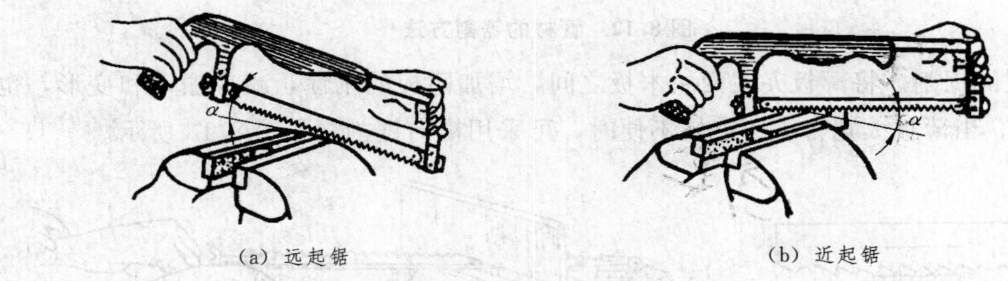

(a) 远起锯　(b) 近起锯

图 8.10　起锯方法

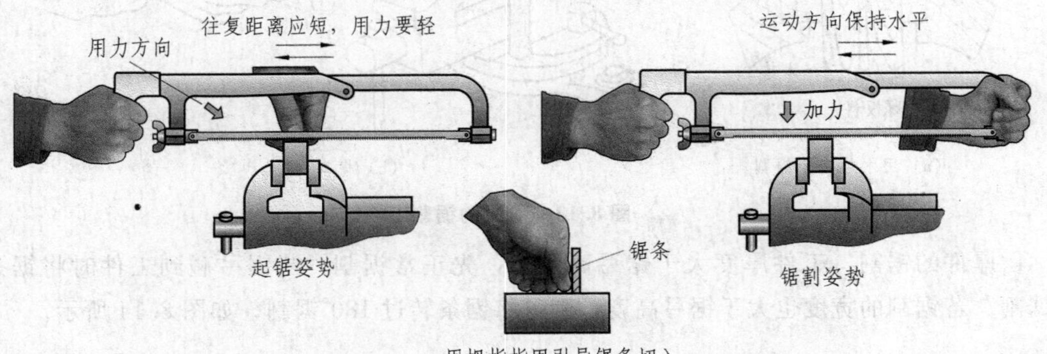

图 8.11　锯割方法

④ 锯割速度。锯割速度以每分钟往复 30～60 次为宜，硬材料速度要慢，软材料速度可快些。速度过快锯条容易磨钝，反而会降低切削效率；速度太慢，效率不高。

⑤ 锯割姿势。锯割站立姿势与锉削相似，锯弓作往复直线运动。右手握住弓前端施压，用力要均匀；返回时，锯条轻轻滑过加工表面，此时不对工件进行切削。推拉的行程应使锯条长度的四分之三参加切削，以免锯条局部磨损，缩短锯条的使用寿命。

锯削开始和终了时，压力和速度均应减小。锯硬材料时，应采用大压力慢移动；锯软材料时，可适当加速减压。为减轻锯条的磨损，必要时可加冷却液和机油等切削液。

3. 各种材料的锯割方法

① 棒料的锯割。当锯割断面要求平整时，可采用直线往复锯割方式，从起锯开始至结束保持同一方向锯割。当锯割断面要求不高时，可采用摆动往复锯割方式。锯割铸铁等脆性材料时，可转动几次工件以改变锯割方向，锯到一定深度后可用榔头将棒料敲断。

② 管材的锯割。对于一般的管材可直接夹持在台虎钳内，夹紧力应适当。对于薄壁管材和精加工过的管材，应夹在带弧形或V形槽的木垫块之间，如图8.12（a）所示。锯割管材时，应不断地转动，每次转动均应锯到内壁处，直到锯断为止，如图8.12（b）所示。

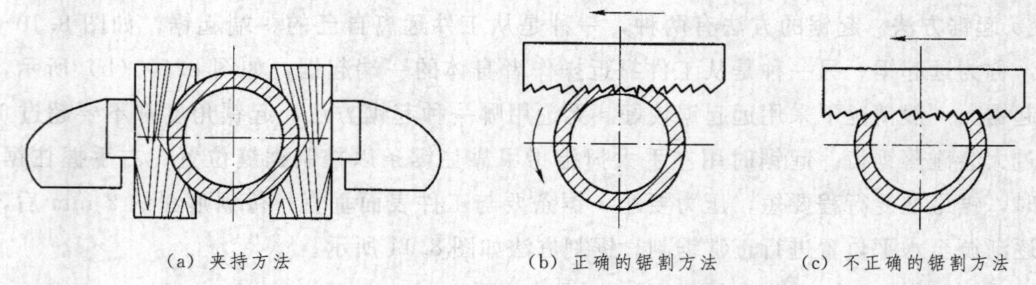

(a) 夹持方法　(b) 正确的锯割方法　(c) 不正确的锯割方法

图8.12 管材的锯割方法

③ 薄板的锯割。将薄板夹在两块木板之间，增加薄板的刚性，减少振动和变形，也可避免锯齿崩落。当薄板太宽台虎钳夹持不便时，可采用横向锯割，如图8.13所示。

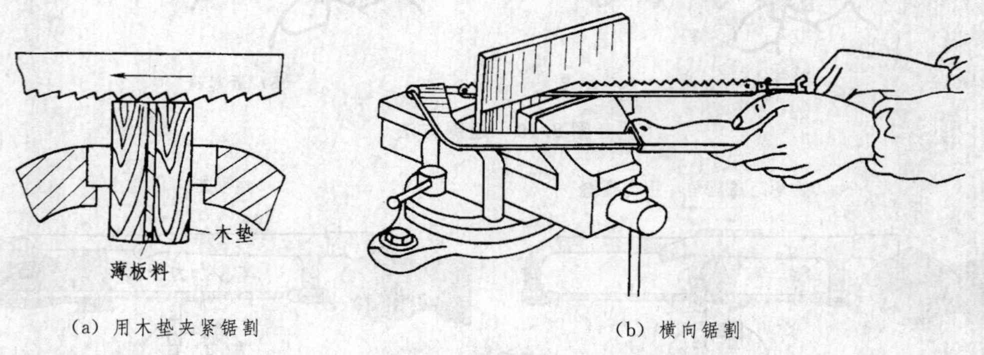

(a) 用木垫夹紧锯割　(b) 横向锯割

图8.13 薄板的锯割

④ 厚件的锯割。工件厚度大于锯弓高度时，先正常锯割，当锯弓碰到工件时将锯条转90°锯割。若锯割的宽度也大于锯弓高度，则可将锯条转过180°锯割，如图8.14所示。

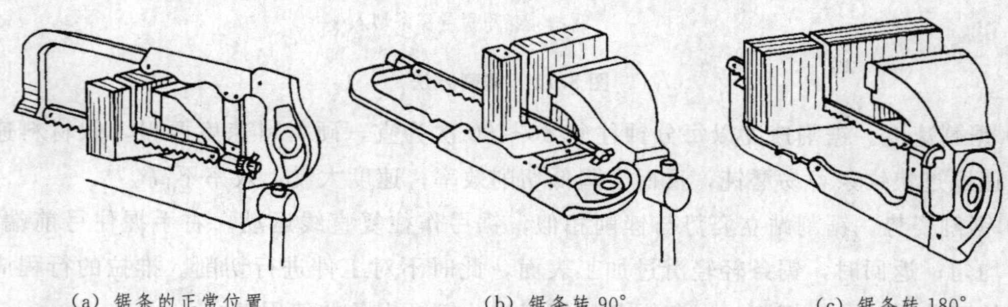

(a) 锯条的正常位置　(b) 锯条转90°　(c) 锯条转180°

图8.14 厚件的锯割

4. 锯割时产生废品的原因

① 尺寸锯小。
② 锯缝歪斜。
③ 起锯工件表面拉毛。

5. 锯割注意事项

① 锯条松紧适当，防止锯条折断时从锯弓上弹出伤人。
② 锯割时用力要平稳，动作要协调，切忌猛推或强扭。
③ 工件快断时压力轻，左手扶住锯下的工件。

8.6 钳工实习安全操作规程

在钳台上工作时应注意以下事项：

① 工作物必须牢固地夹在台虎钳上，夹小工件时须当心夹伤手指。

② 转紧或放松台虎钳时，须提防打伤手指及工件跌落伤物、伤人。

③ 不可使用没有手柄或手柄松动的锉刀与刮刀。若锉刀与刮刀手柄松动，必须加以拧紧，但切不可用手握锉刀与刮刀进行撞击。

④ 不得用手去挖剔锉刀齿里的切屑，也不得用嘴去吹，而应该用专用的刷子清除。

⑤ 使用手锤时应检查锤头装置是否牢固，是否有裂缝或沾有油污；挥动手锤时须注意断片飞出的方向，以免伤及别人。

⑥ 锤击凿切的地方，凿切工件到最后部分时要轻轻锤击，并注意断片飞出的方向，以免伤害自己和别人。

⑦ 使用手锯锯割材料时，不可用力重压或扭转锯条；材料将断时，应轻轻锯割。

⑧ 铰孔或攻丝时，不要用力过猛，以免折断铰刀或锥丝。

⑨ 禁止用一种工具代替其他工具使用，如用扳手代替手锤、钢皮尺代替螺丝起子、用管子接长扳手的柄等，因为这样会损坏工具或发生伤害事故。

使用砂轮机刃磨刀具时，必须注意下列事项：

① 工作前应先检查砂轮机的罩壳和托架是否稳固，砂轮有无裂缝，不准在没有罩壳和托架的砂轮机上工作。

② 刀具在砂轮上不能压得太重，以防砂轮破裂飞出。

③ 应站在砂轮机侧面操作。

④ 开动砂轮后，须待速度稳定后才可使用。

习 题

8.1 常用的钳工工艺方法有哪些？
8.2 锉削时如何选择锉刀？
8.3 顺向锉、交叉锉、推锉各有何优缺点及应用场合？
8.4 提高钻削精度的方法有哪些？
8.5 什么叫划线基准？如何选择划线基准？
8.6 划线有何作用？常用的划线工具有哪些？
8.7 如何选择锯条？安装锯条应注意什么？

第9章 焊 接

【实习目的及要求】

① 了解手工电弧焊的特点及工艺过程；
② 熟悉电焊条的组成及作用；
③ 了解手工电弧焊设备的使用方法；
④ 掌握平铺操作要领，焊出平整的、宽窄较一致的平铺焊缝；
⑤ 能对焊缝质量进行分析，找出缺陷和产生原因；
⑥ 了解二氧化碳保护焊等其他焊接方法；
⑦ 了解气焊原理与应用；
⑧ 了解常用焊丝的种类及作用；
⑨ 熟悉气焊设备和工具的使用方法，熟悉气焊火焰的种类、调节方法和应用；
⑩ 了解氩弧焊等其他的焊接方法。

9.1 概 述

焊接是两件或两件以上金属零件通过加热或加压，或加热和加压并用，使其达到原子间的结合而形成永久连接的一种工艺方法。焊接不仅可以使金属材料永久地连接起来，而且可以用于修补铸件、锻件的缺陷和磨损的机械零件，还可以使塑料、玻璃和陶瓷等某些非金属达到永久连接的目的。

根据焊缝金属在焊接时所处的状态不同，焊接方法一般可分为如图9.1所示的若干种。

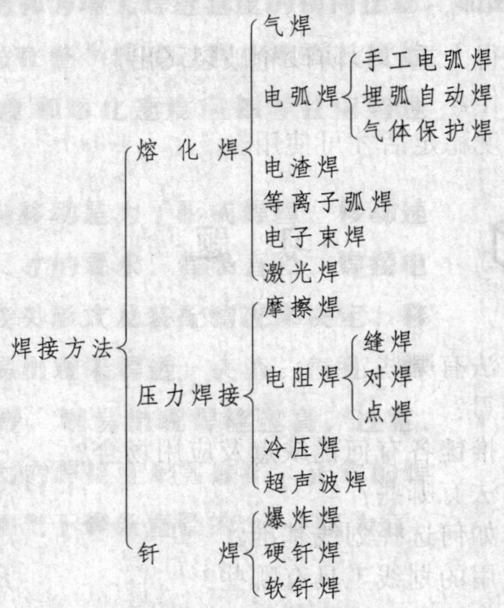

图9.1 焊接方法分类

9.2 手工电弧焊

手工电弧焊简称手弧焊，是利用焊条与工件之间产生的电弧作为热源来熔化被焊金属的一种手工操作的熔化焊方法，如图9.2所示。由于它所需设备简单、操作灵活，可以对各种空间位置、各种接头形式及各种形状的焊缝进行方便地焊接，因此，目前它仍是焊接生产中应用最广泛的一种焊接方法。但它也有一定的缺点，由于是手工操作，故生产率低，劳动强度大，劳动条件也较差。所以，随着科学技术的进步和发展及新的焊接方法的不断出现和使用，手弧焊将被部分取代。

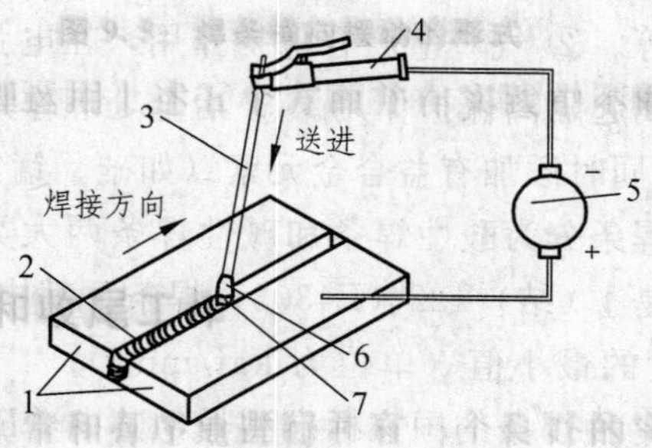

1—工件；2—焊缝；3—焊条；4—焊钳；
5—弧焊机；6—电弧；7—熔池

图9.2 手工电弧焊示意图

手弧焊有熔化极手弧焊和非熔化极手弧焊两种。非熔化极手弧焊是用碳棒作电极，也叫碳弧焊，是一种较古老的焊接方法，生产效率低，焊接质量差，所以在生产中应用很少。

熔化极手弧焊是用常见的金属焊条作电极，比碳弧焊生产效率高，焊接质量也好，一般所讲的手弧焊主要指熔化极手弧焊。

9.2.1 手工电弧焊使用的设备、辅助工具和材料

1. 使用设备及辅助工具（见表9.1）

表9.1

设备及工具名称	数量
交流电焊机或直流电焊机	8～10台
电焊钳及电缆线	每台焊机配1套
焊接工作台	每台焊机配1个
面罩	操作者配1个
敲渣锤、扁錾及钢丝刷	每工作台配1套
活扳手、夹钳子	配1套备用
工作服、鞋、帽、手套	每人自己配1套
ϕ2.5结422（E4303）和ϕ2.5结507（E5015）电焊条	若干
焊接用钢板（$\sigma \geqslant$3.5 mm）	若干

注：钢板为生产用的边角余料，尺寸不宜规定。

2. 电焊条

电焊条是手弧焊时的焊接材料，它由焊芯和药皮两部分组成。焊芯是焊接专用的金属丝，按规定它有一定的直径，并根据不同直径有一定的长度。焊条直径即指其焊芯的直径，常用的有 2.0 mm、2.5 mm、3.2 mm、4.0 mm 和 5.0 mm 等若干种。焊芯在焊接时有两个作用：一是作为电极，传导电流，产生电弧；二是熔化后作为填充金属，与熔化的母材一起成为焊缝金属。

药皮是压涂在焊芯表面的涂料层，它由多种矿石粉、铁合金粉和黏结剂等原料按一定比例配制而成。其主要作用为：① 改善焊条工艺性。如使电弧易于引燃，保持电弧稳定燃烧，有利于焊缝成型，减少飞溅等。② 气—渣联合保护作用，在电弧热作用下药皮分解出保护性气体并形成熔渣，对熔化金属起隔离保护作用。③ 冶金处理作用。通过冶金反应去除有害杂质（如氧、氢、硫、磷等），同时添加有益合金元素（如硅、锰等），改善焊缝质量。

按药皮的性质不同，把焊条分为酸性焊条和碱性焊条两大类。焊接低碳钢和普通低合金结构钢常用的酸性焊条牌号是 J（结）422（E4303）焊条。其中“J（结）”表示结构钢焊条；“42”代表焊缝金属抗拉强度的最小值（单位为 kgf/mm^2）；“2”表示药皮为酸性氧化钛钙型；括号中的 E4303 表示同一种焊条的国家标准型号，其中“E”表示电焊条，“43”表示熔敷金属的抗拉强度最低保证值为 420 MPa（即 43 kgf/mm^2），“0”表示焊条适用于空间各种焊接位置（即全位置焊接），“3”表示为钛钙型药皮，可用交流或直流电焊接。酸性焊条药皮配方中以 TiO_2、SiO_2 等酸性氧化物为主，焊缝金属中含氧量和含氢量都远远高于碱性焊条焊缝金属中的含量，焊缝力学性能较差。

碱性焊条最常用的是 J（结）507（E5015）。焊条牌号中的“J”和“50”及国标型号中的“E”、“50”同前，“7”和“15”的意义表示焊条药皮为碱性低氢型，需用直流焊接。碱性焊条药皮配方中以 CaO、MgO、CaF_2 等碱性物质为主，焊缝中氧、氢含量低而有益的合金元素含量高，焊缝金属的塑性和韧性高，抗裂性好。但从焊接工艺性和毒性方面比较，则酸性焊条优于碱性焊条，因此在一般场合下应尽量采用酸性焊条，碱性焊条往往用于要求较高的重要结构。

9.2.2　实习中的注意事项

1. 保持正确的焊接姿势

操作者在焊接时的姿势是一个不容忽视的问题，如果姿势不正确，不仅易使操作者感到疲劳，而且还很难保证焊接规范参数（如电弧长度、焊接速度和焊条角度等）的稳定，并将直接影响焊缝的质量。因此，保持正确的焊接姿势十分必要。

2. 选择恰当的焊接电流

焊接过程中，焊接电流选择得是否恰当，对保证焊接质量有着极其重要的意义。焊接电流过大，易产生烧穿、咬边、满溢、飞溅过大及外观成形不良等缺陷，使焊条药皮发红、裂开、过早脱落、丧失冶金性而影响焊接质量，使焊接无法顺利进行。电流过小，易产生夹渣、电弧不稳，还会直接影响焊缝熔深，出现未焊接等缺陷，直接影响焊缝强度。

总之，焊接电流的选择应在保证焊件不烧穿的情况下使用较大电流，这样，通过与其他参数的配合，既能保证焊缝质量，又能提高生产率、降低成本。

焊接过程中，一般可从下述几方面的现象来判断电流大小：

① 看飞溅大小。电流过大时，电弧吹力大，大颗粒的铁水向熔池飞溅，并伴随着发出较大的爆炸声；电流过小时，电弧吹力小，很少有铁水向熔池外飞溅，爆炸声很少或基本无爆炸声，此时，熔池中铁水和熔渣难以分清。

② 看焊缝成形。电流过大时，焊出的焊缝扁平、较低、熔深大，易出现咬边甚至烧穿等缺陷；电流过小，则易使焊缝高而窄，两侧与母材熔合不充分。

③ 从焊条情况看。电流过大时，焊条过早发红，药皮成块脱落，熔化速度明显加快；电流过小时，焊条易粘住工件，电弧不稳；电流合适时，焊完后剩下的焊条头呈暗红色。

电流的选择主要与焊条规格（焊条直径）及所焊零件的厚度有关，但其他因素如被焊金属的材料、焊缝的接头形式、空间位置甚至各人的习惯等也有影响。

一般焊接电流强度与焊条直径的关系为

$$I=(30\sim50)d$$

式中，d为焊条直径。

平焊时焊接电流与焊条直径和钢板厚度的关系参见表9.2。

表9.2　平焊时焊接电流与焊条直径和钢板厚度的关系

母材厚度/mm	焊条直径/mm	焊接电流/A
3	2.5	50～75
4	2.5	75～90
	3.2	80～100
5	3.2	100～120
	4.0	110～130
6	3.2	110～120
	4.0	120～140
7	4.0	130～150
	5.0	160～180
9～10	4.0	150～170
	5.0	180～200
120以上	5.0	200～220
	6.0	240～250

3. 保持正确的焊条角度

焊条角度是指焊条与工件之间的夹角。焊条角度不正确易造成焊缝偏移、单边熔合不良、夹渣等缺陷，甚至直接影响焊缝熔深和焊缝的外观成形。

较理想的焊条角度应是焊条与工件两侧成90°，与焊接方向也成90°，这样，在保证获得理想的熔深的同时还能获得良好的焊缝成形。但与焊接方向成90°比较难掌握，一旦出现与焊接方向夹角大于90°的情况，会出现焊渣越前的现象（即焊渣在电弧吹力的作用下流到还未来得及焊的板与板之间的间隙中），这样就可能使焊缝产生夹渣，尤其是内部夹渣。

若焊条与焊接方向的夹角太小，不仅会影响焊缝熔深，还会使焊缝成形粗糙，甚至出现“奔驰”焊波；若焊条与工件两侧不成90°，则易出现焊道偏移或单边熔合不良等缺陷。

因此，从既能保证焊缝应有的熔深，又对焊缝成形影响不大，而且又较好掌握的角度出发，焊条应与工件两侧成 90°，而与焊接方向成 70°～80°为宜。

4. 保持合适的电弧长度

电弧是一种气体导电现象，其构造如图 9.3 所示。电弧长度取决于焊条末端到工件表面的距离。为保证焊接质量，焊接时，电弧长度应始终保持一致。为此，整个焊接过程中焊条应沿其中心线不断均匀地往下送进，而且送进速度应等于焊条熔化速度。否则，电弧长度的变化会直接影响焊缝的宽度和熔深。

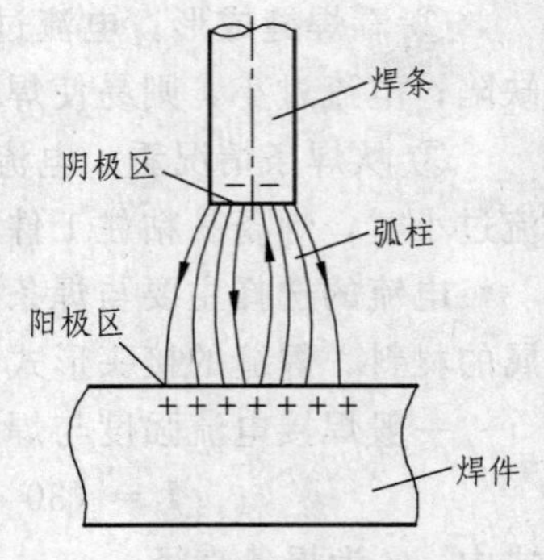

图 9.3 电弧的构造

根据电弧的长度不同，电弧分为长弧（电弧长度大于焊条直径）、短弧（电弧长度小于焊条直径）和正常弧（电弧长度等于焊条直径）三种。

电弧过长，会产生较大的飞溅，降低熔深，引起夹渣、咬边及外观成形不良等缺陷。同时，电弧过长还会使气体保护效果减弱，易使有害气体（如氢气、氮气等）溶入焊缝而恶化焊缝金属的质量，降低机械性能，尤其是立焊、横焊、仰焊时，电弧过长还易产生焊瘤等缺陷。

电弧过短，易使焊条末端与熔渣接触，使焊缝外观粗糙而影响成形；电弧过短还会使电弧吹力过大，使熔渣难以上浮而产生夹渣等缺陷。

总之，应根据焊接时的具体情况，选择恰当的电弧长度。一般使用碱性焊条时应尽量选择短弧施焊，一般不用长弧施焊。

5. 采取正确的运条方法

焊接时，焊条的运条方法将直接影响焊缝质量。运条方法不当，可使焊缝外观恶化，还可能产生咬边、焊瘤、未焊透、烧穿、满溢等外部缺陷以及夹渣、气孔、熔合不良等内部缺陷。

电弧引燃后，就进入正常的焊接过程，此时的运动实际上是三个方向的合成，即焊条往下送进、焊条沿焊缝方向移动和为增大焊缝宽度的横向摆动，如图 9.4 所示。

焊条往下送进是为了保持在整个焊接过程中电弧长度始终不变。因此，焊条送进速度和熔化速度应相等且应匀速送进。

焊接时，焊条沿焊接方向移动是为了形成焊缝。移动速度即焊接速度，应根据焊缝尺寸的要求、焊条直径、焊接电流、工件厚度、空间位置、接头形式及装配情况来决定。移动速度太快，焊缝熔深浅，易出现未焊透、夹渣、气孔、焊缝过窄等缺陷；移动速度太慢，则易出现焊缝过高、过宽、工件过热导致烧穿并引起过大的焊接变形等缺陷；正常的焊接速度应以焊出的焊缝宽度相当于焊条直径的 2～3 倍为宜。

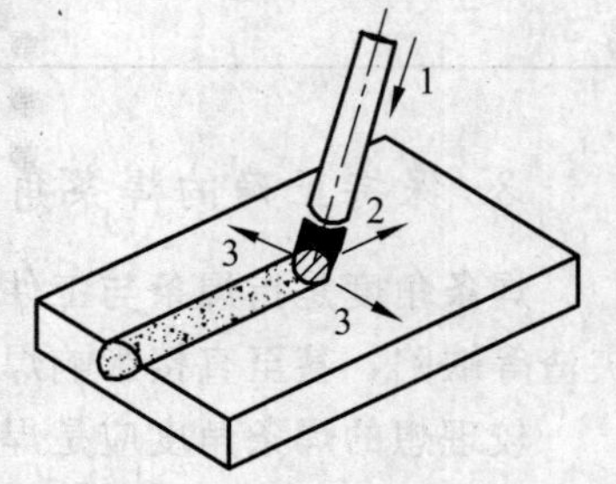

1—往下送进；2—沿焊缝方向移动；3—横向摆动

图 9.4 运条基本动作

焊条的横向摆动，主要是为了获得一定的焊缝宽度，只作直线移动而不横向摆动很难达到要求。焊条的横向摆动不仅可以增大焊缝的宽度，而且还可以控制电弧对工件各部位的加热程度，以获得合乎要求的焊缝成形，同时还有利于熔池中熔渣和气体的上浮，减少产生气孔和夹渣的可能性。在实际工作中，焊接工作者创造了许多横向摆动的方法，目前生产中常用的几种横向摆动如图9.5所示。

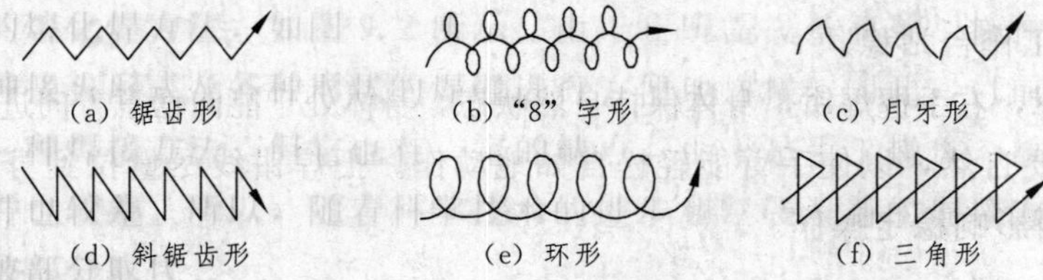

图9.5　焊条横向摆动的形式

通过实习，正确理解和合理运用上述五个方面并在实践中不断摸索，是获得良好的焊缝成形的关键。

9.2.3　实习中的准备工作和收尾工作

为了保证实习工作安全、正常和有序地进行并有一个良好的实习环境，必须按下述要求文明实习：

① 焊接实习场地不允许堆放易燃易爆物品。

② 焊接实习场地中备用钢板应堆放整齐有序，已焊完的钢板应及时清除出去。

③ 焊接实习场地应经常保持整洁卫生，工作结束后应及时清扫。

④ 焊后应将电缆线、焊钳及其他辅助用具按要求摆放整齐有序。

⑤ 正确使用劳动保护用品。实习期间，学生应按要求穿戴好工作服、工作鞋、帽、手套等，手腕、胳膊、脚等不得裸露在外面，以防止高温烫伤皮肤。

⑥ 正确使用面罩。根据各人的视力状况及焊接时选用电流的大小，准确地选择好护目玻璃。一般视力好的或焊接电流选择得较大时可选用颜色较深的9～10号护目玻璃；视力较差的或焊接电流选择较小时可选用颜色较浅的7～8号玻璃。

⑦ 认真检查焊接线路，包括：

· 检查焊机是否处于开启状态；

· 检查焊机是否有良好的接地装置；

· 检查熔断器的容量及保险丝是否合格；

· 检查一次和二次电缆是否有破损，连接是否牢靠，有无松动之处；

· 检查焊钳的绝缘部分是否有破损和松动，焊钳的夹持性能是否可靠；

· 检查焊机的电流调节系统是否灵活可调。

9.2.4　直线平铺焊缝的焊接实习

1. 准备工作

① 把4 mm厚的练习用钢板水平放在工作台上，将钢板上的油污、铁锈等用钢丝刷清理干净。

② 在钢板上用粉笔划出间隔为 20 mm 左右的平行线。

③ 将准备好的 ϕ2.5 mm 结 422 电焊条（E4303）放在焊条筒内。

④ 焊接电流定在 80 A。

2. 焊接姿势

① 身体面向工作台站稳。

② 左手持面罩，右手握焊钳，身体保持自然状态，身体处于能向任意方向进行焊接的姿势。

③ 手握焊钳要自然，以使手臂能轻松自如地动作。把焊钳线尽量拉到身边来，防止电缆线中途突然下滑而影响稳定操作。

3. 引弧练习

焊接开始时，首先要引弧，引弧时必须将焊条末端与工作表面接触造成短路，然后迅速将焊条向上提起 2～4 mm 距离，电弧即可引燃。引弧的方法有两种：一种是直击法，另一种为划擦法，如图 9.6 所示。

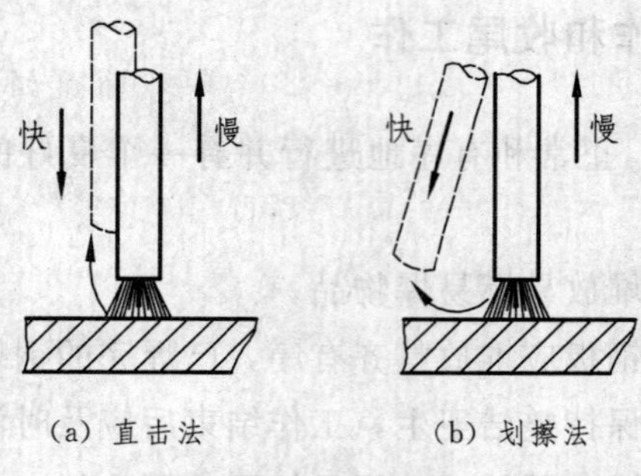

图 9.6 引弧办法

直击法引弧是将焊条垂直地接触工件表面，当形成短路后立即把焊条提起，电弧即可引燃。用此法引弧较难掌握，尤其是使用碱性焊条焊接时，易使焊条粘在工件上，但这种方法可以减少对工件表面的划伤，一般要求较高而且表面不允许划伤的零件宜用直击法引弧。

划擦法引弧与划火柴的动作相似，让焊条末端与工件表面轻轻擦过后迅速提起 2～4 mm 距离，即可引燃电弧。此法引弧容易掌握，但易划伤工件表面，应尽量在坡口内划擦，划擦长度以 15～20 mm 为宜。

不管用什么方法引弧，引弧的动作都应快而小，因为引弧动作太慢焊条易粘住工件，动作太大则刚引燃的电弧又会熄灭。当发生粘条现象时，不要慌张，应迅速左右摆动使焊条与工件脱离；难以摆脱时，应迅速松开焊钳，取下焊条，重新引弧。

引弧的具体步骤如下：

① 将焊条牢靠地夹持在焊钳上，并使焊条与焊钳内侧成 70°左右夹角。

② 使焊条尽量接近工件表面始焊部位，并保持 5～10 mm 的距离。

③ 用面罩遮护好面部。

④ 用直击法或划擦法引弧。

⑤ 断弧：拉断电弧前，将电弧稍微压短，然后迅速拉断电弧。

⑥ 重复上述①～⑤步骤，反复练习，直到完全掌握引弧技巧为止。

4. 引弧与直线运条

① 按引弧练习时的操作要领，在始焊点前面 10～20 mm 处引燃电弧后迅速退回到开始处。

② 将电弧迅速压低到焊接所需的正常弧或短弧，焊条与母材两侧保持 90°、与焊接方向保持 70°～80°夹角。

③ 随着焊条的熔化，将焊条均匀地往熔池中送进并控制好长度，使其始终处于稳定姿态，同时电弧均匀地自左向右移动，移动速度以焊出焊缝的宽度为焊条直径的 2～3 倍为宜。

④ 焊缝的高度以 1～2 mm 为宜。

5. 焊缝终点弧坑的处理

当焊缝焊完时，在焊缝的尾部会留下一个低于焊件表面的坑，称为弧坑。过深的弧坑会降低焊缝收尾处的强度，也易引发弧坑裂纹；若用碱性焊条施焊时，收尾动作不当还易引起气孔。因此，弧坑收好与否将直接影响焊缝质量，丝毫马虎不得。

目前，手工电弧焊时通常采用的收弧坑方法有以下 3 种：

① 画圈收尾法。如图 9.7 所示，这种收尾方法的操作要领是：焊至收尾处时将弧压低，在收尾上作圆周动运 2～3 圈（以填满弧坑为准），然后拉断电弧。薄板不宜采用此法，因为此法加热时间较长，无冷却间隙时间，易烧穿工件。

② 反复断弧收尾法。这种收尾方法的要领是：焊至收尾处时将电弧熄灭，停留 1～2 s，再引燃电弧，再熄灭，再引燃，反复数次直到弧坑填满。这种方法由于有熄弧时间，熔池能得到充分冷却，不易烧穿工件，因而适合于薄板的焊接及大电流焊接和多层焊底层焊缝的焊接。但碱性焊条不宜使用此法，否则弧坑易出现气孔。

③ 回焊收尾法。这种收尾方法的操作要领是：焊到收尾处稍作停留，同时改变焊条方向（与原焊接方向相反 70°～80°）再后移 10～15 mm（即与前面焊缝重叠 10～15 mm），然后慢慢拉断电弧，如图 9.8 所示。这种方法多用于碱性焊条焊接时收尾。

实习时，要求同学掌握好这三种收弧坑的方法。

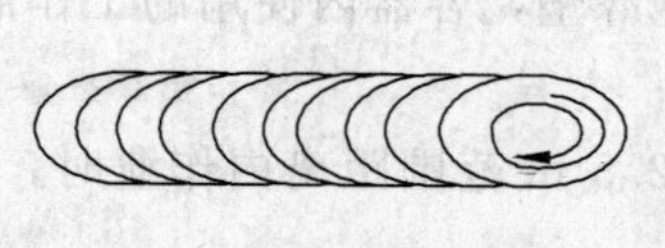

图 9.7　画圈收尾法

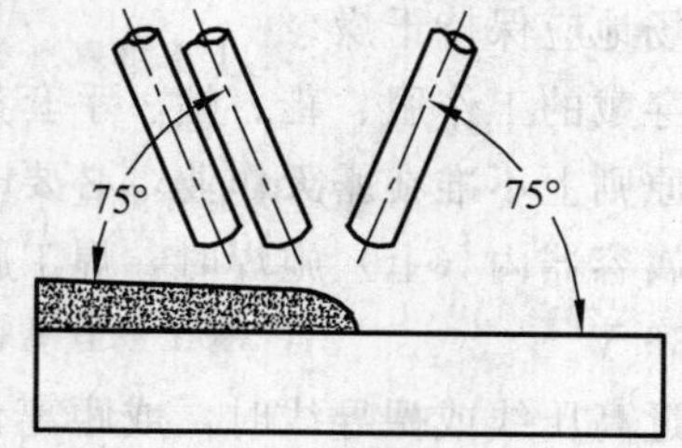

图 9.8　回焊收尾法

9.2.5　考　核

通过一段时间的平铺操作训练，在进入对接单元操作训练前，对同学进行考核。

考核办法：每个同学在钢板上用 $\phi 2.5$ mm 的结 422（E4303）焊条，自选焊接规范焊一条平铺焊缝，按焊缝质量评分。

考核要求如下：

① 焊缝长度 150～200 mm、宽度 6～8 mm，焊缝高度（1±0.5）mm。

② 焊缝要求平直，鱼鳞片均匀，宽窄、高低一致，弧坑必须收满。

9.2.6 总　结

结合平时训练情况，对平铺训练进行总结、讲评，肯定训练中的成绩，指出存在的问题，对焊缝质量进行评析。

9.2.7 手工电弧焊的安全操作基本常识

手工电弧焊焊接时，工人手持焊钳进行操作，强烈的电弧辐射、电弧的高温、有毒气体和金属烟尘对人体的伤害，较高的电压可能造成的触电事故等都将对操作者构成直接威胁。因此，在焊接过程中必须采取一定的防护措施和制定必要的安全操作规程，以确保工人的安全和健康并保证焊接过程的顺利进行。

1. 预防弧光照射

① 正确使用劳动保护用品。工作时，焊工必须按要求穿戴好工作服，工作手套，工作鞋、帽，有条件的应使用脚盖，不让身体的任何部位裸露在外面，以避免弧光伤害。

② 正确使用电焊面罩及护目玻璃。电焊面罩和护目玻璃是保护焊工面部和眼睛不受弧光伤害的主要防护用品。同时，正确使用电焊面罩和护目玻璃，还可以防止焊工被高温的金属飞溅灼伤，也可以减轻有害气体和金属烟尘对呼吸器官的伤害。

③ 在工作现场采用隔光屏将焊接区与其他工种作业区隔开，以避免强烈的弧光伤害他人的眼睛。

2. 预防触电

① 所有焊接设备的外壳必须有良好的接地装置，以防止电气部分因绝缘损坏而使焊机外壳、焊钳及焊件带上380 V或220 V的电压引起触电。

② 电焊钳应有可靠的绝缘。

③ 工作场地应保持干燥。

④ 焊工穿戴的工作服、鞋、帽、手套都应保持干燥。

⑤ 雨天原则上不准在露天作业，必要时，应搭好合格的防雨棚。

⑥ 在金属容器内（上）施焊时，焊工脚下应垫好绝缘垫，容器内使用的工作照明灯其电压不得超过36 V。

⑦ 在接近高压线或裸导线时，或距离低压线小于2.5 m范围距离内作业时，必须停电，并在电闸上挂出“有人作业，不准合闸”的警示牌。

⑧ 焊接电源开关旁应设有监护人，密切注视焊工动态，如有危险征象应立即拉闸停电。

3. 高空作业时应注意的安全事项

① 高空施焊人员须经健康检查，患有高血压、心脏病、精神病及饮酒后的人员不准登高作业。

② 恶劣天气（如遇6级以上大风、下雨、下雾、下雪）不准登高作业。

③ 高空作业应设有监护人；登高作业时，不准使用带有高频振荡器的焊接设备。

④ 高空作业者应使用符合安全标准的防火安全带，安全带应紧固牢靠，长度不宜超过2 m，穿好绝缘鞋，戴好安全帽和手套。

⑤ 登高时使用的梯子要符合安全要求。梯脚要防滑、防倒，放置要牢靠，与地面夹角不应大于 60°。使用“人”字梯时，夹角以 40°±5°为宜，并用限跨铁钩挂上；不准两人同时在一个梯子上（或人字梯的同一侧）或爬在梯子顶端作业。

⑥ 高空使用的脚手板，单人道不得小于 0.6 m，双人道不得小于 1.2 m，上下坡度不得大于 1∶3，板面应钉有防滑条和安全扶手，板材要经过严格检查并具有足够的强度。

⑦ 高空作业时，焊条、工具及小零件等应放在牢固无洞的工具袋内，以防落下伤人。焊条头不得乱扔，以防烫伤地面工作人员和引起火灾。

⑧ 在火星能及的范围内，必须彻底清除易燃易爆物品，一般要求地面 10 m 范围以内应用栏杆隔离；设专人照看火星，工作结束后，要认真检查工作场地是否留有火种，确认安全后，才可撤离现场。

⑨ 高空作业时，严禁将电源线缠在身上操作，以防漏电；焊接设备应尽量留在地面。

4. 预防烫伤

① 焊工头部应戴帆布工作帽，这在立焊、横焊、仰焊及高空作业时尤为重要。

② 工作服不得敞开衣兜，也不应将工作衣束在裤腰内，以防金属飞溅落入口袋或折缝烧穿衣服导致烫伤。

③ 清渣时要戴好防护眼睛，以防热渣壳烫伤脸、头部及眼睛。

5. 防火防爆

① 作业区周围应划定安全界线，在醒目处悬挂安全防火、防爆标志。

② 作业区 10 m 范围内不能堆放易燃易爆物品。

③ 在禁火区内作业，必须实行三级审批制度，即：

· 在危险性不大的场所作业，由申请作业车间或部门的领导批准并在消防部门登记后，方可作业；

· 在危险性较大或重点要害部门作业，由申请作业车间或部门领导批准并经有关技术人员介绍情况、消防安全部门现场审核同意后，方可作业；

· 在特别危险区、重点要害部门或影响较大的场所作业，应由作业车间或部门领导提出申请，采取有效防范措施，由消防安全部门审核提出意见，经企事业单位领导批准后，方可作业。

④ 作业区附近应备有足够的灭火工具和设备。

⑤ 严禁在未开孔的密封容器上进行焊接。

⑥ 作业场地应有足够的照明，手提灯应带有护罩并采用 12 V 的安全电压作为电源。

⑦ 严禁利用油管、船体、缆索等作为焊接回路中的地线。

⑧ 对盛装过易燃易爆及有毒物质的各类容器，未经彻底清理，不得进行焊接作业。

⑨ 用可燃材料作保温的部位及设备，在采取可靠的安全措施前，不得进行焊接作业。

⑩ 在有压力的密封容器及管道上，压力未卸除并经彻底确认前，不得进行焊接作业。

⑪ 作业场地附近有与明火相抵触的工种在作业时，不得进行焊接作业。

6. 预防有害气体和金属烟尘中毒

在焊接高温和紫外线作用下，电弧周围会产生多种有毒气体，主要有臭氧、一氧化碳、氟化物和氮氧化物等。

臭氧具有强烈的刺激作用，浓度较高时有腥臭味，还略带酸味。臭氧对人体呼吸道及肺部有强烈的刺激作用，易引起咳嗽、胸闷、食欲不振、疲劳无力、头晕，严重时还会引发支气管炎。但上述症状一般在脱离与臭氧的接触后均可恢复，恢复期的长短及受害程度与各人的体质有关。

一氧化碳是一种窒息性气体，产生于一切明弧焊焊接过程中，尤其是二氧化碳气体保护焊产生的一氧化碳浓度最高。它的主要危害是易造成人体缺氧，使血液中的碳氧血红蛋白高于正常值。焊接过程中采取通风措施后，可明显降低一氧化碳浓度。

氟化物主要是指氟化氢，主要产生于使用碱性低氢型焊条进行手工电弧焊的焊接过程中。氟化氢刺激性非常明显，它可以通过呼吸道和皮肤对人的机体起毒害作用，但通过加强通风可明显减轻其危害程度。

氮氧化物是由焊接电弧的高温作用，引起空气中的氮、氧分子离解并重新结合而成的。常见的氮氧化物有二氧化氮、一氧化氮和四氧化氮，一般以二氧化氮的浓度来表示氮氧化物的存在。二氧化氮是一种具有刺激性气味的有毒气体，其毒性主要表现在对肺部组织产生强烈的刺激和腐蚀作用，严重时可引起肺脱水。

金属烟尘由金属元素加热蒸发、金属氧化物及焊条药皮熔化后蒸发而形成。其成分和浓度主要取决于焊接材料、焊接规范及焊接工艺。金属烟尘虽然毒性不大，但长时间接触易吸入肺中，引起焊工尘肺、锰中毒及金属热等职业病。

综上所述，在焊接过程中产生的各种有毒气体均直接威胁着焊工的身体健康，因此，在焊接时必须采取一定的行之有效的防护措施，以加强保护。

目前，工厂常见的防护措施主要有：

① 加强通风防护措施。根据焊接场地的具体情况可分别采取全面机械通风和局部机械通风，在工厂除大型焊接车间外，一般均采用局部机械通风措施，这样既可以节省投资，效果也较明显。

② 在不固定的焊接场地可采用移动式排烟罩或随机排烟罩加强通风，这种通风方式尤其适合密封船舱、化工容器、大型管道内和临时施工场所使用。

③ 加强个人防护。当在容器内施焊时，除加强通风外，还应佩戴好通风帽。通风帽使用时应经过处理的压缩空气供气，切不可用氧气，以防发生燃烧而造成火灾。

④ 改革焊接工艺和改进焊接材料，一般可从以下几方面着手：用自动焊代替手工焊，可以有效降低有毒气体和粉尘危害；尽量减少高锰和低氢型焊条的使用量；合理设计焊接容器的结构，尽量减少容器内部焊缝的工作量，多采用单面焊双面成型新工艺，以减少工人在容器内施工的时间。

9.3 气焊（氧-乙炔焊）

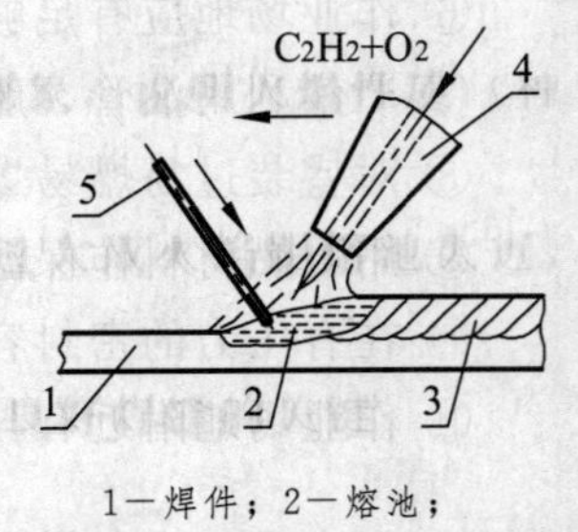

1—焊件；2—熔池；3—焊缝；4—焊嘴；5—焊丝

图 9.9 气焊示意图

气焊是利用可燃气体与助燃气体按一定比例混合燃烧时生成的火焰作为热源来焊接金属的一种熔化焊方法。气焊的火焰温度一般可达 2 000～3 300℃，其示意图见图 9.9。气焊是一种较早使用的熔化焊方法，至今已有百余年历史。20 世纪初虽已出现了电弧焊，但由于当时的电弧焊仅是利用光焊条或薄药皮焊条，焊条质量较气焊差，因此气焊被广泛采用。后来，随着厚药皮焊条的出现以及埋弧焊、气体保护焊等优质高效焊接方法的问世，气焊便逐渐退居到次要地位。但由于气焊具有加热均匀、缓慢，火焰随意可调，焊丝与火焰可各自独立等特点，因此在焊接较薄的工件和熔点较低的金属（如铝、铜等）时仍被采用。同时，气焊用于焊接点以及需要预热和缓冷的工具钢和铸铁也比较有利。此外，气焊在钎焊、堆焊及火焰矫正变形方面也有其独到之处。但气焊火焰温度太低、加热慢、加热范围大，因而易引起较大的焊接变形，合金元素也易氧化，故焊接接头质量较差，所以气焊在工业生产中的应用和发展受到了一定程度的限制。

气焊所用助燃气均为氧气，可燃气体种类较多，如乙炔气、液化石油气、煤气、天然气、氢气等，其中乙炔气燃烧时发热量较大，火焰温度也较高，故一般常用乙炔气作可燃气体，所以气焊也叫“氧-乙炔焊”。

9.3.1　气焊使用的设备、辅助工具和材料

气焊使用的设备、辅助工具和材料如表 9.3 所示。

表 9.3

设备、工具及材料名称	数　量
溶解乙炔气	若干瓶
氧气	若干瓶
减压器	每瓶备 1 个
回火防止器	每把焊枪备 1 个
射吸式焊炬及焊嘴	每个工作台 1 把（套）
氧气及乙炔气输运软管	每把焊炬 1 套
护目眼镜（墨镜）	每组 1 副
帆布或纱手套	每人 1 副
工作服、鞋帽	每人 1 套
打火机	每工作台 1 套
H08Aϕ1.5～2 焊丝	若干
1～2 mm 厚的低碳钢板	若干

气焊设备及连接示意见图 9.10。

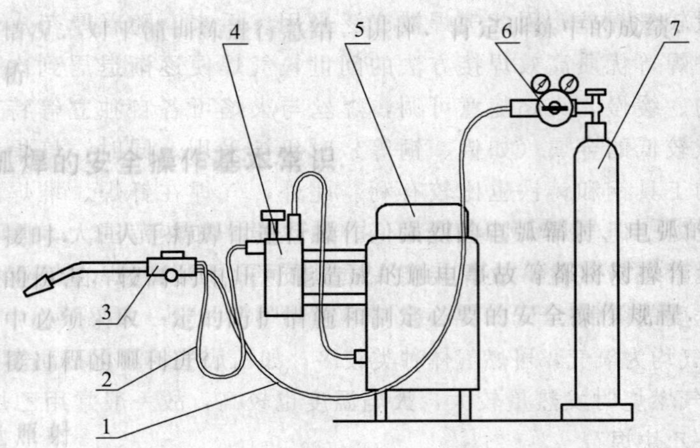

1—氧气管道；2—乙炔管道；3—焊炬；4—回火保险器；
5—乙炔发生器；6—减压器；7—氧气瓶

图9.10　气焊设备及连接示意图

9.3.2　实习中的注意事项

1. 正确的焊接姿势

操作者在焊接时的姿势是一个不容忽视的问题。若姿势不正确，不仅操作者容易感到疲劳，而且还很难保证焊接参数的平稳而直接影响焊缝质量。因此，在焊接时保持正确的焊接姿势是十分必要的。

2. 焊接参数的正确选择

1）火焰种类的选择

气焊火焰按氧和乙炔的不同混合比可分为：

① 中性焰。氧与乙炔的混合比为1.1～1.2时燃烧所得的火焰为中性焰。中性焰由焰心、内焰（微微可见）和外焰三部分组成，最高温度可达3 050～3 150℃，主要用来焊接低、中碳钢，普通低合金钢及有色金属，焊缝质量较高。

② 碳化焰。氧与乙炔的混合比小于1.1时燃烧所得的火焰为碳化焰。碳化焰由焰心、内焰和外焰三部分组成，最高温度可达2 700～3 000℃，主要用来焊接高碳钢、高速钢、铸铁、硬质合金及火焰钎接。用碳化焰焊接易使焊缝增碳变硬、变脆，产生白点和冷脆。

③ 氧化焰。氧与乙炔的混合比大于1.2时燃烧所得的火焰为氧化焰。氧化焰由焰心和外焰（内外焰层次不清）组成，最高温度可达3 100～3 300℃，主要用来焊接黄铜及青铜等材料。氧化焰具有强烈的氧化性，易使合金元素烧损，降低焊缝的机械性能，同时易使焊缝产生气孔、夹渣等缺陷，故一般不采用氧化焰进行焊接。

火焰种类的选择，主要应根据被焊金属的材料来决定，实习用的都是低碳钢板，应选择中性焰施焊。

2）火焰功率的选择

气焊火焰的功率主要是根据每小时可燃气体（乙炔）的消耗量（L/h）来决定的。火焰功率的选择主要取决于焊件的厚度和金属材料的热物理性能（如熔点和导热性等），焊件厚度愈大、熔点愈高、导热性愈好，焊接时选用的火焰功率就愈大；反之，则愈小。焊接时，火焰功率是根据焊嘴大小来衡量的，焊嘴号数愈大，其功率也愈大。为了提高生产率，降低成本，在保证焊缝质量的前提下，应尽可能选用较大的焊嘴。实习中焊接 1 mm 厚的低碳钢板，可选用 1 号焊嘴。

3）焊丝的选择

一般焊接中，低碳钢均可选用 H08A 焊丝。而焊丝规格（直径）的选择则要根据被焊金属材料的厚度及坡口形式来决定。厚度在 4 mm 以下的钢板，焊丝直径与钢板厚度相近，一般选用 1～3 mm 粗的焊丝。也可根据公式 $\phi=\delta/2+1$ 来选择，其中 ϕ 为焊丝直径、δ 为被焊金属材料的厚度。

焊丝直径若选用过细，焊接时，焊件尚未熔化，而焊丝却很快被熔化，易使焊缝产生熔合不良的缺陷；若焊丝选用过粗，则焊丝加热时间增长，易使焊件过热并使热影响区扩大，导致较大的焊接变形。

实习时，焊接 1 mm 厚的低碳钢板，可选用 ϕ1.5 mm 左右的焊丝。

4）焊炬倾角的选择

焊接时，焊炬与焊件之间形成的夹角称为“焊炬倾角”。焊炬倾角应根据焊件的厚度、焊件材料的熔点及导热性等因素灵活选择。焊件愈厚、熔点愈高、导热性愈好的材料，焊接时焊炬倾角应愈大，这样能使火焰热量集中；反之，则可选用较小的焊炬倾角。焊接碳素钢时，焊炬倾角与材料厚度的关系如图 9.11 所示。

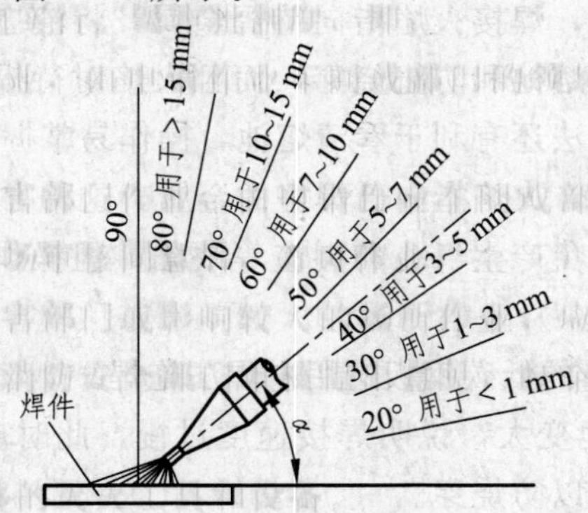

图 9.11　焊炬倾角与焊件厚度的关系

此外，焊炬倾角在焊接过程中，可根据实际情况灵活掌握，随时改变，以适应焊接时不同因素的影响。焊接过程中焊炬倾角的变化情况如图 9.12 所示。

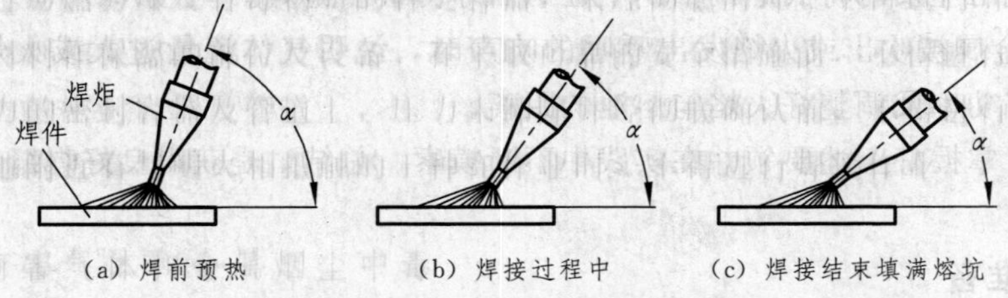

图 9.12　焊接过程中焊炬倾角变化示意图

焊接开始时，因焊件处于冷态，为迅速加热焊件、尽快形成熔池，可选用较大的焊炬倾角；焊接过程中，应根据熔池的形成情况不断改变焊炬倾角；焊接结束时，因焊件温度较高，为了更好地填满熔坑，防止烧穿，焊炬倾角应减小，并使火焰对准焊丝加热。

实习时，焊接1 mm厚的低碳钢板，一般可选用25°～30°的焊炬倾角。

5）焊接速度的选择

焊接速度应根据被焊材料的熔点、厚度、焊缝的空间位置及操作者操作技术的熟练程度来决定。焊接速度通常以每小时完成的焊缝长度（m/h）来表示，它的大小可用下列公式进行大概的计算：

$$v = k / \delta$$

式中，v为焊接速度（m/h）；δ为焊件厚度（mm）；k为系数，见表9.4。

表9.4 不同材料气焊时k值的大小

材料名称	碳素钢		铜	黄铜	铝	铸铁	不锈钢
	左焊法	右焊法					
k值	12	15	24	12	30	10	10

实习中，以能获得宽窄、高低均匀一致的焊缝为原则来选择适当的焊接速度。

3. 掌握好正确的操作要领

气焊操作时，一般都用左手拿焊丝，右手握焊炬。按焊接方向的不同，气焊操作可分为左焊法和右焊法两种。

左焊法焊接方向自右向左，焊接火焰指向待焊金属，将液态金属吹向前方，使待焊处总有一层液态金属，有利于减小熔池和防止烧穿，而且火焰对待焊金属有预热作用，能提高薄板焊接的生产率。同时，左焊法还有利于看清熔池，操作易掌握，一般薄板焊接多用左焊法。

右焊法焊接方向自左向右，火焰指向已焊好的金属。这种方法热量集中，焊缝熔深较大，火焰对焊缝有保护作用，易避免产生气孔和夹渣等缺陷。但操作较难掌握，一般用于焊接较厚的工件。

① 实习中，焊接1 mm厚的低碳钢板选用左焊法施焊。

② 在焊接时，若发现熔池变大，说明焊接速度过慢，此时应迅速提起火焰或加快焊速，减小焊炬倾角，多添加焊丝，以防烧穿。

③ 若发现熔池过小，焊丝熔滴不能很好地和焊件熔合，仅敷在工件表面，则应增大焊炬倾角、减慢焊速。

④ 若出现熔池不清晰且有气泡，火花飞溅或熔池内金属沸腾等现象，说明火焰性质（种类）改变了，此时应及时将火焰调回到中性焰后才可继续施焊。

⑤ 熔池中金属被吹出或火焰发出呼呼的响声时，说明气体流量过大或火焰距熔池太近，应立即调整火焰功率及调整好火焰与熔池的距离。

正确理解、掌握好上述要领并在实践中不断摸索、总结，是获得良好焊缝的关键。

9.3.3 焊前准备

① 将1 mm厚的低碳钢板表面的油污、铁锈等清理干净后，平放在工作台上。

② 将清理干净的ϕ1.5 mm H08A焊丝放在焊丝筒内。

③ 保持正确的焊接姿势。身体面向工作台坐稳，左手拿焊丝，右手握焊炬，身体略向前倾斜并保持自然状态；右手握焊炬松紧要适度，以手臂能轻松自如地动作为准。焊炬的氧气及乙炔软管要有较充分的活动余地，不能太短，以免影响焊炬在一定范围内的活动。

9.3.4　平铺焊缝的训练

1. 点　火

点火的方法有两种：一种是先微开氧气阀，再打开乙炔阀，打开火机，将火源移到焊嘴前，火焰即可点燃；另一种是先打开乙炔阀，将火源移到焊嘴前，点燃乙炔并冒烟时，立即打开氧气阀，火焰点着。后一种点火方法的优点是：送氧气后，一旦有现象，便可立即关闭氧气防止回火，同时还可避免点火时的鸣爆现象并容易发现焊炬是否堵塞。从安全操作出发考虑，第二种方法较好，但这种点火方法易产生较大的烟灰，影响卫生。实习时两种方法均可采用。

2. 调整火焰

火焰点燃后，应立即将火焰调成实习中所需要的中性焰。

3. 起　焊

起焊时，因焊件温度较低，所以焊炬倾角应稍大点，一般可到 50°～60°。火焰做往复摆动，待起焊处出现白亮而清晰的熔池时即可开始焊接，此时焊炬倾角应减小到 25°～30°。

4. 焊　接

焊接时，当在焊件始焊点出现一个直径约 4 mm 的熔池时，再将焊丝末端送入熔池，在熔化少量焊丝后，将焊丝末端从熔池中抽出并将其置于火焰中间，此时，焊炬作规则的急速的圆周运动以形成焊波。之后再移到下一个位置，准备形成第二个熔池和焊波。各熔池之间应有 1/3 的直径重叠，这样不断循环，便形成了鱼鳞片状均匀而整齐的焊缝。

5. 焊缝的连接

当一根焊丝用完而焊缝尚未焊完时，势必会有接头。接头时，要先用火焰将原焊缝周围充分加热，待原焊缝熔坑重新熔化并形成新的熔池后，便可加入焊丝。当焊接比较重要的接头时，应与原焊缝重叠 10 mm 左右为宜，接头处应与前面的焊缝宽窄、高低保持一致。接头接好后可按正常的焊速继续施焊。

6. 收　尾

焊缝焊至最后，应收满熔坑。焊缝焊至最后，工件温度较高，收尾时，焊炬倾角应减小至 20°左右，以避免烧穿。收熔坑时，也可用焊丝挡住火焰，加一滴熔融金属抬一下焊炬，直到熔坑填满为止。

7. 训练中应注意的问题

① 当焊丝端部粘在熔池边缘时，可用火焰加热被粘部位至熔化状态，然后将焊丝提起即可。

② 焊丝与焊炬的移动要配合好，若出现配合不协调的情况，严重的会导致产生凹坑、焊瘤、气孔等缺陷，从而影响焊缝质量。

③ 焊缝边缘与母材过渡要圆滑。

9.3.5 训练要求

按平铺训练要求和操作要领反复进行练习，直至掌握好平铺操作要领并能焊出鱼鳞片状较均匀、宽度高低基本一致且接头平整的焊缝为止。

9.3.6 考 核

通过一段时间的平铺操作训练，在进行对接单元训练前，对同学进行平铺训练的考核。

考核方法：每个同学在打有自己学号的钢板上用$\phi 1.5$的H08A焊丝，自选焊接规范，焊一条平铺焊缝，按焊缝质量评分。

考核要求如下：

① 焊缝长度100～150 mm，宽度（4±1）mm，高（1.5±0.5）mm。整条焊缝平直。

② 焊缝鱼鳞片状较均匀，熔坑应填满。

③ 焊缝与基本金属过渡应圆滑，无假焊等明显的外观缺陷。

9.3.7 总 结

结合平时训练和考核情况，对平铺训练进行总结，肯定训练中取得的成绩，指出存在的问题，并对焊缝质量进行评析，以利于对接单元的训练。

9.3.8 实习中的准备和收尾工作

为了确保实习安全、正常有序地进行，并有一个良好的实习环境，必须按下述要求做到文明实习：

① 焊接场地不准堆放易燃易爆物品。

② 焊接场地中备用的钢板及其他焊接材料应堆放整齐有序，已焊完的钢板应及时清除。

③ 焊接场地应保持整洁卫生，每天工作结束后应打扫工作场地；

④ 焊接结束后，应将焊炬和其他辅助用具按要求摆放整齐；

⑤ 正确使用劳动保护用品。实习时，必须按规定穿戴好工作服、鞋、帽、工作手套等，不得将手腕、胳膊、脚等裸露在外，以防火焰烫伤。

⑥ 正确选用护目眼镜。根椐各人视力的情况，选用颜色深浅不同的护目眼睛，视力较好的同学选用颜色稍深的，而视力稍差的同学则应选择颜色稍浅的。

⑦ 实际操作训练前，必须按有关安全方面的规定严格检查气路是否畅通，尤其应检查各接头处连接是否安全牢靠，是否有漏气。

习 题

9.1 什么是焊接？常见的焊接方法有哪几种？

9.2 电焊条由哪几部分组成？各起什么作用？

9.3 说明J422、J507两种牌号是什么焊条？牌号中数字的含义是什么？

9.4 在进行手工电弧焊时，如何确定焊接电流？

9.5 手工电弧焊在引弧、运条和收尾操作时要注意什么？

9.6 气焊的设备由哪几部分组成？

9.7 试述气焊点火时的正确操作顺序。

9.8 何谓左焊法和右焊法？

9.9 气焊火焰按氧和乙炔的不同混合比可分为几种？各用于什么场合？

第10章　表面处理

【实习目的及要求】

① 了解表面处理的应用范围；

② 熟悉发蓝的特性、用途、所用设备、加工过程和工艺要求；

③ 将手锤或其他实习件进行发蓝处理。

10.1　表面处理的概念及作用

为了改善零件表面层的性能，延缓或消除零件表面锈蚀的发生，改变表面层的组织和成分，以适应各种使用方面的性能要求，通常采用化学、电化学等方法对零件的表面进行处理，这种工艺称为表面处理。表面处理包括电镀、氧化、喷涂等，是用特定工艺给零件表面覆盖一层保护膜。保护膜覆盖在零件表面，我们又叫它覆盖层，要求它与零件的结合力牢。覆盖层必须覆盖完整、有一定厚度且完全包裹，才能起到保护作用。表面处理的作用如下：

① 可延长零件的使用寿命。

② 使零件外观更好看。

③ 使零件具有新的性能。如轮轴镀硬铬，增加它的耐磨性；铝经过阳极氧化后，能由质地软、导电、导热良好，变为质地硬、绝缘、隔热（飞机上用的较多）；镀银、装饰铬，能增加零件的反光性；镀乳白铬、黑铬，则降低反光性等。

10.2　黑色金属的氧化——发蓝

10.2.1　发蓝的概念

将钢铁零件放入含有氢氧化钠（NaOH）和亚硝酸钠（$NaNO_2$）的溶液中处理，使零件表面生成一层黑色氧化膜的过程，称为发蓝。发蓝膜的化学成分是 Fe_3O_4（磁性氧化铁）。

发蓝膜具有以下性质：

① 发蓝膜很薄，不影响零件的精度，且色泽美观。

② 发蓝膜有较大的弹性及润滑性，零件发蓝后无氢脆。

③ 发蓝膜经过肥皂水填充和浸油处理后具有一定的防蚀能力。

发蓝膜常用于精密仪器和各种武器（如手枪）的防护装饰（不反光），还用于保护各种模具、工具等。

2. 发蓝槽溶液成分及工艺条件

配方：NaOH 600 g/L，$NaNO_2$ 200 g/L。

工艺条件：温度为 138～143℃；时间为 40～60 min。

作用：腐蚀剂、氧化剂。

10.2.2　前处理、后处理及发蓝工艺流程

一般，零件经过各种途径的加工，表面有一定的油污和锈蚀，不能直接发蓝，必须经过前处理工序，包括除油、除锈、中和、水洗等内容。

由于发蓝膜较薄，它的疏松部分还必须经过后处理才能提高膜层的防护性能。后处理内容包括肥皂水填充和浸油，目的是使发蓝膜的疏松部分和表面形成一层钝化膜（硬脂酸铁）。

1. 除　油

除油方法有手工除油、有机溶剂除油、化学除油、电化学除油等。发蓝采用的是电化学除油，它是在化学除油的基础上通电，产生的气泡对零件表面的油膜有机械搅拌和剥离作用，加速溶液对油脂的皂化——乳化作用。电化学除油具有速度快、效率高、除油彻底等特点，在电镀行业中应用广泛。

① 除油槽配方：

NaOH	30～50 g/L；
Na_3PO_4	20～30 g/L；
Na_2CO_3	20～30 g/L；
Na_2SiO_3	3～5 g/L。

② 工艺条件：电流密度 3～10 A/dm^2；温度 60～80℃；时间，阴极 5 min，阳极 3 min。

2. 除　锈

除锈在酸槽中进行。

① 酸槽配方：H_2SO_4 25%～40%V，HCl 20%～40%V，若丁 0.3%～0.5 g/L（缓蚀剂避免产生过腐蚀现象）。

② 工艺条件：室温，除干净零件表面上的锈为止，时间一般为 5～30 min。

3. 中　和

中和的目的是防止将酸槽中的 H^+ 带入发蓝槽中消耗槽液中的 OH^-，以维护槽液稳定。

① 配方：$Na_2CO_3 \cdot 10H_2O$ 30～20 g/L。

② 工艺条件：室温；时间 0.5～1.0 min。

4. 水　洗

水洗的目的是防止上道工序的溶液污染下道工序，水洗在流动的自来水中进行，热水洗槽温度为 60～80℃。

5. 填充槽

① 配方：肥皂 30%～50%。

② 工艺条件：温度 80～90℃；时间 5～10 min。

6. 油　槽

① 配方：淀子油或 20# 机油。

② 工艺条件：温度 100～110℃；时间 5～10 min。

7. 发蓝工艺流程

发蓝的工艺流程如下：

半成品检验→装挂→电化学除油→ 热水洗→冷水洗→强腐蚀→冷水洗→弱腐蚀→冷水洗→中和→冷水洗→发蓝→ 热水洗→冷水洗→肥皂水填充→ 热水洗→ 吹干→拆挂→交检→浸油→入库

发蓝膜属于金属氧化物保护层，其厚度为 0.5～1.5 μm，不改变零件的尺寸。发蓝膜不合格膜层可在强腐蚀槽中退去。

10.2.3　发蓝操作注意事项

① 操作时应穿戴好防护用品及防护眼镜。

② 发蓝槽在工作时严禁加入大量冷水。

③ 发蓝时严禁用手直接接触槽液，零件轻拿轻放，以防槽液溅出伤人。

④ 不准在厂房内打闹，吃东西，做与实习无关的事。

⑤ 正确使用吊车。

⑥ 发蓝安全操作规程：

·槽液在加温到 100℃时，生产者不得离开并需经常搅拌和测温，以免沸腾造成事故。

·稀释槽液（在较高的温度时）必须沿着槽壁慢慢加水，以免碱液飞溅造成事故。

·操作者戴好防护眼镜、手套以及其他防护用品，水平面必须严格控制在离槽顶不低于 150 cm 的距离。

10.3　铝阳极氧化

将铝制件置于电解槽的阳极，在外加电流的作用下零件表面形成氧化膜的过程称为阳极氧化，简称阳极化。阳极化属于电化学氧化加工方法。

铝阳极氧化膜由 Al_2O_3（三氧化二铝）组成，一般厚度为 5～20 μm，膜层颜色为无色透明（属硫酸型阳极化）。

以电解液和膜层性质分，常见阳极化方法有硫酸阳极化、铬酸阳极化、草酸阳极化、硬质阳极化和瓷质阳极化五种，其中以硫酸阳极化应用最为广泛。

10.3.1　铝阳极氧化膜的性质和用途

① 铝阳极氧化膜的膜层耐蚀性好，是良好的防护层。

氧化膜（Al_2O_3）具有多孔性的结构，吸附能力强，这是一条有重要使用价值的性质，利用这条性质，可用重铬酸钾（$K_2Cr_2O_7$）等进行填充封闭处理，使氧化膜具有更高的化学稳定性，提高其在大气中使用的抗腐蚀能力，航空飞机件经常必须使用这种处理方法；利用这条性质，可进行各种有机或无机染料的染色，着色成各种所需的美丽色彩，除提高防护性能外，还提高装饰性能（还可制作各种标志颜色，在民用品上应用更为广泛）；利用这条性质，可浸润滑油，提高零件的耐磨性。

② 氧化膜具有硬度高、耐磨性好的特点。

通过硬质阳极化所获得的氧化膜硬度和耐磨性均很好，特别是吸附了润滑剂后，效果尤佳。飞机上的地板、滑板，发动机上主燃油泵中的活门、衬套等都可采用硬质阳极化处理。

未氧化的纯铝，通过显微硬度计测定的硬度为：30～40 kg/mm^2。

氧化后的纯铝，通过显微硬度计测定的硬度为：1 200～1 500 kg/mm^2。

淬火后的工具钢，通过显微硬度计测定的硬度为：1 100 kg/mm^2。

刚玉通过显微硬度计测定的硬度为：2 000 kg/mm^2。

③ 氧化膜不导电，具有良好的绝缘性。

利用这条性质，在保证一定的铝氧化膜厚度（12～20 μm，击穿电压 180～250 V）时，高温下使用还可提高绝缘性。（水分排出）再涂绝缘漆，用于电机、电器、仪表、变压器等上的零件。

④ 氧化膜绝热、抗热性能好。

氧化膜热导率低，仅为 0.001～0.003 kal/(cm·s·℃)，而金属铝的热导率在 20℃时为 0.52 kal/(cm·s·℃)。

⑤ 氧化膜的基体金属结合力好。

由于氧化膜是铝金属表面直接生成，所以其结合力优于电镀层，利用这条性质可将铝氧化膜作油漆底层用。

10.3.2　铝阳极氧化工艺流程

铝阳极氧化的工艺流程如下：

装挂→化学除油→清洗→碱浸蚀→热水洗→清洗→出光→清洗→阳极氧化→清洗→染色、填充封闭→清洗→干燥→交检

根据阳极化的工艺流程，我们可以把它分为三部分，即前处理、阳极化和后处理。其中，前处理是为了保证阳极化的正常进行，后处理的目的是改善膜层的物理及化学性能。

10.3.3　铝阳极氧化工序的技术条件及技术参数

① 装挂：夹具材料应选用铝材，零件与夹具应接触紧密，导电良好，防止气袋产生；夹具在使用前应在碱腐蚀液中清除阳极化膜层。

② 化学除油：化学除油的技术条件及技术参数如表 10.1 所示。

表 10.1 化学除油的技术条件及技术参数

名　称	型号	含量/（g・L^{-1}）	温度/℃	时间
金属清洗剂	8214	5	60～80	除净为止
$Na_3PO_4 \cdot H_2O$		5		

注：必须用滤网经常捞去溶液表面的油膜。

③ 清洗：就是用流动的自来水进行清洗。

④ 碱腐蚀配方（见表10.2）。

表 10.2 碱腐蚀配方

名　称	含量/（g・L^{-1}）	温度/℃	时间/min
NaOH	40～60	60～80	1～2

碱腐蚀的目的主要是清除零件表面的铝锈和油污。

⑤ 热水洗：热水洗是指在60～80℃的水中清洗。

⑥ 出光：目的是除去碱腐蚀后制品表面的黑色挂灰（$NaAlO_2$），硝酸对铝本身有钝化作用，所以采用一定浓度的硝酸，可将铝表面腐蚀产物除去而不腐蚀基体。根据铝材料中含杂质的不同，有2种配方，如表10.3所示。

表 10.3 出光溶液配方

名称	配方	含量	温度	时间
纯铝	HNO_3（比重1.41）	20%～30%	室温	1～2 min（旧溶液可适当延长，总之出光为止）
铸铝合金	HNO_3	3份体积	室温	1～2 min（工艺规定均为1 min）
	HF	1份体积		

⑦ 阳极氧化的配方及工艺条件（见表10.4）。

表 10.4 铝阳极氧化的配方及工艺条件

名称	配方	含量/（g・L^{-1}）	温　度	电压/V	电流密度/A/dm^2	时间/min
硫酸	H_2SO_4（比重1.84）	140	10～50℃（以30℃为最佳，基本是室温）	18～24	1～2	20～40
酒石酸钠	$Na_2C_4H_4O_6 \cdot 2H_2O$	40				
草酸	$H_2C_2O_4 \cdot 2H_2O$	15				

⑧ 填充封闭处理。

配方：酸性黑（ATT）10 g/L，pH值为4.5～5.5。

工艺条件：温度30～35℃；时间2～10 min，最佳5 min。

以上是染黑色，染黑以后要再用热水进行封闭处理，热水一定要洁净，否则亮度受损。

10.3.4 阳极氧化操作注意事项

① 挂具一定要用铝材料制作，原先的氧化膜一定要腐蚀干净，保证导电良好。

② 装挂时，口子要朝上，防止气袋产生。

③ 不同材料、型号的铝及其合金不宜用同槽氧化。

④ 氧化好的零件，应及时进行染色或填充封闭处理。

⑤ 氧化时中途尽量不要断电，因为断电会使氧化膜发暗不亮。

⑥ 严格控制好电流、时间、温度等工艺参数，保证产品质量。

习　题

10.1　何谓发蓝？发蓝膜有何特点？

10.2　试述发蓝槽液配方及一般工艺流程。

10.3　何谓阳极化？有哪些分类？

10.4　铝阳极槽液由哪些成分组成？

第 11 章　数控车和数控铣

【实习目的及要求】

① 了解数控车床、铣床的结构、特点和工作原理；

② 熟悉数控车、数控铣加工程序的组成与编程步骤；

③ 熟悉数控车的操作与方法；

④ 输入自己编写好的程序，在教师指导下加工出合格的零件；

⑤ 熟悉数控铣程序的输入、修改与验证；

⑥ 能编写 XY 平面内铣削槽类零件的加工程序。

11.1　数控机床概述

11.1.1　数控机床定义

数控（Numerical Control，NC）是一种利用数字信息控制机床的技术。数控机床是利用数字化信息实现机床控制的机电一体化产品，是利用数控技术，准确地按事先编制的工艺流程，实现规定加工动作的金属切削机床。数控车、铣床与普通车床、铣床在结构及组成上基本相似，只是数控车床、铣床的进给系统与普通车床、铣床的进给系统在结构上存在本质上的区别，数控机床是采用计算机控制伺服电机，经滚珠丝杠带动滑板或刀架，实现 X、Y、Z 坐标方向的进给运动或实现刀架转动。

目前在汽车、拖拉机、家电行业中采用的自动车床、组合车床和专用自动生产线适合大批量的生产条件，并需要很大的资金以及较长的生产准备时间。但是，在机械制造业中，单件与小批量生产的零件（批量在 50～100 件）占机械加工总量的 80％以上，其生产特点是加工批量小、改型频繁、零件形状复杂而且精度要求高。这些零件生产采用专用的自动化显然不合理，因为经常改装、调整专用自动化机床是不现实的，特别是市场竞争日趋激烈，为满足市场不断变化的需要，必须具备快速提供高质量的新产品的能力。这就使得专用自动机床和普通机床显得无能为力，而数控机床则能适应这种变化的要求，为加工出精度高、形状复杂的多品种、小批量零件提供了自动加工的手段。

数控机床的突出特点是当加工工件改变时，除了重新装夹工件和更换刀具外，只需改变该零件加工的控制信息（程序），而不需要对机床作任何调整。这种灵活、通用、能迅速适应工件变更的特性，是传统的自动加工机械所不具备的，数控机床因为使用了计算机，因而增强了机床的适应性。

数控机床的最大特点是不仅能完成普通机床可完成的加工内容，还能完成许多普通机床无法完成的工艺内容。例如模具型腔复杂形状的加工，以及叶轮和叶片等具有空间复杂曲面的零件加工等。

11.1.2　数控机床的组成及工作过程

如图 11.1 所示，数控机床主要由数控装置、伺服驱动系统、辅助装置和机床本体等组成。其工作过程是先对零件图进行工艺分析，编制数控加工工艺，确定工艺参数，按规定的代码功能编制数控程序，将程序存储在数控介质中或直接输入数控机床，由数控装置发出脉冲信号，通过伺服系统（如步进电机，交、直流伺服电机），经传动机构（如滚珠丝杠等），驱动机床运动部件，使机床按规定动作进行自动切削加工，最终制造出符合图纸要求的零件。

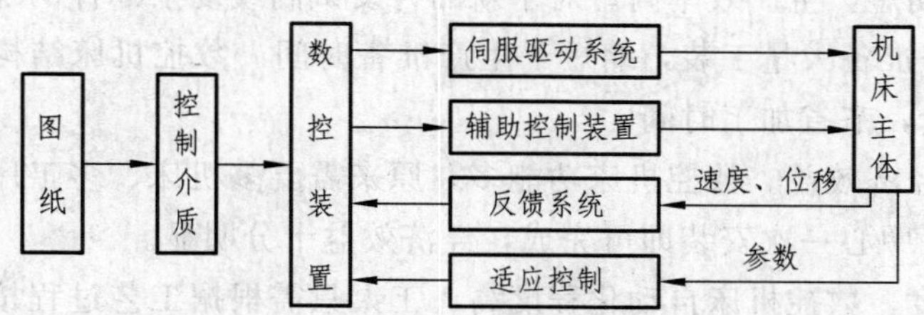

图 11.1　数控机床的基本组成及工作过程

① 控制介质。它是人与机床进行沟通的媒介，又称为信息载体。常用的控制介质有穿孔带、穿插孔卡、磁带、磁盘等。控制介质上记载的信息要通过光电输入机、磁带录音机、磁盘驱动器等输入装置传送给数控装置。对于用微机控制的数控机床，也可用操作面板上的按钮和键盘直接输入加工程序，并在 CRT 显示器上显示。除此之外，还可利用 CAD/CAM 软件在其他计算机上编程，然后通过计算机与数控系统通信，将程序和数据直接传送给数控装置。

② 数控装置。它是数控机床的中枢，由输入、输出、运算器、控制器、存储器等组成。其功能是接受输入的加工信息，经过数控装置的系统软件或逻辑电路进行译码、运算，不断发出各种指令控制机床伺服系统或其他执行元件。

③ 伺服驱动系统。它是数控系统的执行部分，将来自数控装置的运动指令转变成机床移动部件的运动，使运动部件按规定的轨迹移动或精确定位，加工出符合图样要求的工件。指令信息是以脉冲信息体现的。每个脉冲信号使机床移动部件的位移量称为脉冲当量，用 δ 表示，常用脉冲当量有 0.01 mm/p、0.005 mm/p、0.001 mm/p（p 为脉冲）。

伺服系统主要由伺服控制电路、功率放大电路和伺服电机组成。常用伺服电机有步进电机、直流伺服电机和交流伺服电机。例如，工作台或刀架上的伺服电机通过传动机构驱动工作台或刀架进行纵向、横向进给运动。

④ 辅助控制装置。其作用是把计算机送来的辅助控制指令经机床接口电路转换成强电信号，用来控制主轴电机的启动、停止、主轴转速调整、冷却泵启停以及转位换刀等。

⑤ 反馈系统。其作用是将机床移动的实际位置和速度参数检测出来，转换成电信号，并反馈到计算数控装置中，使计算机能随时纠正所产生的误差。

⑥ 适应控制。在加工过程中，通过各种传感器测出加工过程中的温度、转矩、振动、摩擦、切削力等因素的变化并与最佳参数比较，若有误差及时补偿，以提高加工精度或生产率。

⑦ 机床主体。数控机床的主体与普通机床类似，但具有更好的抗震性、刚度、灵敏度，且热变形更小。

现代数控机床广泛采用高性能的主轴伺服驱动和进给伺服驱动装置，使数控机床的传动链缩短，从而简化机床机械系统的结构。

11.1.3　数控机床加工特点

① 加工精度高，质量稳定。数控机床采用了滚珠丝杆螺母副和软件精度补偿技术，减少了机械误差，提高了加工精度。数控机床按程序自动加工，不受人为因素影响，加工质量稳定。

② 适应性强，柔性好，适于多品种小批量生产和频繁改型的零件，还可加工形状复杂的零件。

③ 生产准备周期短，生产效率高。对于新品开发试制或复杂零件的加工，只需针对零件工艺编制程序，无需准备大量工装，缩短了生产准备时间。数控机床结构刚度好，加工中可采用较大的切削用量，节省加工时间。

④ 具有良好的经济效益。数控机床功能多，原来需要多机床、多工序、多次装夹才能完成的内容，使用加工中心一次安装即可完成，经济效益十分明显。

⑤ 减轻劳动强度。数控机床自动化程度高，工人只需根据工艺过程按事先编制好的程序进行自动加工，改善了劳动条件。

11.1.4　数控机床的分类

1. 按工艺用途分

数控机床按工艺用途分为数控车床、数控铣床、数控磨床等一般数控机床。与传统机床相比，数控机床自动化程度较高，适合加工单件、小批量和形状复杂的工件。图11.2所示为数控车床。

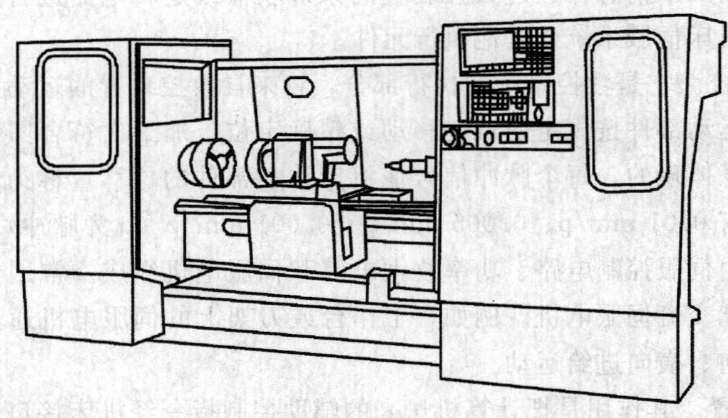

图11.2　数控车床

2. 按控制方式分

数控机床按控制方式可分为开环控制数控机床、闭环控制数控机床和半闭环控制数控机床。

开环控制数控机床的特点是命令单方向传输、结构简单、调试方便、容易维修、成本较低、精度不高。

闭环控制数控机床的特点是加工精度高、移动速度快、调试与维修比较复杂、成本高。

半闭环控制数控机床兼顾前两者的特点，精度较高、稳定性好，成本较低、易于调试。

3. 按功能水平分

数控机床按功能水平可分为经济型数控机床、全功能型数控机床和精密型数控机床。

经济型数控机床采用开环控制，脉冲当量为 0.01～0.005 mm/p，进给速度为 8～15 m/min，最多可实现三轴联控，精度较低，功能较简单。

全功能型数控机床的进给速度一般为 15～100 m/min，脉冲当量为 0.01～0.001 mm/p，可实现四轴以上联控，广泛应用于加工形状复杂或精度要求高的工件。

精密型数控机床采用闭环控制，它不仅具有全功能型数控机床的全部功能，而且机械系统的响应较快，其脉冲当量一般小于 0.001 mm/p，适用于精密和超精密加工。

11.2　数控编程

11.2.1　程序编制的基本概念

在数控车床上加工零件时，首先要进行程序编制，即将被加工零件的加工顺序、工件与刀具相对运动轨迹的尺寸数据、工艺参数以及辅助操作（变速，换刀，冷却液启停，工件夹紧、松开等）等加工信息，用规定的文字、数字、符号组成的代码，按一定的格式编写成加工程序单，并将程序单的信息通过控制介质输入到数控装置，由数控装置控制机床进行自动加工。从零件图样到编制零件加工程序和制作控制介质的全部过程，称为程序编制。

程序编制可分为：手工编程和自动编程两类。

手工编程时，整个程序的编制过程是由人工完成的。这就要求编程人员不仅要熟悉数控代码及编程规则，而且还必须具备机械加工工艺知识和数值计算能力。

自动编程时，编程人员只要根据零件图样的要求，按照某个自动编程系统的规定，编写一个零件源程序，送入编程计算机，由计算机自动进行程序编制，编程系统自动打印出程序单和制备控制介质。自动编程既能减轻劳动强度，缩短编程时间，又可减少差错，使编程工作简便。

11.2.2　编程的一般步骤

① 根据零件图进行工艺分析，确定工艺路线、装夹方法，选择工艺参数（如切削用量等）和刀具，编制工艺过程卡。

② 设定工件坐标系，进行数值计算，如零件轮廓基点坐标或刀位轨迹的计算等。

③ 根据已确定的加工路线、工艺参数和刀位数据，按照数控系统所规定的功能指令代码及程序段格式编程；确定刀具号、刀具偏置或刀具补偿值并输入系统。

④ 输入程序。把程序单上的数据用编辑或通信等方式输入系统。

⑤ 检验程序，首件试切削。对首件零件进行检验，如不合格，还需修改程序，直到零件合格为止，编程工作结束。

11.2.3 数控机床的坐标系

1. 标准坐标系的规定

在数控加工程序编制中，需要确定运动坐标轴控制符的名称和方向。为简化程序编制及保证互换性，国际上统一了ISO的标准坐标系。国际标准（ISO）和我国部颁标准中规定，数控机床的坐标系采用右手直角笛卡儿坐标系统（即右手定则）。其直角坐标 *X*、*Y*、*Z* 三者的关系及其方向为：大拇指表示 *X* 轴的正方向，食指表示 *Y* 轴的正方向，中指表示 *Z* 轴的正方向，如图11.3（a）所示。该标准同时还规定围绕X、Y、Z各轴回转运动的名称及方向，如图11.3（b）、（c）所示。

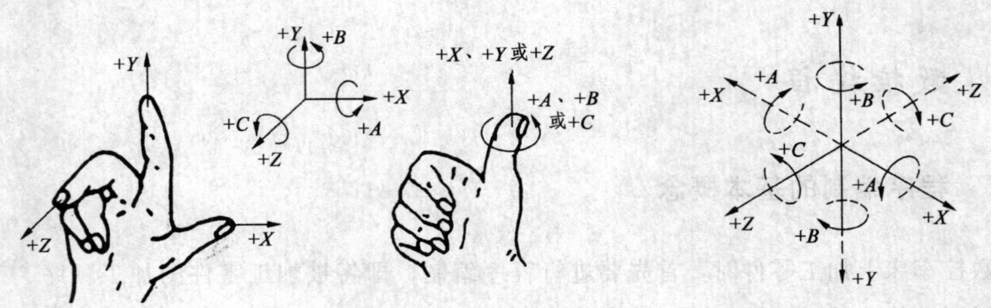

图11.3 笛卡儿右手直角坐标系

2. 机床运动部件运动方向的规定（见图11.4）

编制加工程序时，特规定以工件为基准，假定工件不动、刀具相对于静止的工件运动的原则，作为坐标及运动方向命名原则。

JB3051－82中规定，增大工件与刀具之间距离的方向是机床运动的正方向。

① *Z* 轴坐标运动。规定与机床主轴线平行的坐标轴为 *Z* 坐标（*Z* 轴），并取刀具远离工件的方向为 *Z* 轴的正向。无论是主轴带动工件旋转类的机床（车床、磨床），还是主轴带动刀具旋转类的机床（铣床、钻床、镗床），与主轴平行的坐标轴为 *Z* 轴。

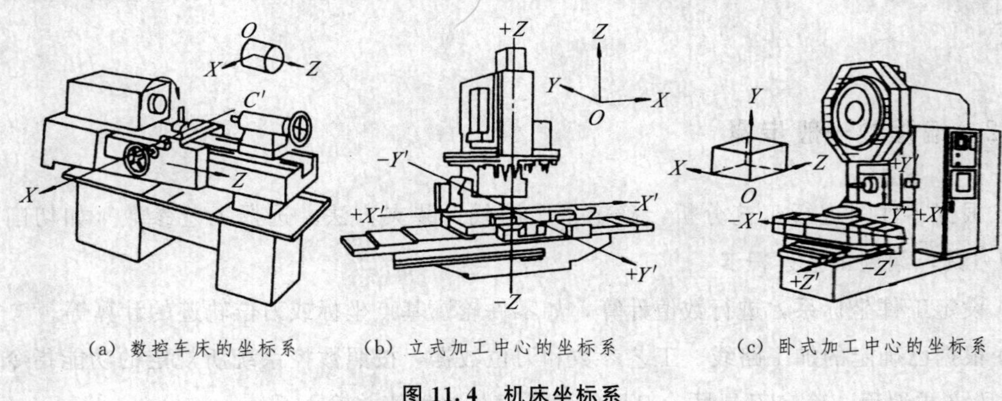

（a）数控车床的坐标系　（b）立式加工中心的坐标系　（c）卧式加工中心的坐标系

图11.4 机床坐标系

② *X* 轴坐标运动。*X* 轴规定为在水平面内平行于工件装夹表面，是刀具或工件定位平面内运动的主要坐标。对于工件旋转的机床（车床、磨床），取刀具横向离开工件旋转中心的方向为 *X* 轴的正方向。

3. 工件坐标系

为了编程方便，编程人员通常以工件设计尺寸为依据，在工件或工件以外选择一点作为原点建立坐标系，称为工件坐标系。一般以工件坐标系原点作为编程零点。

4. 绝对坐标方式和增量坐标方式

绝对坐标方式：在某一坐标系中，各点均以坐标原点为基准来表示坐标位置，即某一点的位置用与前一个位置无关的坐标值来表示。

如图 11.5 所示，从 A 点移动到 B 点，B 点的坐标表示为 $X25$，$Y20$。

增量坐标方式：在某一坐标系中，每点位置坐标都是由前一点的位置坐标而确定的。

如图 11.5 所示，从 A 点移动到 B 点时，B 点的坐标为 $\Delta X=25-60=-35$；$\Delta Y=20-50=-30$。

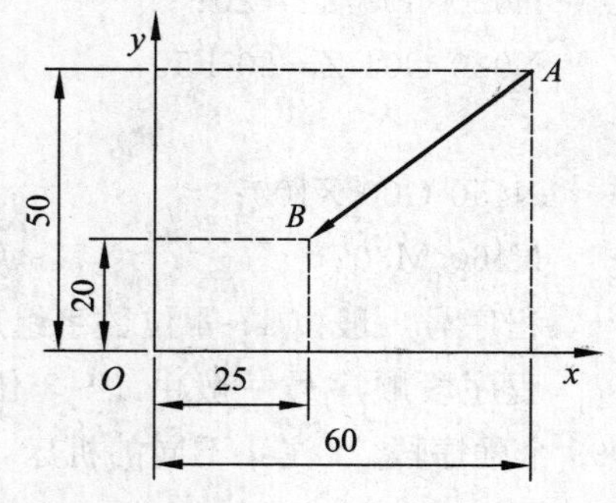

图 11.5　绝对坐标及增量坐标

可用绝对坐标方式编程，也可用增量值方式编程，还可同时用两种方式的混合编程。

11.2.4　数控加工程序的结构

数控加工程序是由程序号和若干程序段组成。一个完整的程序要有程序号、程序内容（若干个程序段组成）和程序结束指令。

1. 程序段的结构

一个程序段由多个词（或字，有的称为语句）及程序结束符组成。

一个词（或字）是由一个地址码及其后带或不带正负号的数字串构成的，如：N10，X+43.20（正号可省略）及 W－0.6 均是词，其中 N、X、W 为地址码。

ISO 标准中所用的地址代码由英文字母构成，表示尺寸字地址的字母有 X、Y、Z、U、V、W、I、J、K、P、Q、R、A、B、C、D、E、H 共 18 个；表示非尺寸字地址的字母有 N、G、F、S、T、M、L、O 共 8 个。常用的辅助字符有“O”（表示程序开始符）、“－”（表示负号）、“.”（表示小数点）、“/”（跳步符）和“;”（表示程序段结束）。

一个程序段要有程序段顺序号、程序段内容和程序段结束符号“;”。程序段的书写格式如下：

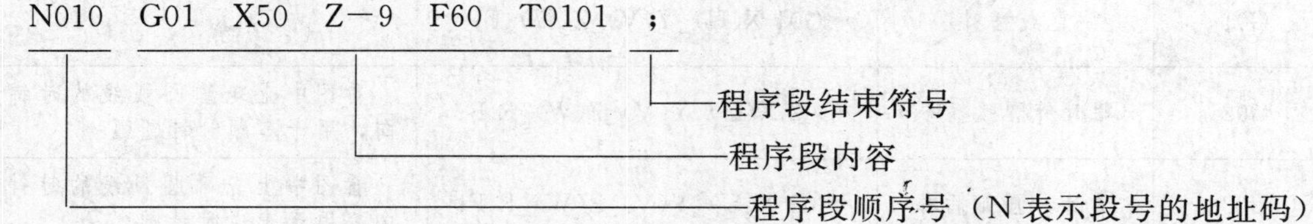

注：表示尺寸的地址码如 X、Y、Z、U、V、W 等，其后的数可出现小数或负数，而其他地址码后不允许出现小数或负数。

2. 程序的结构

如前所述，数控程序由程序号、程序内容（由若干个按顺序排列的程序段组成）及程序结束指令（M02、M20、M30、M99等）构成。如：

O5135；　　程序号，表示程序开始，“O”为程序号地址码

N010 G98 M03 S1000 T0101；
N020 G00 X27 Z0；
N020 G01 Z−30 F50；
⋮
N450 G00 X100；
　　由若干程序段组成程序内容

N460 M30；　　程序结束程序段（M30是程序结束指令）

程序号一般由1～4位数字组成，最大的程序号为O9999。

程序段顺序号一般由1～3位数字组成，最大的程序段号为N999，程序的最大长度为999个程序段。（注：不同的机床，规定有所不同。）

11.2.5 常用编程指令的代码、作用及举例（见表11.1）

表11.1 常用编程指令的代码、作用及举例

代码	作用	举例	备注
O	设程序号	O0001～9999	
N	设程序段号	N10、N20…	
；	程序段的结束符	N20 G00 X27 Z0；	
S	主轴转速功能	S500	S500表示500 r/min
T	设定刀具功能	T0101、T0202、T0303、T0404	前二位数字为刀号，后二位数字为刀偏值组号
F	设刀具运行速度	G98 … F100 G99 … F0.10	刀具运行速度100 mm/min 刀具运行速度0.1 mm/r
X、Y、Z	绝对值方式编程		X、Y、Z值是目标点相对于工件原点的数值
U、V、W	增量值方式编程		U、V、W值是目标点相对于起点的数值
G00	快速定位，移动速度由系统参数设定；用于快速移动车刀靠近或远离工件	G00 X(U)_Y(V)_Z(W)_； G00 X(U)_； G00 Y(V)_； G00 Z(W)_；	X、Y、Z三轴移动； X轴向移动； Y轴向移动； Z轴向移动
G01	直线插补	G01 X(U)_Y(V)_Z(W)_F；	
G02	顺时针圆弧插补	G02 X(U)_Y(V)_Z(W)_R F；	看图中上轮廓圆弧线的时针走向，用于车顺时针圆弧
G03	逆时针圆弧插补	G03 X(U)_Y(V)_Z(W)_R F；	看图中上轮廓圆弧线的时针走向，用于车逆时针圆弧
G17	XY平面选择		

续表 11.1

代　码	作　用	举　例	备　注
G18	ZX 平面选择		
G19	YZ 平面选择		
G40	刀具补偿注销		
G41	刀具左补偿		
G42	刀具右补偿		
G90	绝对坐标编程		
G91	增量坐标编程		
M03	主轴顺时针旋转		
M04	主轴逆时针旋转		
M05	主轴停转		
M08	冷却液开		
M09	冷却液关		
M00	程序暂停		
M30	程序结束		

11.3　数控车编程与操作

11.3.1　数控车编程

数控车加工零件的特点是具有回转表面的零件，工件装夹多用手动、气动和电动卡盘，因此编程有下列特点：

① 编制数控车床程序时，认为车刀刀尖是一个点，但实际上车刀刀尖总带有刀尖半径，且随着加工过程的进行，刀尖半径的形状和尺寸还会发生变化。为此，在数控车床控制系统中，都有相应的刀具补偿功能，在编程时应考虑刀具补偿指令。

② 常用的数控车床大都是卧式车床，所以编程中最常用 XZ 平面；Y 轴方向由于没有位移和转动很少用到，因此，程序前面不用加 G18 指令指定。

③ 在一个零件的程序或一个程度段中，零件尺寸可以是绝对值（X、Z）或增量值（U、W），或两者混合编程。要注意的是：直径方向用绝对值时，X 以直径表示；用增量值编程时，以径向直径位移量的 2 倍编程并附上方向符号（正向省略）。

11.3.2　数控车编程示例

1. 示例 1

零件如图 11.6 所示，材料尺寸：$\phi25\times46$。编程如下：

O5102；

```
N10 G98 M03 S600 T0101;
N20 G00 X27   Z0;
N30 G01 X0   F120;
N40     X15;
N50     X19 Z-2;
N60         Z-19;
N70 G02 X25   Z-22 R3;
N80 G00 X100;
N90     Z100;
N100 M30;
```

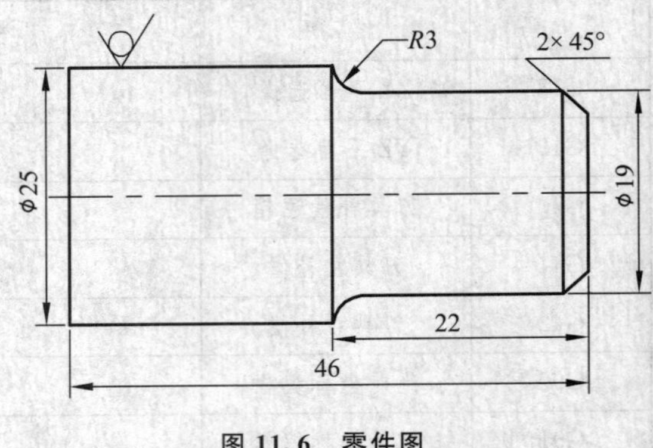

图 11.6 零件图

2. 示例 2

同一零件，所用材料尺寸：$\phi26\times500$。编程如下：

```
O5103;
N10 G98 M03 S600 T0101;
N20 G00 X27   Z0;
N30 G01 X0   F120;
N40     X15;
N50     X19   Z-2;
N60           Z-19;
N70 G02 X25   Z-22 R3;
N80 G01       Z-48;
N90 G00 X100;
N100 G00     Z100;
N110 T0202;
N120 G00 X30 Z-46;
N130 G01 X1 F100;
N140 G00 X100;
N150        Z100;
N160 M30;
```

11.3.3 数控车床操作

1. FANUC 系统数控车床操作面板

操作面板如图 11.7 所示。

2. 按键的名称与说明

按键如图 11.8 所示。

位置：显示刀具所在的坐标值。

光标移动键：光标上下左右移动控制。

翻页键：用于将屏幕显示的页面前后翻页控制。

转换键：有些键具有两个功能，按下此键可以在这两个功能之间进行切换。

清除键：按下此键可以删除最后一个进入缓存区的字符或符号。

输入键：按下此键可以将数据或字母输入到缓存区。

帮助键：当对 MDI 键的操作不明白时按下此键可以获得帮助。

复位键：按下此键可以使 CNC 复位或者取消报警等。

编辑键：按下此键进行程序编辑，用于（ALTER）替换、（INSERT）插入、（DELETE）删除。

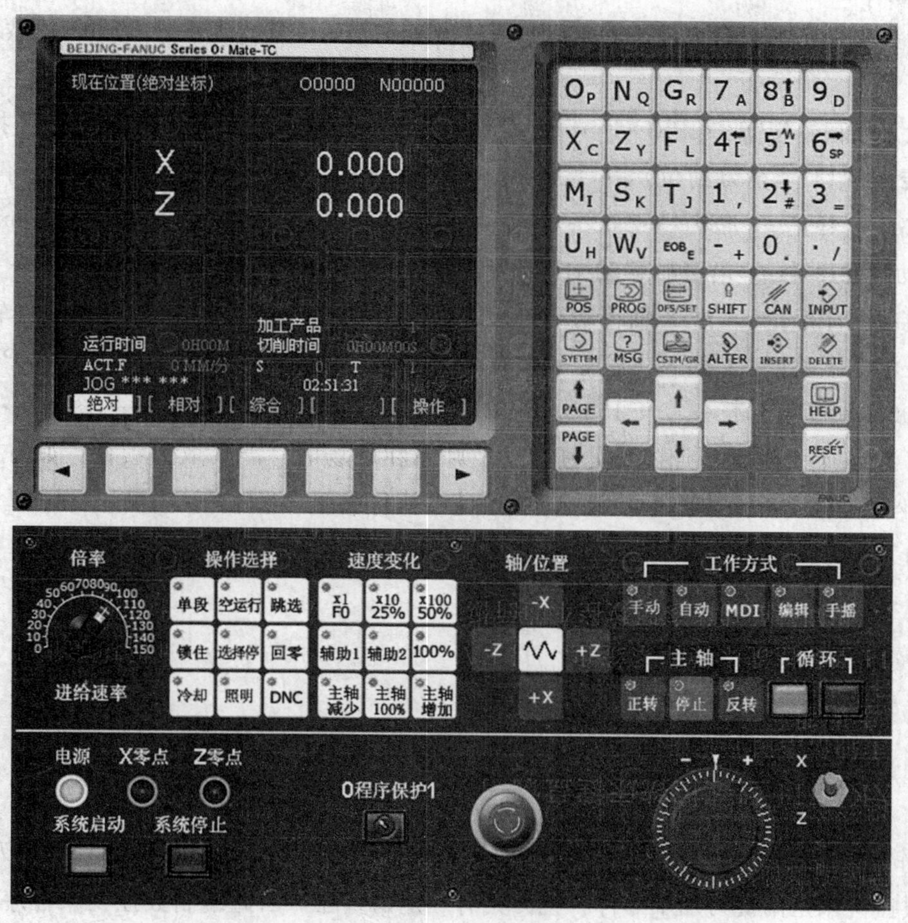

图 11.7　FANUC 系统数控车床操作面板

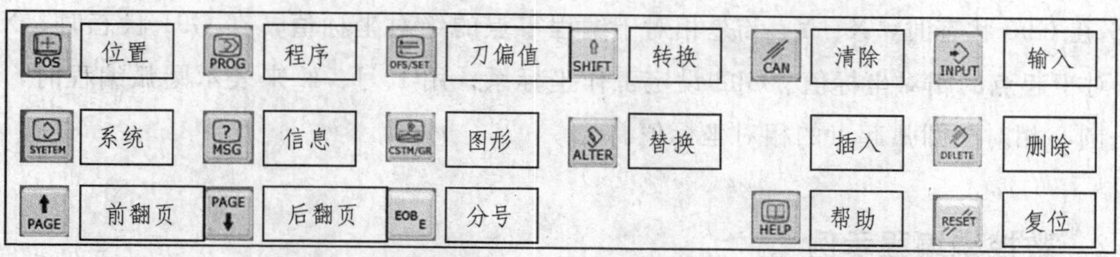

图 11.8　FANUC 系统数控车床按键示意图

3. 上机操作

① 开机：合闸送电 → 系统启动。

② 程序的输入：打开程序保护开关 → 选择编辑 → PROG → O5104（程序号）→ INSERT → EOB G98 M03 S600 T0101 EOB → INSERT → G00 X27 Z0 EOB INSERT→ … → M30 EOB INSERT → RESET

③ 程序的修改：在输入时可用 CAN 删除数字或字符。输入后要用↑→↓← 移动至需修改的位置，输入正确的内容，用 ALTER 替换或用 INSERT 插入，如有不需要的可用 DELETE删除。

④ 装夹工件：逆时针方向旋转卡盘扳手松开卡爪，工件移出卡爪外 70 mm，然后将工件夹紧。

⑤ 设刀偏值：MDI → PROG → EOB M03 S600 T0101 EOB → INSERT →↑按启动 →（工件旋转）/（1 号车刀到位）→ 按手摇 → 摇动脉冲手轮 → 移动车刀接触工件端面 → OFS / SET → 补正 → 形状 → Z 0 → 测量 → 摇动脉冲手轮 → 移动车刀车 3 ～ 5 mm 长的外圆 → 摇动脉冲手轮 → 沿 Z 轴移动车刀远离工件 → 按停止 → 测量已车的外径 → Xϕ 值 → 测量 →摇动脉冲手轮 → 沿 X 轴移动车刀远离工件。（重复前面的操作，对其他的车刀。）

⑥ 显示图形验证：CSTM / GR → 参数 → 70000 → INPUT → ↓25000 → INPUT → ↓↓↓↓ 10000 →INPUT →↓－15000 → INPUT → ↓200 → INPUT → 图形 → 操作 → ERASE（清除前图形）→锁住（实习指导教师不在现场时，严禁取消锁住！如有意外，按红色的急停按钮！）→ 自动 → 启动（或 EXEC 执行绘图）。

⑦ 加工零件：关防护罩 → 自动 → PROG（输入要运行的程序号，按 O 检索）→ 启动。

11.4 数控铣编程与操作

11.4.1 数控铣编程

数控铣加工零件的特点是平面、空间曲面、沟槽等形状的零件，因此编程有下列特点：

① 数控铣床是用铣刀加工零件，铣刀具有一定的直径，因此编制数控铣床程序时，为得到正确的加工形状，需考虑半径的影响，也就是需要考虑刀具半径补偿，即刀具半径左补偿 G41 指令、刀具半径右补偿 G42 指令。

② 在 G90 状态时，X、Y、Z 是相对于编程零点的绝对坐标值；在 G91 状态时，X、Y、Z 是相对于起点的相对坐标值。G92 设定工作坐标系；用 I、J、K 来表示圆弧编程时，I、J、K 总是圆心相对于圆弧起点的相对坐标值。

11.4.2 数控铣编程示例

如图 11.9 所示，要求用 ϕ6 的键槽铣刀在 50 mm×50 mm×10 mm 的工件上雕刻一个边

长为 10 mm 的正方形槽，要求铣削的深度为 2 mm。编写最后一道精加工的数控加工程序。(材料：铝板)

编程如下：

```
%
O0001 ;
N10 G90 G92 X0 Y0 Z10. ;
N15 G00 X10 . Y10. Z5. S500 M03;
N20 G01 Z-2. F50;
N30 G01 X20. ;
N40 G01 Y20. ;
N50 G01 X10. ;
N60 G01 Y10. ;
N70 G01 Z5. ;
N80 G00 Z10. M05;
N90 G00 X0 Y0
N100 M30;
%
```

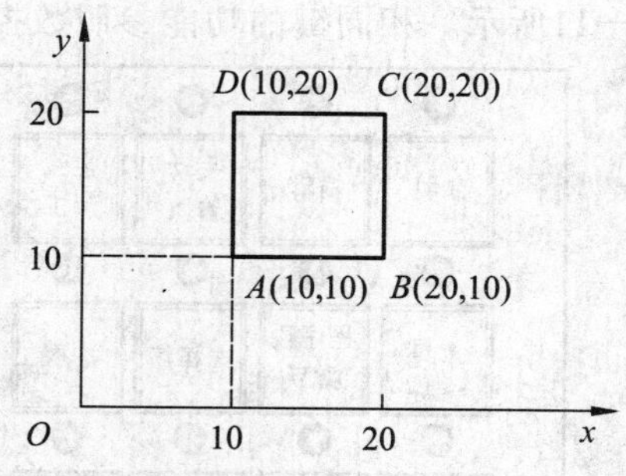

图 11.9　程序运行后的平面投影图形

11.4.3　XKA714 型数控铣床系统简介

XKA714 型数控铣床主机由底座、立柱（床身）、主轴箱、进给箱、工作台、液压系统、润滑系统、冷却系统等组成，整机外形如图 11.10 所示。

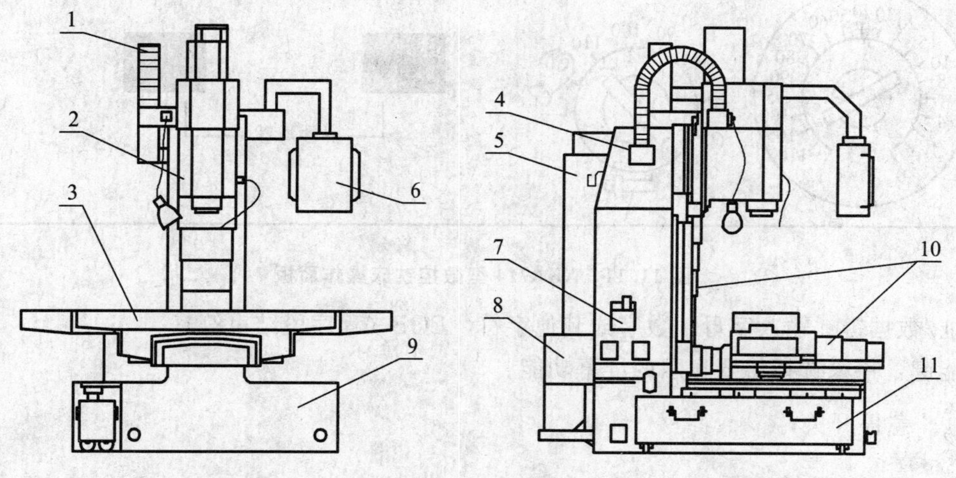

1—工作台；2—主轴箱；3—拖链；4—立柱；5—电柜；6—吊挂；7—润滑；8—液压站；9—底座；10—防护；11—冷却

图 11.10　数控铣床外形图

11.4.4 XKA714 型数控铣床键盘说明

1. 键盘说明

XKA714 型数控铣床操作系统也是用 FANUC 系统，因此操作面板功能很相似，如图 11－11所示，相同键的功能参照数控车的面板介绍，不同键的功能介绍如下。

图 11.11 XKA714 型数控铣床操作面板

地址/数据键：输入字母、数字或其他字符，EOB（程序段结束符）。

功能键：用来选择将要显示的屏幕功能。

 急停开关；

 程序编辑锁；

 进给倍率调节旋钮；

 主轴倍率调节旋钮；

表示三个坐标轴。

2. 操作步骤

(1) 分析工件，编制工艺，并选择刀具，在草稿上编辑好程序。

(2) 打开 FANUC 0i－M 数控铣床系统。

先把电源送上后，再按“启动”键，等系统准备好以后，再按“急停”开关上的箭头方向把急停开关旋开。

① 回零（回参考点）。在机床操作面板上选中回零方式：回零→ ＋Z →Z 轴回零→ ＋X →X 轴回零→ ＋Y → Y 轴回零 → 回零完毕。(注意：等回零指示灯亮了以后再选择其他轴回零)。

② 程序输入。先在机床操作面板上点击编辑键，再在 MDI 操作面板上点击 PROG 功能键，输入程序号如 O1111，即可输入程序。

③ 程序修改。程序输入完毕后，需检查程序输入的是否正确，当程序输入有误时需进行修改。用 ALTER 键可以替换某个字符，用 INSERT 键可以插入某个字符，用 DELETE 键可以删除某个字符，用 CAN 键可以删除当前输入的信息，当程序输入正确后就要开始检查程序了。通过图形模拟可以起到检查程序的作用。(注意：在进行图形模拟前先要把机床锁住，在机床操作面板上选中“机床锁”和“空运行”方式，然后再开始图形模拟。)

3. 图形模拟

在 MDI 面板上点击“CSTM/GR”功能键进入图 11. 12 所示界面。

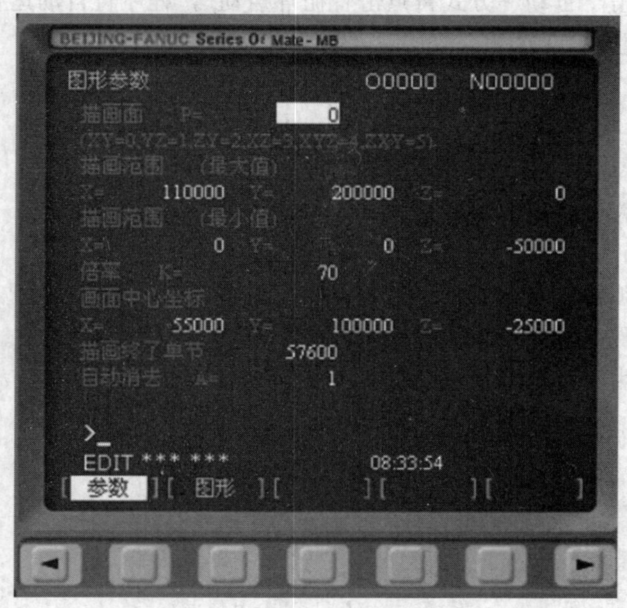

图 11. 12

再在软件位上点击图形，在机床操作面板上点击“自动”方式再点击“循环启动”方式开始图形模拟。通过图形显示的检查，程序没有错误就可以加工零件了。(注意：加工零件前必须先对刀。)

4. 对　刀

① 在机床操作面板上点击“点动”键进入手动模式→试碰工件左端面→用纸记下坐标(假设为－350) →X 轴对刀完毕，结果如图 11. 13 所示。

② 试碰工件后端面→用纸记下坐标（假设为－260）→Y 轴对刀完毕，结果如图 11.14 所示。

③ 试碰工件上表面→用纸记下坐标（假设为－150）→Z 轴对刀完毕，结果如图 11.15 所示。

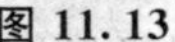
图 11.13

图 11.14

图 11.15

5. 加工零件

在操作面板上点击“自动”方式再点击“循环启动”，程序将自动运行直至完毕。（注意：光标要指向程序的句首。）

习　题

11.1　试述下列符号代表的含义：N、G、X、Z、F、S、T。

11.2　简述 G00、G01、M03、M30 指令的含义。

11.3　试写出圆弧加工指令的指令格式，G02 与 G03 是如何判断的？

11.4　什么叫工件坐标系？怎么建立工件坐标系？

11.5　数控程序由哪几部分组成？

第 12 章　数控电火花线切割

【实习目的及要求】

① 了解数控电火花线切割机床的结构、特点和工作原理；

② 熟悉数控线切割加工程序的组成与编程步骤；

③ 熟悉机床的操作过程与方法；

④ 按编写的程序，在线切割机床上加工出自己设计的图形；

⑤ 了解电火花机床加工的基本原理和特色。

12.1　数控电火花线切割加工原理

数控电火花线切割是利用电极丝与工件之间脉冲性火花放电的能量来蚀除金属。数控电火花线切割主要用于切断、切割各类复杂的图形和型孔，例如冲压模具、刀具、样板、各类零件和工具等。数控电火花线切割加工时，工件接脉冲电源的正电极，电极丝接负电极，加上高频脉冲电源后，在工件与电极丝之间产生很强的脉冲电场，使其间的介质被电离击穿产生脉冲放电。由于放电的时间很短（10^{-6}～10^{-5} s），放电的间隙小（0.01 mm 左右），且发生在放电区的小点上，能量高度集中，放电区温度高达 10 000～12 000℃，使工件上的金属材料熔化，甚至汽化。在机床数控系统的控制下，工作台相对电极按预定的轨迹运动，就可以加工出所需形状和尺寸的工件出来。

12.2　数控电火花线切割机床

12.2.1　数控电火花线切割机床的型号

电火花线切割机型号 DK7725 的含义如下：

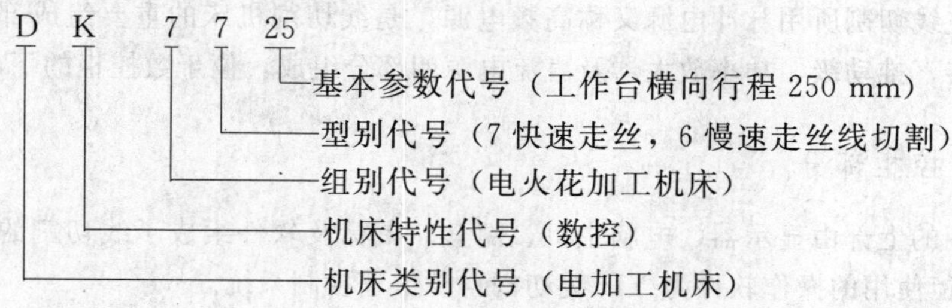

12.2.2 数控电火花线切割机床的组成

数控电火花线切割机床通常由机床、数控柜、脉冲电源三大部分组成，其结构简图如图12.1所示。

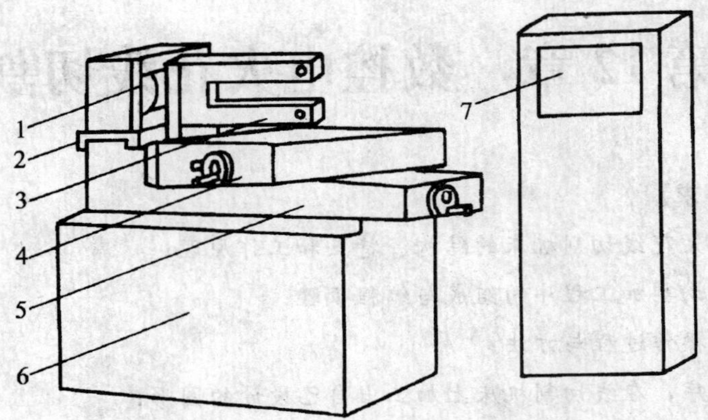

1—储丝筒；2—走丝溜板；3—丝架；4—上工作台；5—下工作台；6—床身；7—脉冲电源及数控装置

图12.1 电火花线切割机床结构简图

1. 机床部分

① 运丝机构：运丝机构由储丝筒、上下拖板、齿轮副、丝杆副、换向装置和绝缘体等部分组成。储丝筒由三相交流电动机通过弹性联轴节带动正反向旋转，通过二级齿轮减速后带动丝杆，使拖板往复移动，钼丝则整齐地排绕在储丝筒上。

② 丝架：丝架装在床身上，钼丝通过丝架上的主导轮、导电块、排丝导轮等作往复高速运动。

③ 工作台：工作台由上、中、下拖板，滚动导轮，导向导轮，精密滚珠丝杆副，齿轮副，步进电机等部分组成。工作台上的安装台用于夹紧工件，控制柜控制工作台纵横拖板的步进电机转变1.5°，通过齿轮变速后带动丝杆，使拖板移动1 μm。

④ 工作液系统：工作液系统由工作液、工作液箱、工作液泵和循环导管组成。火花放电必须在瞬间把密度很高的能量脉冲地送到尺寸极小的加工部位，而在脉冲间的一定停歇时间里，电极介质必须来得及消电离，使它不转化为弧光放电，工作液就起到了消离灭弧、绝缘、排屑和冷却的作用。

⑤ 床身：床身为基础件，结构为一箱式铸件，用来安装运丝机构、丝架、工作台等部件，底部四角带有螺钉可调整工作台面水平，床身内还有机床电气。

2. 脉冲电源部分

电火花线切割所用脉冲电源又称高频电源，是线切割机床的重要组成部分之一，主要由脉冲发生器、推动级、功率放大器及直流电源四部分组成，位于数控柜的下部。

3. 数控柜部分

数控柜的上部由显示器、电脑主机、键盘、鼠标及软件组成了线切割的控制系统。CNC－W2数控柜使用的操作软件为YH线切割自动编程控制系统。

12.3　数控电火花线切割 3B 格式程序编制

3B 格式程序如表 12.1 所示。

表 12.1　3B 格式程序

符号	B	X	B	Y	B	J	G	Z
意义	分隔符号	X 坐标值		Y 坐标值		计数长度	计数方向	加工指令
指令							GX GY	L1、L2、L3、L4 NR1、NR2、NR3、NR4 SR1、SR2、SR3、SR4

12.3.1　分隔符号 B

因为 X、Y、J 均为数码，需用 B 将它们分隔开来。

12.3.2　X、Y 坐标值

每个加工线段都由起点坐标 D_0（X_0、Y_0）加工至终点坐标 Pe（Xe、Ye）。根据加工线段的类型、走向，可将坐标值划分为三类。

(1) 直线的坐标值

直线：与 X、Y 坐标轴平行的线。

加工指令规定：坐标原点和坐标终点均取 X＝Y＝0，0 坐标值可以不写，直线的程序为：BBBJGZ。直线的加工终点坐标值用计数长度、计数方向和加工指令来控制。

(2) 斜线的坐标值

斜线：X、Y 坐标系上具有斜率的线。

加工指令规定：坐标原点在起点，程序中的 X、Y 数码为终点坐标值。X、Y 数值采用 μm 为单位长度。

(3) 圆弧的坐标值

圆弧被定义为标准圆圆弧。一切非圆曲线均需用直线或圆弧逼近法计算。

圆弧指令规定：坐标原点取在圆心，X、Y 坐标值为起点坐标值。

12.3.3　计数长度 J

程序的 X、Y 坐标值是按照线切割 X、Y 拖板的运动方向取定的，所以任何一种线段的加工都是 X、Y 拖板运动形成的，线段在 X 轴或 Y 轴上的总投影长度，实际上是 X 轴或 Y 轴拖板的运动总距离，控制了拖板运动的总距离，就控制了线段加工的终点。把线段在计数方向（X 轴或 Y 轴）投影的总长度称为计数长度 J，J 数值采用 μm 为单位。

12.3.4 计数方向 G

线段在 X 坐标或 Y 坐标轴向的投影长度作为计数方向的轴向，称为计数方向 G。除直线外，斜线与圆弧均有两个计数方向，把在 X 坐标轴上的投影总长度作为计数长度，其计数方向记作 GX；把在 Y 坐标轴上的投影总长度作为计数长度，其计数方向记作 GY。

① 直线所在的轴作为直线的计数方向。

② 斜线确定计数方向的方法为比较终点坐标值 Pe（Xe，Ye）。当｜Xe｜>｜Ye｜时，取 GX；当｜Xe｜<｜Ye｜时，取 GY；当｜GX｜=｜GY｜时，可任取 GX 或 GY。

③ 圆弧确定计数方向的方法为比较终点坐标值 Pe（Xe，Ye）。当｜Xe｜<｜Ye｜时，取 GX；当 ｜Xe｜>｜Ye｜时，取 GY；当 ｜Xe｜=｜Ye｜时，可任取 GX 或 GY。

12.3.5 J 的计算

① 直线的计数长度等于直线的长度。

② 斜线的计数长度按线段在计数方向上的投影总长度计算。当计数方向为 GX 时，J 取｜Xe｜；当计数方向为 GY 时，J 取｜Ye｜。

③ 圆弧的计数长度是计数方向上的拖板在加工过程中累计移动的总距离，即不同象限的各部分圆弧分别向计数方向坐标轴上投影长度的总和。

12.3.6 加工指令 Z

按照加工直线、斜线或圆弧的不同，需要给出作不同方向、不同动作顺序的控制机动作命令，称为加工指令。用 L 表示直线和斜线的加工指令；用 R 表示圆弧段的加工指令，当逆时针加工圆弧时为 NR，当顺时针加工圆弧时为 SR。

直线与斜线的加工指令共有 L1、L2、L3、L4 四个，其定义如图 12.2 所示。

圆弧的加工按照切割方向分为 NR、SR 两种指令。逆时针方向切割的称为逆圆加工指令，用 NR 表示，由于其起点坐标不同，按象限分作 NR1、NR2、NR3、NR4；顺时针方向切割的称为顺圆加工指令，用 SR 表示，分为 SR1、SR2、SR3、SR4。其定义如图12－3所示。

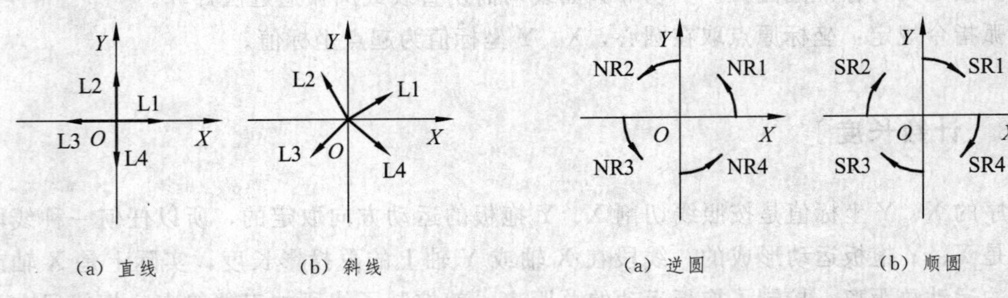

图 12.2 直线与斜线的加工指令　　图 12.3 圆弧的加工指令

12.3.7　3B 格式编程示例

被加工工件如图 12.4 所示。零件厚 $\delta=1$ mm，材料为 45# 钢，起刀点为 O（0，0），走刀路线为 O—A—B—C—D—E—F—G—H—I—J—K—L—M—A—O。

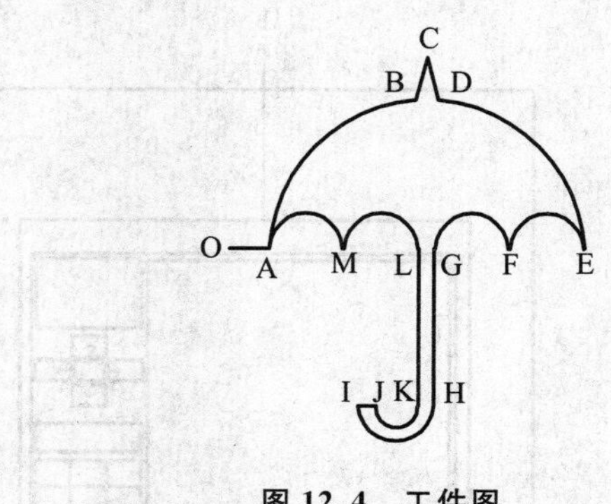

图 12.4　工件图

3B 格式程序如下：

切入 $\overline{OA}$　B1000BB1000GXL1
$\overset{\frown}{AB}$　B14000BB14000GXSR2
$\overline{BC}$　B1000B4000B4000GYL1
$\overline{CD}$　B1000B4000B4000GYL4
$\overset{\frown}{DE}$　BB14000B14000GYSR1
$\overset{\frown}{EF}$　B3500BB7000GYNR1
$\overset{\frown}{FG}$　B3500BB7000GYNR1
$\overline{GH}$　BB15000B15000GYL4
$\overset{\frown}{HI}$　B4000BB8000GYSR4
$\overline{IJ}$　B2000BB2000GXL1
$\overset{\frown}{JK}$　B2000BB4000GYNR3
$\overline{KL}$　BB15000B15000GYL2
$\overset{\frown}{LM}$　B3500BB7000GYNR1
$\overset{\frown}{MA}$　B3500BB7000GYNR1
切出 $\overline{AO}$　B1000BB1000GXL3
停机码　D

ISO 格式程序如下：

```
G92  X0  Y0
G01  X1000  Y0
G02  X14000  Y14000  I14000  J0
G01  X1000  Y4000
G01  X1000  Y－4000
G02  X14000  Y－14000  I0  J－14000
G03  X－7000  Y0  I－3500  J0
G03  X－7000  Y0  I－3500  J0
G01  X0  Y－1500
G02  X－8000  Y0  I－4000  J0
G01  X2000  Y0
G03  X4000  Y0  I2000  J0
G01  X0  Y150000
G03  X－7000  Y0  I－3500  J0
G03  X－7000  Y0  I－3500  J0
G01  X－1000  Y0
M02
```

12.4 YH线切割控制系统操作

12.4.1 YH控制屏幕

YH控制屏幕如图12.5所示。

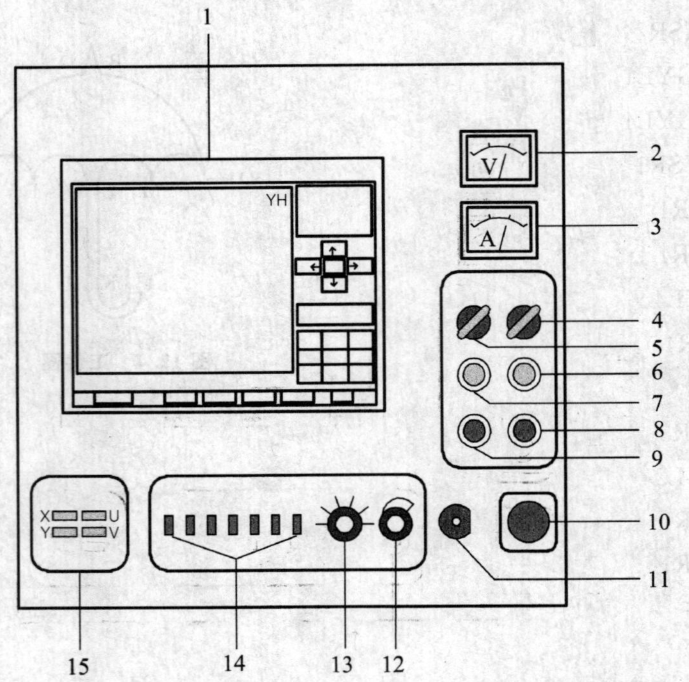

图12.5 YH控制屏幕

在控制屏幕上有一个显示窗口切换标记——红色YH，点取此标记可改变显示窗口的内容。系统进入时，首先为图形显示，以后每点取一次红色YH，依次为“相对坐标”、“加工代码”、“图形”、……

12.4.2 3B格式程序的输入与修改

这里针对金工实习，介绍手工编程程序的输入。

首先点取两次红色YH，进入加工代码位置，也就是手工输入程序位置。这时，显示调节按钮的标记符号变为：S、I、D、Q、↑、↓。各键功能如下：

S——代码存盘；

I——代码倒置；

D——删除当前行；

Q——退出编辑状态；

↑——向上翻页；

↓——向下翻页。

程序输入及修改步骤如下：

① 鼠标点亮第1行，用键盘输入第1条程序：BBB1000GXL1，输完回车。从第1条输到

第 15 条，每输入一条回车一次。

② 输入过程中，如果输错程序，点亮输错的那行，重输一次回车。

③ 如果漏输一条程序，点亮漏输位置的下一条程序回车，会出现一条空白行，在此位置上输入漏输的程序再回车即可。

④ 如果要删除程序，点亮要删除的程序，然后点“D”键，该行程序被删除。

⑤ 一页可输入 37 条程序，输满后点↓翻页，鼠标点亮第一行后继续输入程序。

12.4.3　检查程序

程序全部输入完后，点“Q”键退出，程序即转换为图形，根据图形判断程序正确与否；也可点击“模拟”键来检查。如果图形不对，要修改程序，点取两次红色 YH，切换到加工代码位置来修改程序。此时，程序已转换为 ISO 代码，要用 ISO 代码来修改程序。程序正确后，点“S”键存盘。（注意：存盘前删除 M00 指令。）

12.4.4　加工工件

① 安装工件：将薄钢板水平放在工作台上，使钢板边沿与 Y 轴平行，用压板压紧。

② 点“读盘”键，点 ISO 代码，选定所需的文件名，点参数窗左上角灰点，系统读入该代码文件，在屏幕上绘出其图形。

③ 根据所加工图形大小和形状在薄钢板上定进刀点位置。（注意：X 轴方向钼丝与工件离开 1～2 mm，Y 轴方向根据图形大小和进刀点位置定位。）

④ 依次开启走丝、水泵、高频三个开关。

⑤ 缓慢匀速摇 X 向拖板，使工件与钼丝碰出火花。（注意：卷丝筒换向时没有加工电流，此时不要移动拖板。）

⑥ 点控制屏幕上“加工”键，即开始加工，此时应注意观察、调节加工电流波形和间隙电压波形。

⑦ 加工结束自动关机后，取切割的工件。（切记：注意安全，关机后才能取工件。）

⑧ 如果没有自动关机，则手动关机，顺序与开机相反，即关高频、水泵、走丝。

习　题

12.1　数控电火花线切割加工原理是什么？

12.2　简述数控电火花线切割的应用范围。

12.3　数控电火花线切割机床由哪几部分组成？

12.4　数控电火花线切割 DK7725 的含义是什么？

12.5　编制典型零件加工程序。

第13章　拆　装

【实习目的及要求】

① 了解气动工具的结构特点和工作原理；

② 了解电动自行车的结构特点、工作原理和装配过程；

③ 掌握工具、量具的正确选择和使用方法；

④ 建立产品装配的基本概念；

⑤ 培养按照装配图纸和技术要求进行产品的分解、装配、调试的基本能力；

⑥ 能熟练掌握和运用各种工具对产品进行分解与装配；

⑦ 能严格按照装配图纸和技术要求对产品进行正确的分解、装配、调试与故障排除。

拆装实习是一门以实践及动手能力为主的技术基础课程，通过对气动工具和电动自行车的分析与拆装训练，可使学生初步了解气动工具和电动自行车的工作原理、结构设计、制造工艺及装配工艺等，有利于机械、材料专业类学生将已学过的机械制图、公差配合、金属材料、机械设计、装配工艺等知识融会贯通、综合运用，建立起基本的工程背景知识，拓宽知识面。

13.1　2B10D 型气扳机拆装

13.1.1　概　述

气扳机型号 2B10D 的含义如下：

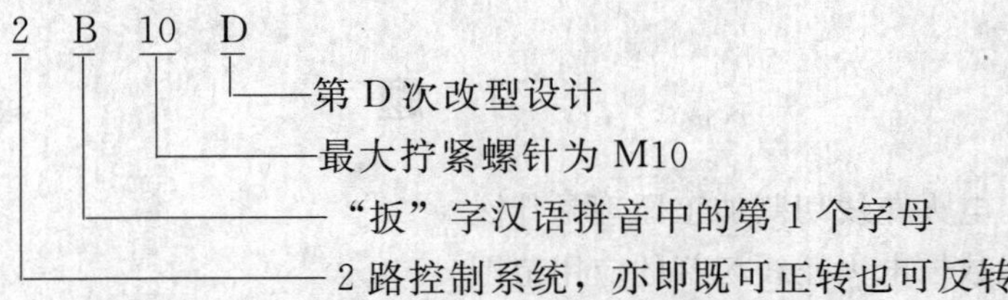

2B10D 型气扳机等风动工具的发明和发展为我们提供了一种高效、安全的以压缩空气为动力的手工作业工具。使用风动工具，可以使繁重的手工操作实现机械化，从而减轻劳动强度，大幅度提高劳动效率及作业质量。

在现代工业生产中，机器的组装、设备的安装等都大量采用螺纹连接，因此 2B10D 型气扳机等风动工具在汽车、摩托车、航空航天、家电、造船、机车、维修等行业得到了广泛应用。

2B10D 型气扳机等风动工具与电动工具相比具有如下四大特点：

① 可以在爆炸性、腐蚀性、高温及潮湿的工作环境中使用。

② 可超负荷操作而不致使马达烧毁。

③ 结构简单，坚固耐用，维护相对容易。

④ 输出扭矩大，重量轻，效率高。

近年来，我国气动工具如雨后春笋般迅速蓬勃发展，但高端专业级气动工具的研制开发与国外尚有较大差距，今后的发展方向是研制外形美观漂亮、质量较轻、又能显示扭矩的高端专业级气动工具。

13.1.2　2B10D 型气扳机拆装实习的重点

1. 培养识图的基本能力

通过看 2B10D 型气扳机的总装备图，培养识图的基本能力。要求了解总成图主要由 6 大部件和 45 个零件组成，掌握 6 部件的主要功能和作用。

1）外　壳

外壳主要由手把组合和前壳体两部分组成，主要用来安装和固定实现气扳机功能的内部零件，要求在满足功能要求的前提下外形美观漂亮，便于操作。

2）换向机构

换向机构主要由换向按钮和气路组成。按下“上按钮”，按钮内端面顶开密封塑料球，压缩空气经按钮进入气动马达右进气口（见图 13.1），扳轴逆时针方向旋转，可松开螺母；反之，按下“下按钮”，扳轴顺时针方向旋转，可拧紧螺母。

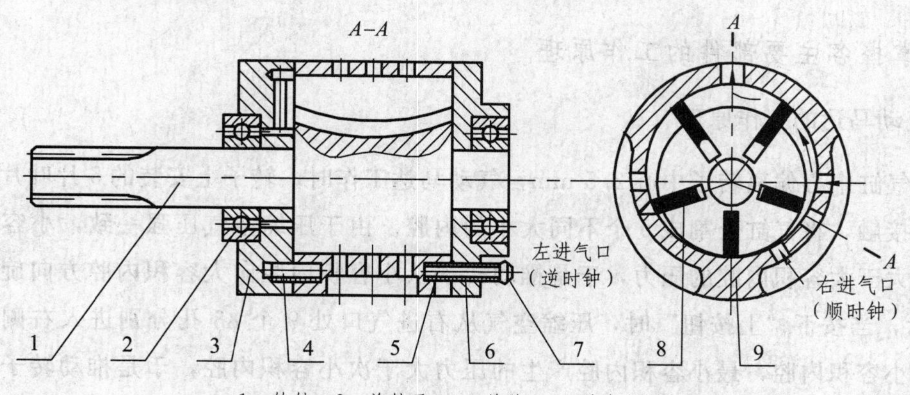

1—转轴；2—前轴承；3—前盖；4—前定位销；
5—后定位销；6—后盖；7—后轴承；8—叶片；9—气缸

图 13.1　气动马达工作原理图

3）气动马达

气动马达主要由气缸、转子、叶片和前后轴承组成，主要功能是将压缩空气的气动力转换为转子的机械旋转力矩。

4）冲击锤

冲击锤主要由行星齿轮架、冲击锤、2 只行星齿轮、大弹簧、小弹簧和 2 只 $\phi 6$ 钢球组成，如图 13.2 所示。其主要作用是将气动马达和扳轴弹性连接成一体，传递和调节旋转力矩。

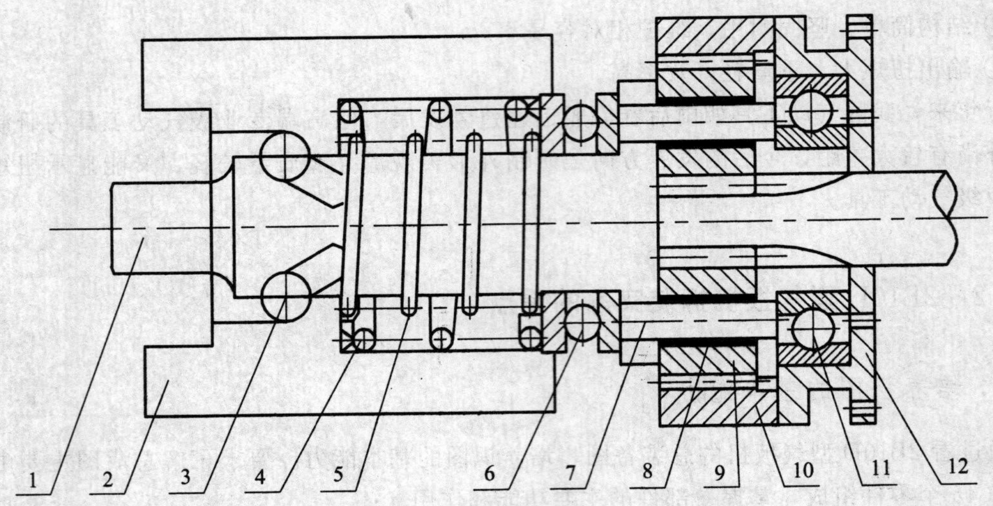

1—行星齿轮架轴；2—冲击锤；3—钢球；4—小弹簧；5—大弹簧；6—推力轴承；
7—销轴；8—滚针；9—行星齿轮；10—内齿轮；11—轴承；12—轴承座

图 13.2　冲击锤工作原理图

5）扳　轴

扳轴的主要作用是直接传递正反转扭矩，实现气扳机的功能。

6）排气消声系统

排气消声器安装在前壳体的最下方，通过内部消声孔和吸声材料，降低排气噪声。

2. 掌握各主要部件的工作原理

1）气动马达的工作原理

由于气缸中心偏离转子中心 2.5 mm，气动马达工作时，转子上安装的5片叶片摔出与气缸壁紧密接触，将气缸分割成5个不同大小的内腔。由于压缩空气压强一致，小容积内腔产生的压力大于大容积内腔的压力，于是推动转子从小容积内腔向大容积内腔方向旋转。如图 13.1 所示，当按下“上按钮”时，压缩空气从右进气口处 9 个 $\phi3$ 孔分别进入右侧最小容积内腔和次小容积内腔，最小容积内腔产生的压力大于次小容积内腔，于是推动转子逆时钟方向旋转，松开螺母。反之，按下“下按钮”，压缩空气从左进气口处 9 个 $\phi3$ 孔分别进入左侧最小容积腔和次小容积腔，推动转子顺时针方向旋转，拧紧螺母。

2）冲击锤的工作原理

当气动马达工作时，转子轴上的花键带动安装在行星齿轮架上与之啮合的 2 只行星齿轮运转，由于行星齿轮在固定不动的内齿轮上旋转，从而迫使行星齿轮架与之同步旋转；而冲击锤通过 2 只 $\phi6$ 钢球与行星齿轮架轴相连，当 2 只 $\phi6$ 钢球处于最前方时，冲击锤与行星齿轮架轴结合成一体，传递气动马达的转矩。冲击锤与扳轴的连接，通过大、小弹簧的弹力作用使二者外端面紧贴，并通过齿爪传递扭矩。当扳轴的工作扭矩大于规定的压力（0.49～0.63 MPa）时，冲击锤压缩大小弹簧沿轴向后退，2 只 $\phi6$ 钢球从齿轮架 V 形槽中滑出，冲击锤外端面齿爪与扳轴齿爪脱开，此时风扳机处于过载保护状态，不工作。

3. 掌握结构装配的先后顺序、合理的装配工艺以及调试方法

1）拆卸步骤

2B10D型气扳机的拆卸分为7步，详见拆卸工艺流程卡。

2）装配步骤

2B10D型气扳机的装配同样分为7步，与拆卸步骤完全相反，亦即最后拆卸的部件最先装配。

13.1.3　2B10D型气扳机拆装实习的难点

1. 零件间的相互配合及空间关系

根据总装配图，了解各部件的安装位置和相互配合关系。

2. 零部件的装配顺序和装配方法

2B10D型气扳机的装配必须严格按照装配工艺流程卡规定的步骤进行，实验前必须仔细阅读工艺流程卡，按工艺卡规定的先后顺序和装配方向操作。不得漏装、错装或少装，否则将导致气扳机不工作或工作效率降低。例如，起密封作用的O形密封圈漏装后，气路系统不密封，气扳机不工作。

1）气动马达的装配

气动马达的装配必须使用专用工装，叶片的圆弧面必须向内，否则气缸将不可能分割成5个大小不等的内腔，从而导致气动马达不工作。

气缸上的后定位销（长销端）必须对准手把壳体内的定位孔，气缸上的前定位销（短销端）必须对准前端盖上的定位孔。

2）行星齿轮架组合的装配

安装行星齿轮轴内的30根滚针（每只齿轮15根）时，必须使用塑料托板和专用定位销，不能少装滚针，否则会导致行星齿轮运转不灵活，工作不稳定。

3）冲击锤组合的装配

冲击锤组合的装配必须使用专用工装，专用工装旋转至极限位置时不可再继续用力，以免损坏零部件。

13.1.4　常见故障与排除方法

气扳机常见故障与排除方法如表13.1所示。

表 13.1 气扳机常见故障与排除方法

序号	常见故障	排除方法
1	气动马达运转时有明显响声	气动马达内5块叶片装反（弧面应向内）
2	轴承盖压不到位	气动马达上 $\phi3$ 弹性圆柱销没有插进手柄中的定位孔
3	行星齿轮在内齿圈内转不动	$\phi1$ 钢针装入行星齿轮内孔后被销轴折断
4	转子在气缸内转不动	与转子轴颈配合的轴承前端盖、轴承后端盖压得太死
5	前壳体与手柄拧不拢	轴承座装配方向不对，重新装配

13.1.5 2B10D型气扳机拆装实习安全操作规程

① 拆装实验前必须仔细阅读工艺流程卡。

② 必须严格按照工艺卡要求的步骤、顺序和方向进行操作，不得少装、漏装和错装。

③ 严禁野蛮装配，避免零部件损坏。

13.1.6 评分标准

① 不按规定进行实习者，一律以旷课论处，实习时间少于2/3不记成绩。

② 独立操作能力：强10分，弱6分，差3分。

③ 拆装作业质量：正确80分；基本正确60分；不正确40分；凡是漏装、少装或者错装零件，视情况适当扣分。

④ 实习态度：占成绩的10%，实际评定时按百分制进行。考核项目如下：实习纪律40分；安全实习30分；文明实习30分。

13.2 电动自行车拆装

电动自行车是在普通自行车的基础上，加装一套电动机驱动机构（包括电动机、控制器、蓄电池、转把、刹车等操纵部件和显示仪表系统）组成的，是机电一体化的个人交通工具。电动自行车既可人力驱动，也可电力驱动。人力驱动时同操作普通自行车一样；电力驱动时是以蓄电池为能源，通过控制器控制电动机转速，从而驱动电动自行车行驶。电动自行车集安全、舒适、便捷、无污染于一身，是人们出行、健身的理想工具。

13.2.1 电动自行车的主要技术性能指标（国家标准）

① 最高车速不超过20 km/h；

② 自重不超过40 kg；

③ 必须具有良好的脚踏行驶能力，在30 min内最少行程应不少于7 km；

④ 充一次电后的续行里程不少于25 km；

⑤ 以15～18 km/h的车速匀速前进时，噪声不能大于62 dB；

⑥ 以电驱动方式骑行 100 km，所消耗的电能不大于 1.2 kW·h；

⑦ 电动机额定输出功率不大于 240 W。

13.2.2　我国电动自行车的发展历史及发展方向

我国是自行车大国，但电动自行车的发展却很晚。我国电动自行车的发展始于 1998 年，当年的产量还只有 5.4 万辆。近年来，电动自行车呈爆炸式的增长，2005 年突破 1 200 万辆，2006 年猛增至 1 950 万辆。

电动自行车目前尚存在许多难以克服的缺点，如续驶里程短（一般为 30～40 km），需要频繁充电；电池使用寿命短（一般为 1～2 年），更换电池成本高；充电时间长（一般为 6～8 h），使用不方便；报废的电池回收处理难，容易造成二次污染等。

因此，今后要开发使用寿命长的镍氢电池车、无需充电的高性能燃料电池车、太阳能电池车以及智能化电动自行车等。

13.2.3　电动自行车拆装实习的重点

1. 各部件的主要功能和作用

通过看电动自行车总装配图，培养识图的基本能力。要求了解电动自行车主要由以下 7 大部件组成（见图 13.3），掌握各部件的主要功能和作用。

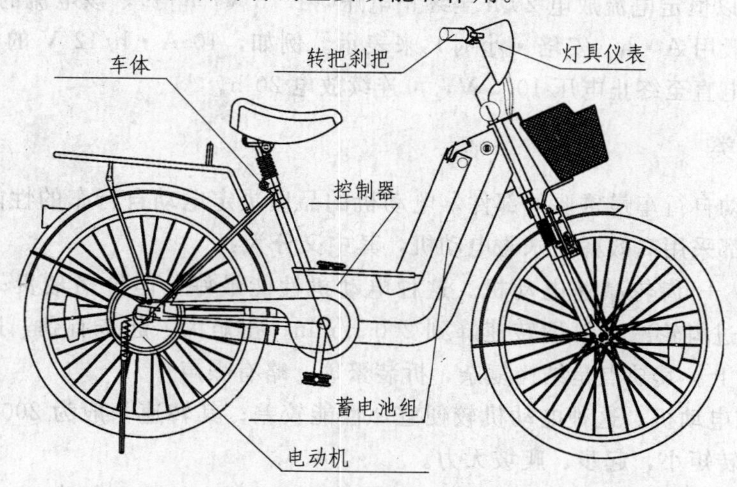

图 13.3　电动自行车总体图

① 车体。车体与普通自行车的结构相同，按国标规定最高车速不超过 20 km/h。

② 电动机。电动机是完成起步和加速等功能的关键部件，它将蓄电池的电能转换成机械能，使车轮转动。

③ 蓄电池。蓄电池是电动自行车的“心脏”，是动力的来源、能源的载体，主要用于驱动电动机。目前使用的主要产品有小型密封式免维护铅酸蓄电池、镍镉电池和镍氢电池 3 种。

④ 充电器。充电器是给蓄电池补充电能的装置，充电电流随电池电压的上升而逐渐减小，待电池电量补充到一定程度以后，此时充电器转换为涓流（将大电流转换为小电流）充电，即浮充，这样可有效地保护蓄电池，延长蓄电池的使用寿命。

⑤ 控制器。控制器是电动自行车电气系统的核心，也是控制电动机转速及能量管理和各种控制信号处理的核心部件，具有欠电压保护、限流保护和过电流保护等功能。智能型控制器还具有多种骑行模式和整车电气部件自检功能。

⑥ 调速转把、刹把。调速转把是对电动自行车进行速度控制的部件；刹把是电动自行车的制动部件。当电动自行车制动时，刹把内部的电子电路输出一个电信号给控制器，控制器接收到这个信号后，就会切断对电动机的供电，从而实现制动断电功能。

⑦ 灯具、仪表。仪表是显示蓄电池电压、骑行状态、车速、灯具状态以及整车各电气部件等是否存在故障（智能型仪表具有）的设备；灯具是起照明作用并指示电动自行车状态的部件。

2. 电动自行车主要性能指标的含义和主要部件的工作原理

1）续驶里程

续驶里程是指新电池充满电后，在额定负载重量配置及平坦的路面（无强风条件下）骑行，骑至电池电压小于 10.5 V/节后，所行驶过的骑行里程数。实际的行使里程与续驶里程相比有可能会下降，这主要是由于受行驶速度过快、负载过重、路面不平及上下坡、制动、频繁启动、胎压、风向、风速、充电方式等因素影响所致。

2）蓄电池的额定容量

在 25℃时，以恒定电流放电 20 h 至终止电压（1.75 V/单格），该电流的 20 倍即为电池的额定容量，一般用 A·h（安培·小时）来表示。例如，10 A·h/12 V 的电池是指以 0.5 A 的电流恒定放电直至终止电压 10.5 V，可连续放电 20 h。

3）电动机种类

电动机是电动自行车最重要的部件，电动机的品质决定电动自行车的性能和档次。目前的电动自行车大都采用高效稀土永磁电动机，其中又分为：

① 高速有刷 + 齿轮减速电动机。这种电动机性能最好，但价格最贵；其转速一般为 3 000 r/min，通过齿轮减速可把转速降到 200 r/min；扭矩大、起步有劲，过载能力好，效率可达到 80%以上。其缺点是结构复杂，拆装繁琐，略有噪声。

② 低速有刷电动机。这种电动机较便宜，性能较差；其转速一般为 200 r/min，无齿轮减速和离合器，转矩小，起步、爬坡无力。

③ 低速无刷电动机。这种电动机无齿轮减速和离合器，转速一般为 200 r/min，转矩力小，无磨损，效率在 80%左右。其特点是结构简单，噪声低，维修简单。

4）直流有刷电机的工作原理

直流有刷电机通过电刷将直流电转化为模拟交流电。电刷固定在定子上不动，换向片随电枢一起转动，将外界直流电不断地中断和连接，并送入不同的绕组，使电动机绕组得到不断改变方向的类似交流电，从而使电动机工作。

5）直流无刷电机的工作原理

直流无刷电机的工作原理是通过电子线路将直流电转换为模拟交流电，从而使电动机工作的。

6）调速转把的工作原理

调速转把是利用霍尔效应的原理制成霍尔组件作为传感器而进行调速。霍尔效应是一种磁电效应，是德国物理学家霍尔于 1879 年研究载流导体在磁场中受力的性质时发现的。霍尔集成电路的输出电压大小和磁场强度呈线性关系。转动调速转把形成磁场，霍尔组件发出传感信号，通过控制器，以达到控制电动机转速的目的。

7）电动自行车调速的工作原理

电动自行车是通过控制流过电动机电流的大小来控制转速的。由于电动机的转速与流过电动机的电流有关，控制电流即可控制电动机的转速。

3. 掌握结构装配的先后顺序、合理的装配工艺以及调试方法

1）前轮、后轮和控制器的装配步骤

首先，仔细阅读装配工艺流程卡，认真听取指导老师讲解，然后按照装配工艺流程规定的步骤动手装配。装配完毕后，接通电源电路，缓慢旋转调速转把，若后轮旋转轻快，加速性能良好，则说明装配步骤正确。

2）前轮、后轮和控制器的拆卸步骤

首先，仔细阅读拆卸工艺流程卡，按照拆卸工艺流程规定的步骤动手拆卸。拆卸完毕后，按照拆卸工艺流程卡规定的先后顺序，将拆卸下来的零部件摆放整齐。

13.2.4　电动自行车拆装实习的难点

1. 零件间的相互配合及空间关系

根据总装配图，了解各部件的安装位置和相互配合关系。

2. 控制器的接线（见图 13.4）

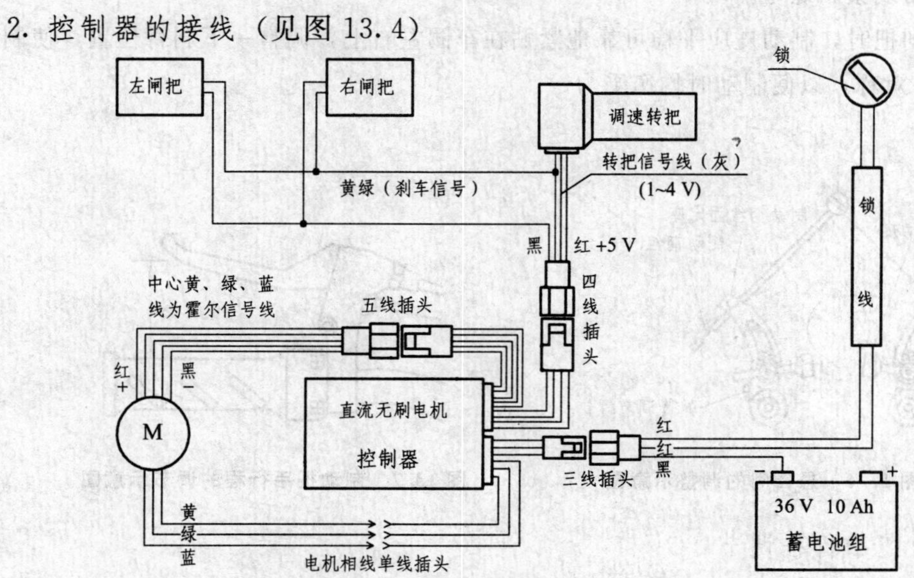

图 13.4　控制器接线图

图13.4是控制器的接线图。图中共有3个插接器和3根单线插头。在拆卸3个插接器时，首先必须压下连接器中部的卡子，然后才能顺利拔出插接头。装配时，只需直接插入即可。

在连接3根黄、绿、蓝单线插头时，务必要注意颜色相对，亦即只能黄线与黄线相连，绿线与绿线相连，蓝线与蓝线相连。这是因为，此3根单线插头为电机相线，一旦接错，将导致电动机不工作。

3. 鞍座及车把高度的调节（见图13.5）

鞍座的高度以所骑人单脚能够着地为适宜；车把的高度以所骑人小臂平放，肩部和手臂放松为适宜。

如需调整车把的高度，应先将车把芯吊紧螺钉松开，将车把调整到所需高度，并将车把横管调整成90°，但把立管的插入深度不得低于最小深度线（安全线），以确保安全。车把调整完毕后，锁紧车把吊紧螺钉，车把芯吊紧螺钉的锁紧力矩不得小于18 N·m。

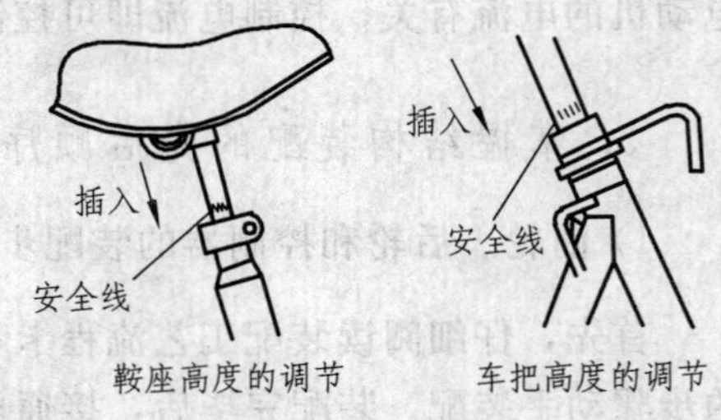

图13.5 鞍座及车把高度调节示意图

如需调整鞍座高度，首先应旋松鞍管夹紧螺钉，根据需要调整鞍管高度位置，注意不能超出鞍管的安全线位置，然后旋紧鞍座夹紧螺钉和鞍管夹紧螺钉。推荐夹紧力矩不小于18 N·m。

4. 悬臂闸的调整（见图13.6）

当悬臂闸与前轮轮辋接触不良时，应对悬臂闸进行调整，其调整方法如下：① 旋松制动皮紧固螺母，使两个制动皮能同时紧贴车圈，并与车圈边对正，然后拧紧制动皮紧固螺母。

② 旋松吊线紧固螺母，使两个制动皮与车圈间隙保持1.5～3 mm，拉直吊线，使吊线成90°，并拧紧吊线紧固螺母。

③ 操作刹把时，制动皮应平稳可靠地紧贴在车圈左右上，调整一下刹臂位置，使制动皮相对车圈左右对称，以便制动时均衡受力。

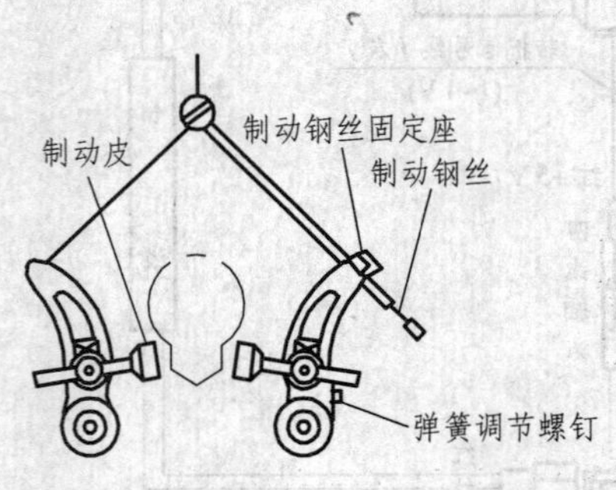

图13.6 悬臂闸的调整示意图

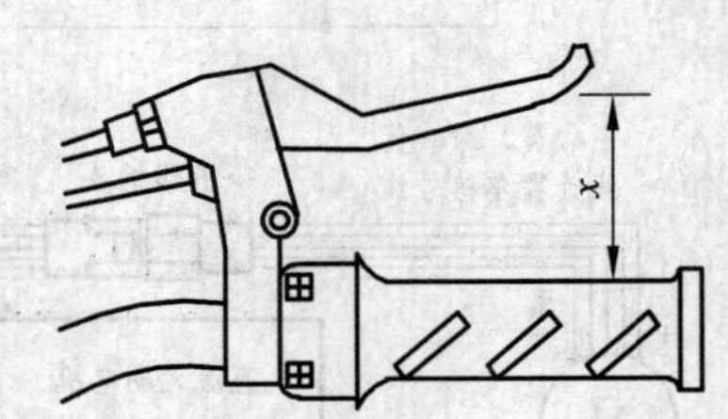

图13.7 制动把手行程的调节示意图

5. 制动把手行程调节

刹把的松紧度应适当，当制动把手的行程达到如图13.7所示的 $x/2$ 时，应完全制动。

13.2.5　常见故障与排除方法

电动自行车的常见故障及排除方法如表 13.2 所示。

表 13.2　电动自行车的常见故障及排除方法

序号	常见故障	排除方法
1	电动机不转动	控制器内 3 根电机相线颜色不相对应
2	电动机加速性能差	抱闸调节得过紧
3	前轮转动不灵活	悬臂刹调节得过紧，或制动皮相对车圈左右不对称
4	捏紧左刹把或右刹把时，电动机不能立即停止工作	左、右刹把的行程过大，不是图 13.7 所示的 $x/2$

13.2.6　电动自行车拆装实习安全操作规程

① 拆装实习前必须仔细阅读前轮、后轮及控制器装配、拆卸工艺流程卡，并严格按照工艺流程卡要求的步骤、顺序进行操作。

② 装配完成后，必须请指导老师检查无误后方能接通电源，缓慢旋转调速转把，检查电动机是否运转正常。经指导老师检查认定合格后装配任务即告完成，否则按不合格处理。

③ 对于试运转后认定为装配不合格者，必须要在实习教师指导下找出故障原因，重新装配，直至合格为止。

④ 装拆过程中，严禁野蛮拆卸和装配，导致零部件损坏者，要视情况扣分。

⑤ 按清单逐项检查拆卸下来的零部件，并整齐地摆放在规定的地方。打扫卫生，清理场地。

习　题

13.1　气动工具常用于哪些工作环境？
13.2　2B10D 型气扳机由哪几大部件组成？
13.3　简述气动马达的工作原理。
13.4　简述冲击锤的工作原理。
13.5　气动工具与电动工具相比具有哪些优点？
13.6　同一产品的装配与拆卸工艺有何关系？
13.7　装配与拆卸产品时应注意哪些事项？
13.8　电动自行车主要由哪几大部分组成？
13.9　电动自行车“续驶里程”的含义是什么？
13.10　电动自行车的主要技术性能指标有哪些？
13.11　目前电动自行车使用的电动机主要有哪 3 类？
13.12　蓄电池的“额定容量”的含义是什么？
13.13　简述直流有刷电机的工作原理。
13.14　简述直流无刷电机的工作原理。
13.15　简述调速转把的工作原理。
13.16　简述电动自行车调速的工作原理。

第14章　快速成型

【实习目的及要求】

① 了解快速成型技术的基本原理及特点；

② 了解快速成型制造工艺的基本种类及应用；

③ 掌握FDM快速成型设备的制造工艺及操作技能。

14.1　快速成型原理

快速成型（Rapid Prototyping，RP）技术是在现代CAD/CAM技术、激光技术、数控技术、精密伺服驱动技术以及新材料等技术的基础上发展起来的。RP技术的基本原理是：首先利用三维软件或者三维相机得到模型的三维数字模型，转换成STL格式。STL模型进行Z轴方向分层切片得到各层截面的轮廓数据，计算机据此信息控制激光器（或喷嘴）有选择性地烧结一层又一层的粉末材料（或固化一层又一层的液态光敏树脂，或切割一层又一层的片状材料，或喷射一层又一层的热熔材料或黏合剂），形成一系列具有一个微小厚度的片状实体，再采用熔结、聚合、粘结等手段使其逐层堆积成一体，制造出所需要的产品。

快速成型技术的定义：基于离散－堆积成型原理，由零件数字模型（CAD模型）直接驱动，可完成任意复杂形状三维实体零件的技术总称。

快速成型技术特点如下：

① 数字模型直接驱动；

② 任意复杂的三维几何实体；

③ 通用机器，无须专用夹具和工具；

④ 最少的或无人干预；

⑤ 制造成本与批量大小无关。

快速成型工艺如图14.1

14.2　快速成型种类

14.2.1　选区激光烧结

选区激光烧结（Selective Laser Sintering，SLS），又称选域激光烧结，主要由送料筒、铺粉辊、激光器等组成，如图14.2所示。成型时，铺粉辊一侧的送料筒上升，铺粉滚移动，先在工作平台上铺一层粉末材料，然后激光束在计算机控制下按照截面轮廓对实心部分所在

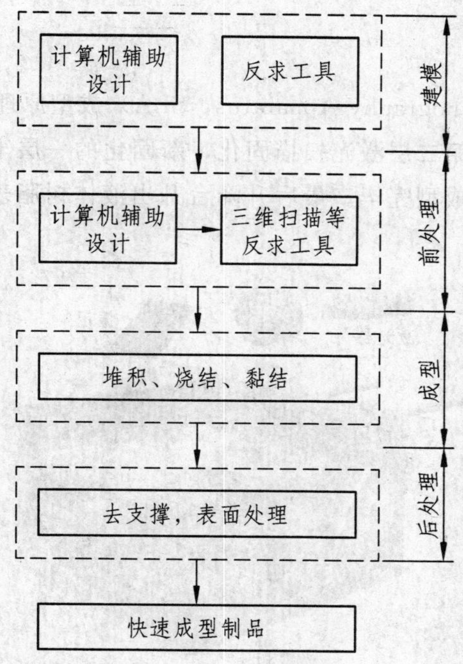

图 14.1　快速成型工艺

的粉末进行烧结，使粉末熔化继而形成一层固体轮廓。第一层烧结完成后，工作台下降一层的高度，再铺上一层粉末，进行下一层烧结，如此循环，形成三维的原型零件。最后经过数小时冷却，即可从粉末缸中取出零件。取出零件，去除粉末，然后对表面进行打磨、抛光、渗树脂等后处理操作，即可得到所需要的三维模型。

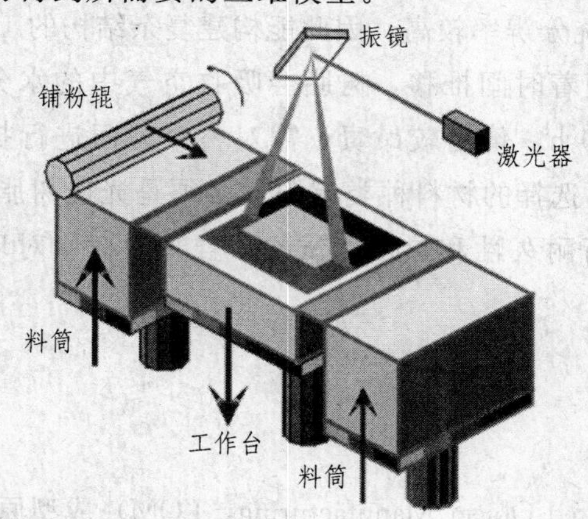

图 14.2　选区激光烧结成型原理图

与其他快速成型工艺相比，该工艺能生产出硬度最高的模具；取材比较广泛，绝大多数工程用塑料、蜡、金属、陶瓷等均可作为 SLS 的材料；此外零件的加工时间相对较短，加工速度快；最后，该工艺无须设计和构造支撑。

选取激光烧结也有显著的缺点：在加工前，需要较长时间将粉末加热到熔点以下，当零件构建之后，还要花 5～10 h 冷却，然后才能将零件从粉末缸中取出；表面的粗糙度受粉末颗粒大小及激光光斑大小的限制；零件的表面一般是多孔性的，为了使表面光滑必须进行后处理；需要对加工室不断充氮气以确保烧结过程的安全性，加工的成本高；该工艺产生有毒气体，污染环境。

14.2.2 立体光固化

立体光固化（Stereo Lithography Apparatus，SLA）成型原理如图14.3所示。一层新的液态树脂所覆盖，以便进行第二层激光扫描固化，新固化的一层牢固的黏结在前一层上，如此重复不已，直到整个产品成型完毕。最后升降台升出液体树脂表面，即可取出工件，进行清洗和表面光洁处理。

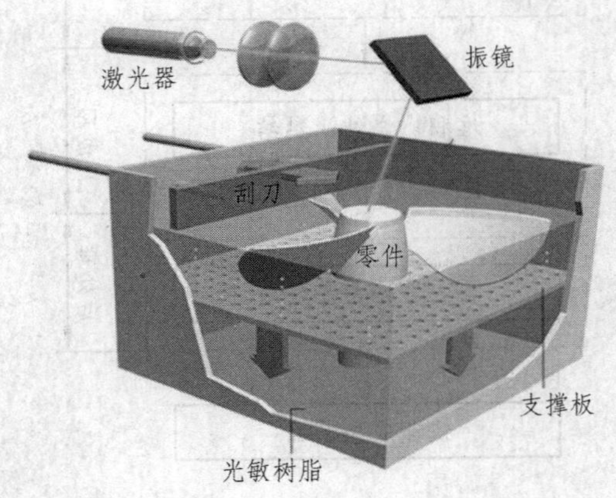

图14.3 立体光固化成型原理

立体光固化的优点：① 系统工作稳定，系统一旦开始工作，构建零件的全过程就完全自动运行，无须专人看管，直到整个工艺过程结束；② 尺寸精度较高，可确保工件的尺寸精度在0.1 mm以内；③ 表面质量较好，工件的最上层表面很光滑，侧面可能有台阶不平及不同层面间的曲面不平；④ 系统分辨率较高，因此能构建复杂结构的工件。

主体光固化的缺点：随着时间推移，树脂会吸收空气中的水分，导致软薄部分的弯曲；氦-镉激光管的寿命仅3 000 h，价格较昂贵；需对整个截面进行扫描固化，成型时间较长，因此制作成本相对较高；可选择的材料种类有限，必须是光敏树脂；由这类树脂制成的工件在大多数情况下都不能进行耐久性和热性能试验，且光敏树脂对环境有污染，使皮肤过敏；需要设计工件的支撑结构。

14.2.3 分层实体制造

分层实体制造（Laminated Object Manufacturing，LOM）成型原理如图14.4所示，它是根据三维CAD模型每个截面的轮廓线，在计算机控制下，发出控制激光切割系统的指令，使切割头作 X 和 Y 方向的移动。供料机构将地面涂有热溶胶的箔材（如涂覆纸、涂覆陶瓷箔、金属箔、塑料箔材）一段段地送至工作台的上方。激光切割系统按照计算机提取的横截面轮廓用二氧化碳激光束对箔材沿轮廓线将工作台上的纸割出轮廓线，并将纸的无轮廓区切割成小碎片。然后，由热压机构将一层层纸压紧并黏合在一起。可升降工作台支撑正在成型的工件，并在每层成型之后，降低一个纸厚，以便送进、黏合和切割新的一层纸。最后形成由许多小废料块包围的三维原型零件。然后取出，将多余的废料小块剔除，最终获得三维产品。

由于只需要使激光束沿着物体的轮廓进行切割，无须扫描整个断面，所以分层实体制造是一种高速的快速成型工艺；零件体积越大，效率越高；加工后零件可以直接使用，无须进

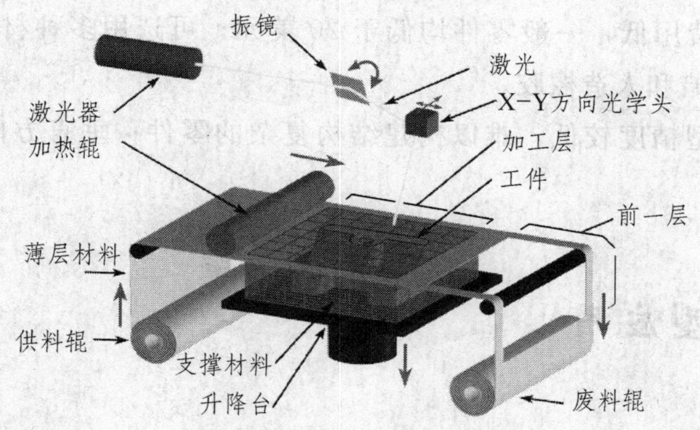

图 14.4　分层实体制造成型原理图

行后矫正；无须设计和构建支撑结构；易于使用，无环境污染。

分层实体制造可实际应用的原材料种类较少，尽管可选用若干原材料，如纸、塑料、陶土以及合成材料，但目前常用的只是纸，其他箔材制造尚在研制开发中；纸制零件很容易吸潮，必须立即进行后处理、上漆；难以构建精细形状的零件，即仅限于结构简单的零件；由于难以（虽然并非不可能）去除里面的废料，该工艺不宜构建内部结构复杂的零件；当加工室的温度过高时常有火灾发生。

14.2.4　熔融沉积快速成型

熔融沉积快速成型（Fused Deposition Modeling，FDM）的原理如图 14.5 所示，加热喷头在计算机的控制下，根据产品零件的截面轮廓信息，作 $X-Y$ 平面运动。热塑性丝状材料（如直径为 1.78 mm 的塑料丝）由供丝机构送至喷头，并在喷头中加热和熔化成半液态，然后被挤压出来，有选择性地涂覆在工作台上，快速冷却后形成一层大约 0.127 mm 厚的薄片轮廓。一层截面成型完成后工作台下降一定高度，再进行下一层的熔覆，好像一层层“画出”截面轮廓，如此循环，最终形成三维产品零件。

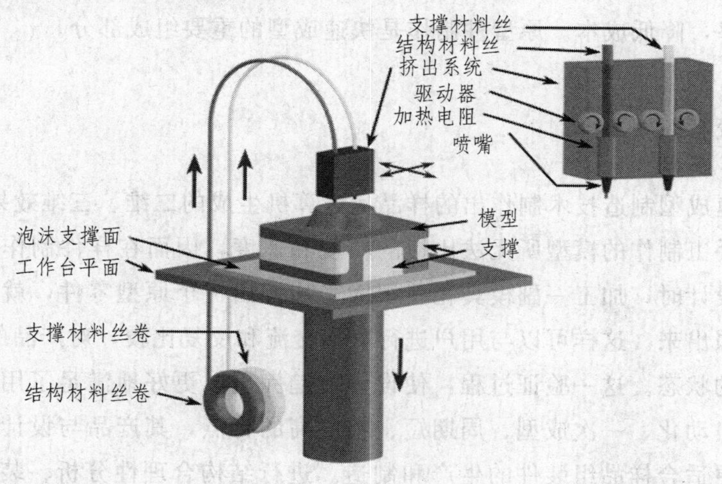

图 14.5　熔融沉积快速成型原理图

熔融沉积制造系统可用于办公环境，没有毒气或化学物质的危险；工艺干净、简单、易于操作且不产生垃圾；可快速构建瓶状或中空零件；原材料以卷轴丝的形式提供，易于搬运和快速更换；原材料费用低，一般零件均低于20美元；可选用多种材料，如可染色的ABS和医用ABS、浇铸用蜡和人造橡胶。

熔融沉积快速成型精度较低，难以构建结构复杂的零件；垂直方向强度小；速度较慢，不适合构建大型零件。

14.3 快速成型应用

14.3.1 快速模具

快速模具（Rapid Tooling，RT）是快速成型的重要延伸，利用RT可以快速成型数量相对较大的模型。RT可以生产更多种类材料的模型，主要包括硅胶模、树脂模和树脂合金模，成为快速成型的补充。

硅胶模，利用硅胶作为模具材料，其优点是周期短，费用低。首先利用快速成型制作出原型，将原型放入容器中，设计好摆放位置，然后注入硅胶及固化剂等，硅胶固化后，将硅胶模切开，取出原型，然后设计好浇口，合模，将液体树脂材料注入硅胶模，固化后脱模即可。

树脂模具、合金模具，利用树脂或树脂合金作为模具材料，优点是耐用。首先利用快速成型设备制作出原型件，采用适当强度的背衬材料，在原型表面涂刷或者喷涂，固化后形成一个合金壳层，将其分离出来，利用合金树脂支撑，浇铸出模具型腔。

14.3.2 原型制造

传统制作原型的方法是制作木模、石膏模，时间长，成本高，修改比较困难，尤其涉及零件内部构造时更加困难。快速成型可以通过更改三维模型对成型件结构进行更改，从而极大地提高生产效率，降低成本。原型件制作是快速成型的重要组成部分。

14.3.3 装配校核

由于应用快速成型制造技术制作出的样品比计算机生成的二维、三维效果图像更加直观、真实，而且具有手工制作的模型所无法比拟的精度和速度，因而在样件制作方面有很大的优势。例如在模具设计时，加工一副模具花费很大，加工出一个原型零件，就可将模具设计中的不足和错误对照出来。这样可以与用户进行直接交流和反复比较，对产品的外观还可修改，从而达到更理想的状态。这一验证过程，使设计更趋完美，更好地满足了用户的要求。快速成型法具有高度自动化、一次成型、周期短、精度高的特点，其产品与设计模型之间具有一一对应的关系，更适合样品组装件的生产和制造。进行结构合理性分析、装配校核、干涉检查等，对新产品开发尤其是在有限空间内的复杂、昂贵系统（如卫星、导弹）的可制造性和可装配性检验尤为重要。例如外观设计，设计者和用户可以根据制造的零件，评估外观设计的实用性、美观与新颖程度。

14.4　FDM 快速成型设备的制造工艺及操作

本实习选用北京殷华公司生产的 MEM 熔融沉积快速成型机作为案例。这款快速成型设备使用 Aurora 软件控制。Aurora 是三维打印/快速成型软件，它输入 STL 模型，进行分层等处理后输出到三维打印/快速成型系统，可以方便快捷地得到模型原型。熔融沉积快速成型机的操作主要分为初始化、导入模型、模型变形、分层、参数设置、打印模型等步骤。

14.4.1　初始化

每次进行快速成型操作前，必须对快速成型机进行初始化操作。初始化即是对快速成型设备进行回零操作，工作台下降到零高度位置，喷头回到最初始位置。按图 14.6 进行初始化。

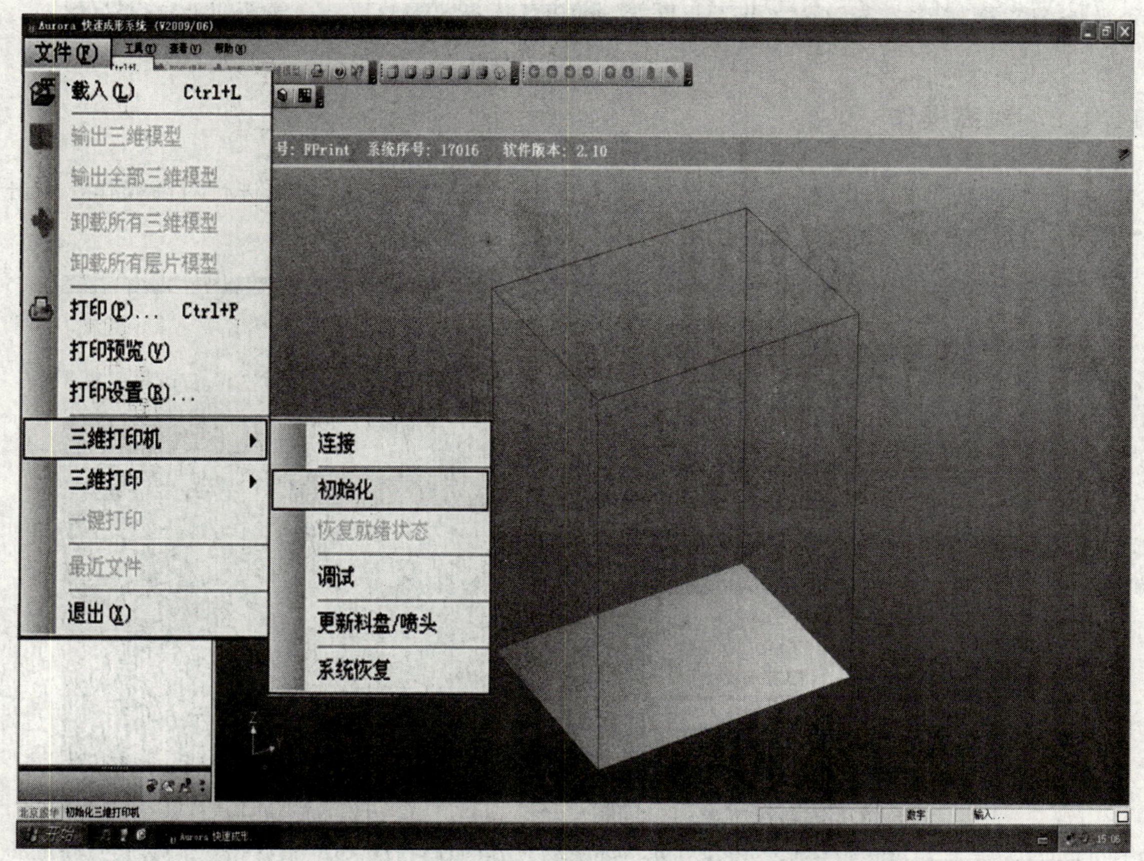

图 14.6　初始化

当喷头以及工作台回零之后，软件提示初始化完成，如图 14.7 所示。

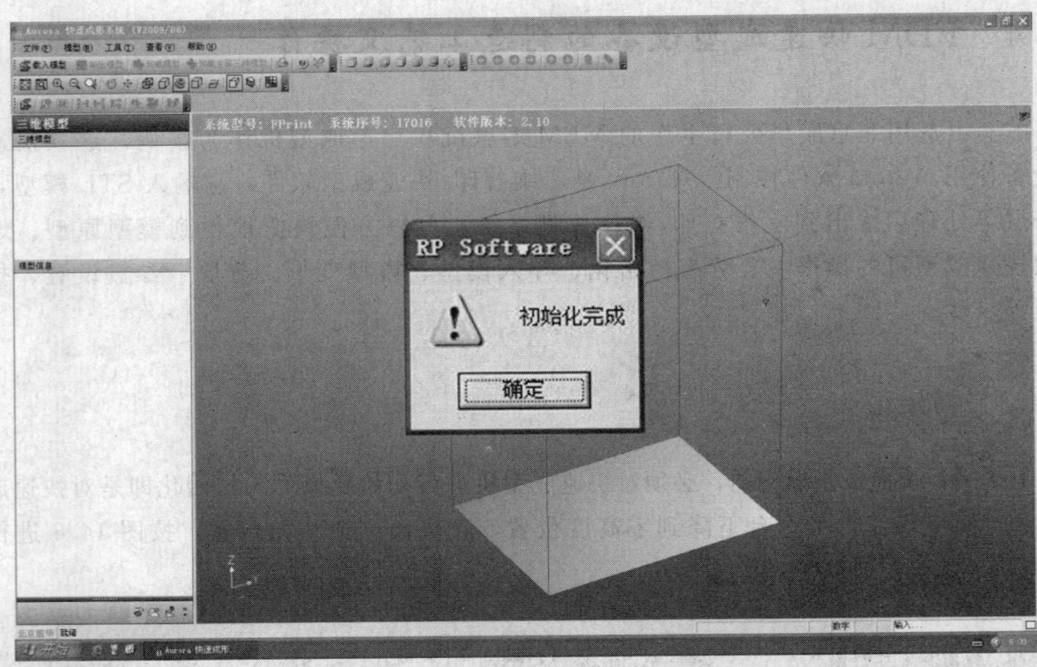

图 14.7 初始化完成

14.4.2 对高操作

由于快速成型机工作时，工作台与喷头几乎贴合在一起，所以必须进行对高操作，点击“文件→三维打印机→调试”，如图 14.8 所示。

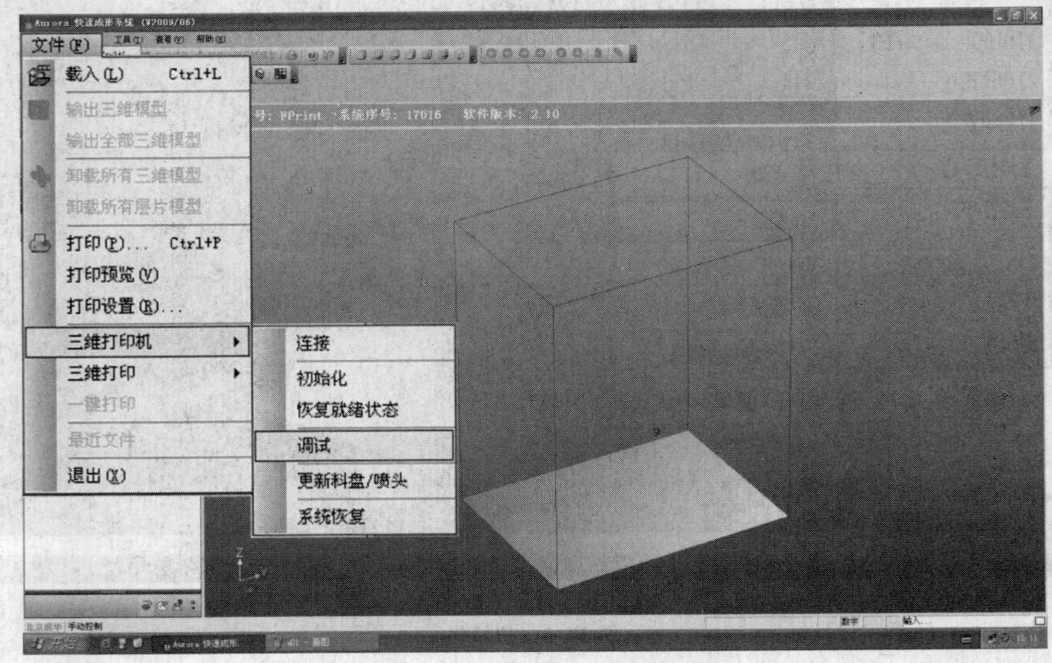

图 14.8 对高操作

点击完“调试”后，跳出系统控制对话框，如图 14.9 所示，左边 8 个箭头控制碰头运动方向，中间两个箭头控制工作台高度及移动速度。

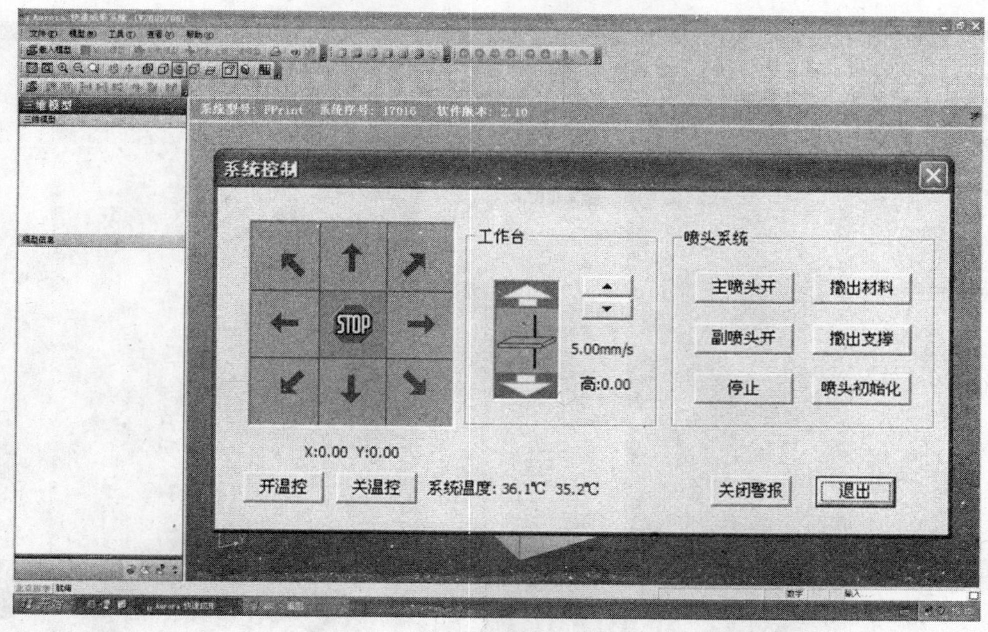

图 14.9　系统控制

14.4.3　载入模型

STL 格式是快速成型领域的数据转换标准，大部分三维建模软件（如 3DSMax，UG，Pro/E，AutoCAD，SolidWorks 等），在 CAD 系统或反求系统中获得零件的三维模型后，即可输出为 STL 格式。STL 模型是三维 CAD 模型的表面模型，由许多三角面片组成。

载入 STL 模型的方式有多种：可选择菜单“文件→载入模型”，如图 14.10 所示；或在三维模型图形窗口中使用右键菜单，如图 14.11 所示；或者在三维模型和二位模型列表窗的右键菜单中选择“载入模型”；或者按快捷键“Ctrl＋L”。选择命令后，系统弹出打开文件对话框，选择一个 STL（或 CSM，CLI）文件。

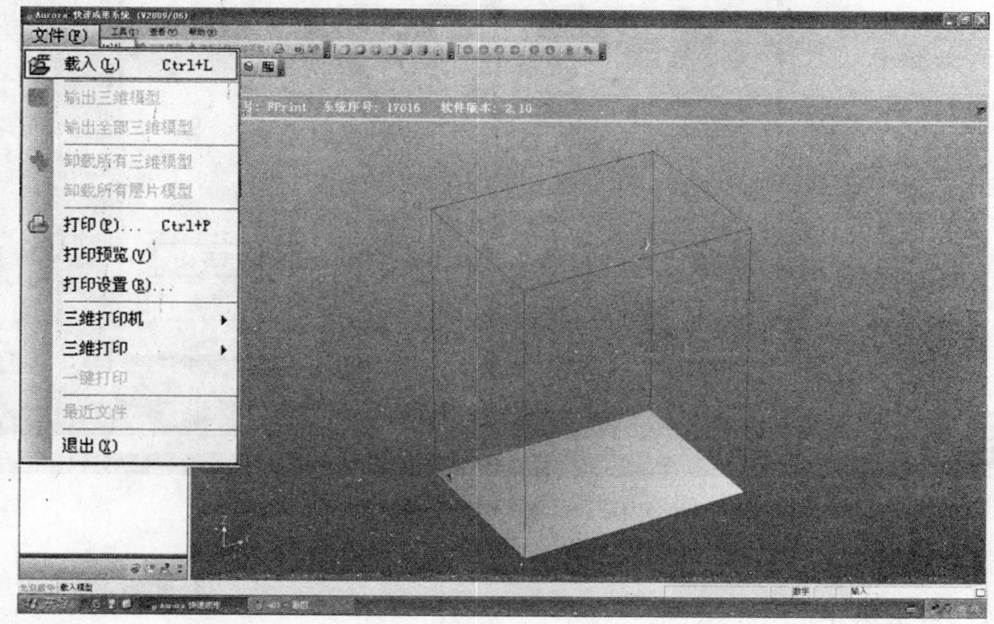

图 14.10　模型载入（1）

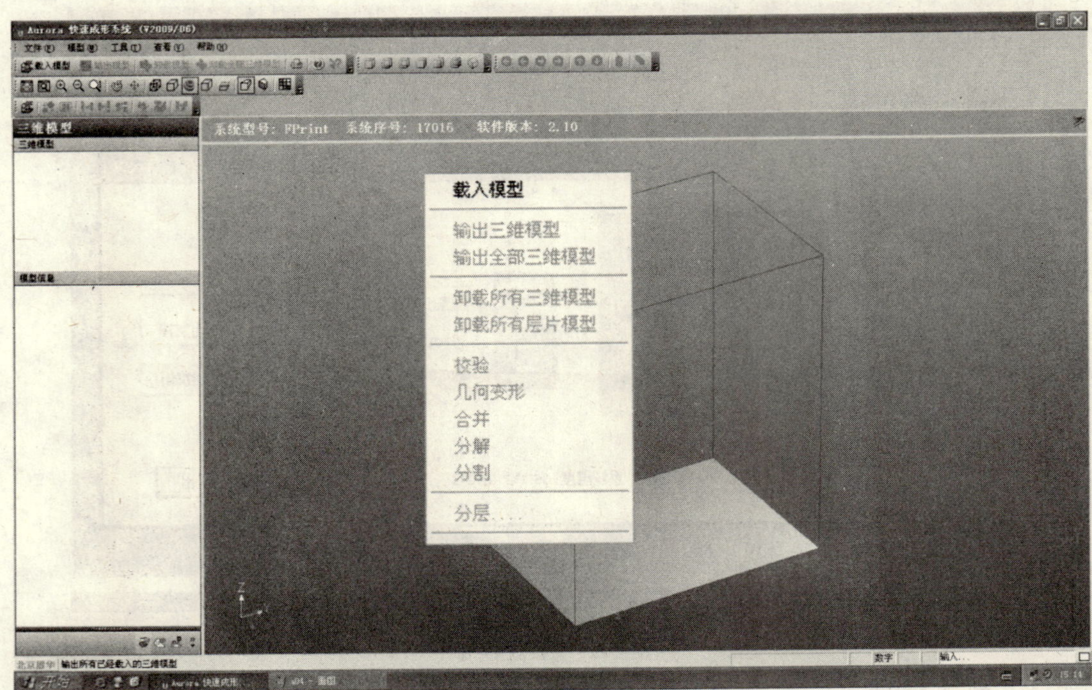

图 14.11 模型载入（2）

Aurora 可识别三种格式文件，分别是 STL、CSM、CLI 格式，如 14.12 所示。

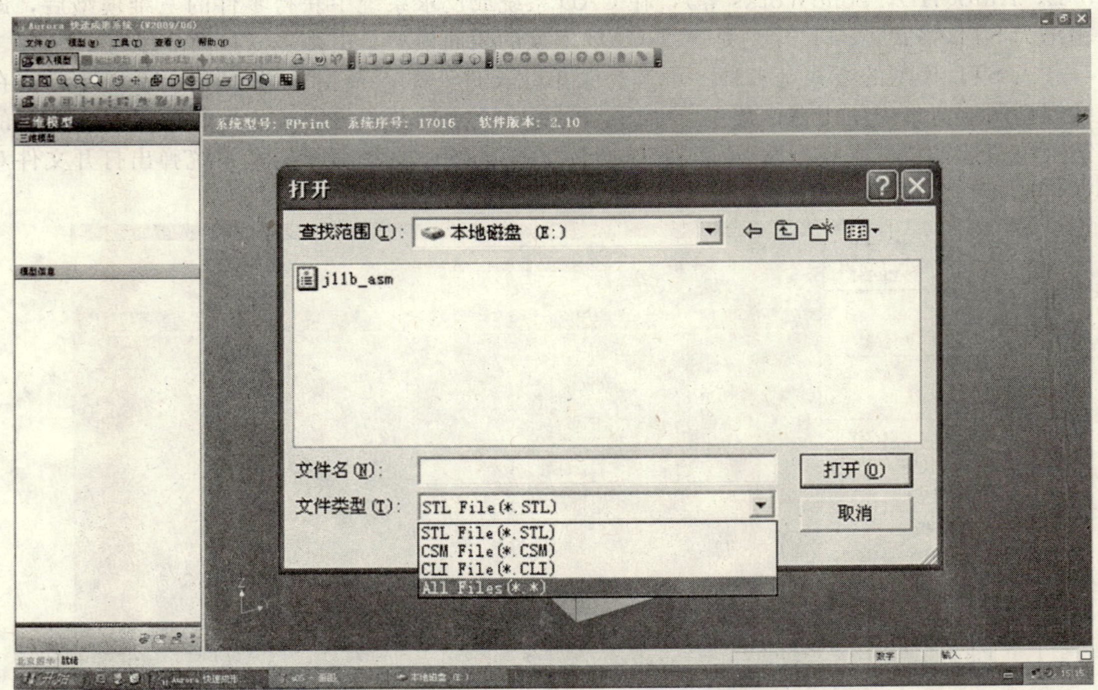

图 14.12 载入模型数据类型

14.4.4 模型操作

模型操作主要是对三维模型进行缩放、平移、旋转、镜像等。这些命令将改变模型的几何位置和尺寸。点击“模型→变形”，如图 14.13 所示。几何变形分别为平移、平移至、旋转、缩放、镜像五种，其界面如图 14.14 所示。

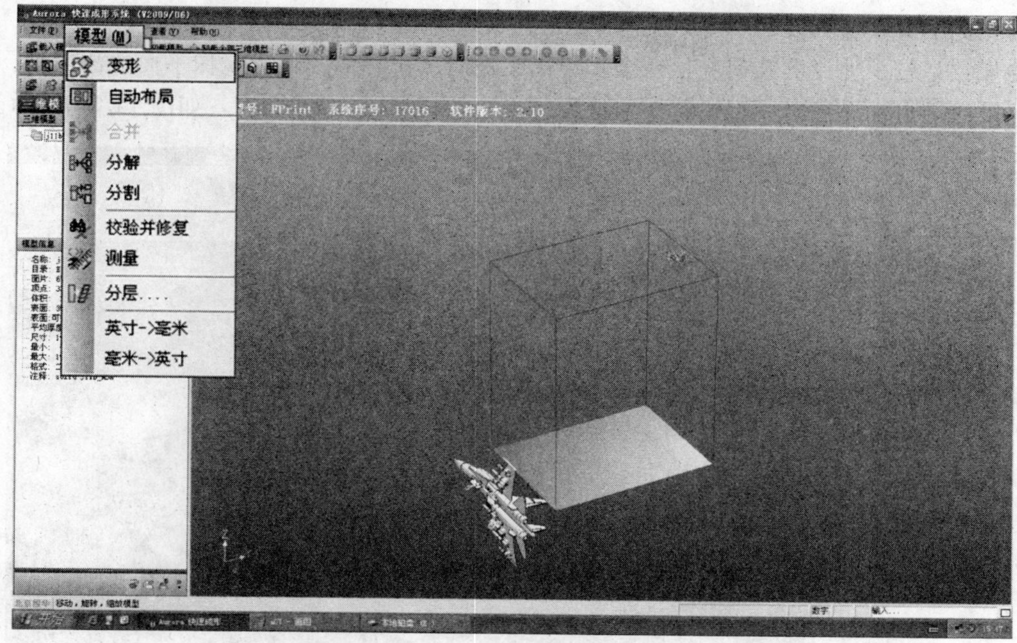

图 14.13　模型变形

图 14.14　几何变形

平移：平移是最常用的坐标变换命令，它将模型从一个位置移动到另一个位置。输入的 X，Y，Z 坐标为模型在 XYZ 三个方向上的移动距离。

平移至：是平移命令的另一种形式，不同于“平移”命令，它将模型参考点移至所输入的坐标位置。点击“应用”按钮后，程序执行平移操作。

旋转：旋转也是一个常用的坐标变换命令，该命令以参考点为中心点对模型绕 XYZ 轴进行旋转。同时按住鼠标左键和 Alt 键（先按下 Alt 键），可以在 *XYZ* 轴实时旋转三维模型。

缩放：以某点为参考点对模型进行比例缩放。如果选中了“一致缩放”，则 *XYZ* 方向以相同的比例缩放，否则要对 *XYZ* 轴分别设定缩放比例。

镜像：是较少使用的几何变换命令。应用镜像时所选择的轴，为镜像平面的法向轴。

可以使用自动布局对模型进行快速摆放，点击“模型→自动布局”，如图 14.15 所示。

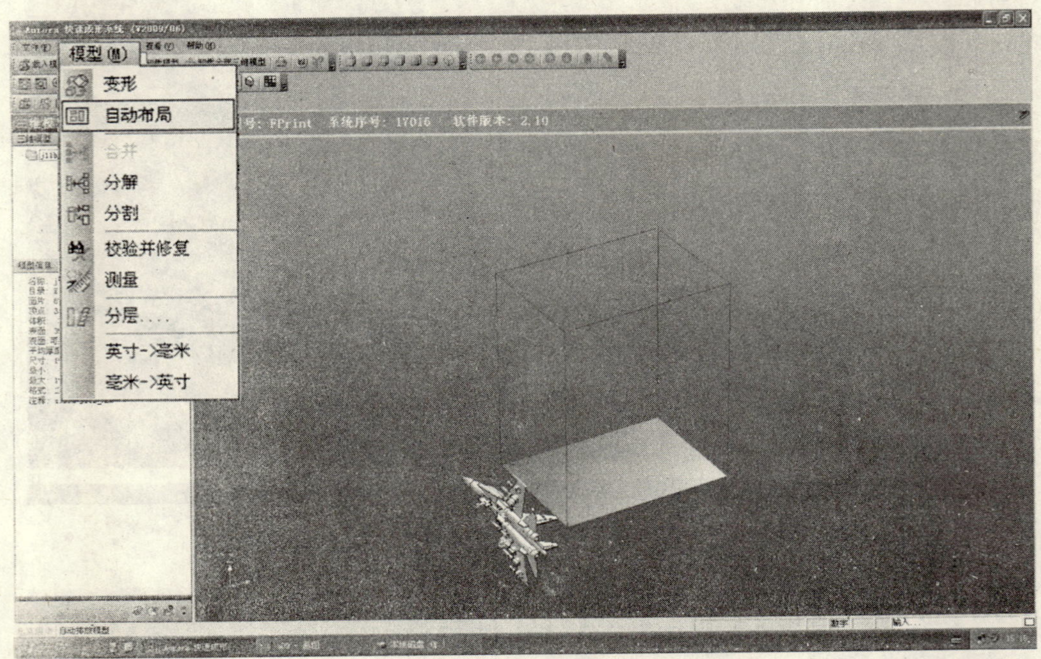

图 14.15　自动布局

点击完后，模型自动进行摆放，达到最优摆放位置，如图 14.16 所示。

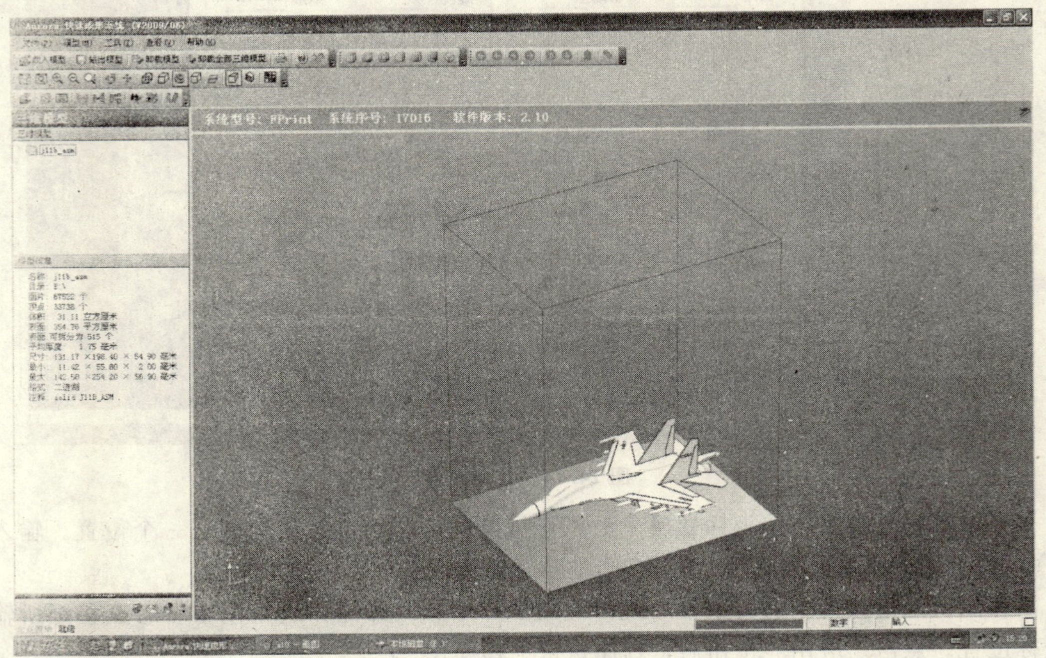

图 14.16　模型打印位置

快速成型工艺对 STL 文件的正确性和合理性有较高的要求，主要是保证 STL 模型无裂缝、空洞，无悬面、重叠面和交叉面，以免造成分层后出现不封闭的环和歧义现象。从 CAD 系统中输出的 STL 模型错误几率较小，而从反求系统中获得的 STL 模型错误较多。错误原因和自动修复错误的方法一直是快速成型软件领域的重要研究方向。

根据分析和实际使用经验，可以总结出 STL 文件的四类基本错误：① 法向错误，这属于中小错误；② 面片边不相连，包括有多种情况，如裂缝或空洞、悬面、不相接的面片等；③ 相交或自相交的体或面；④ 文件不完全或损坏。

STL 文件出现的许多问题往往来源于 CAD 模型中存在的一些问题，对于一些较大的问题（如大空洞，多面片缺失，较大的体自交），最好返回 CAD 系统处理。一些较小的问题，可使用自动修复功能修复，不用回到 CAD 系统重新输出，可节约时间，提高工作效率。

点击“模型→校验并修复”，如图 14.17 所示。弹出对话框（见图 14.18），可以在此设置法向校验点数。修复完成后，弹出修复完成信息栏，如图 14.19 所示。

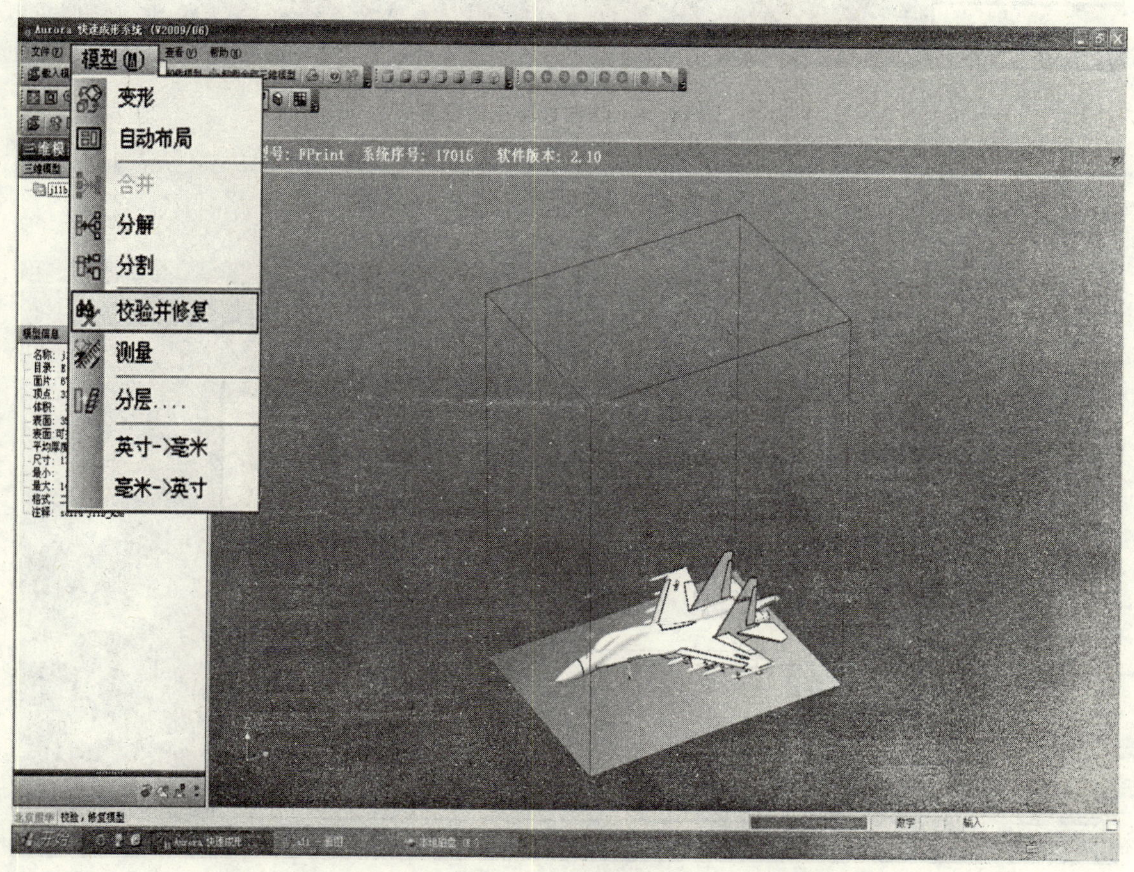

图 14.17　校验模型并修复

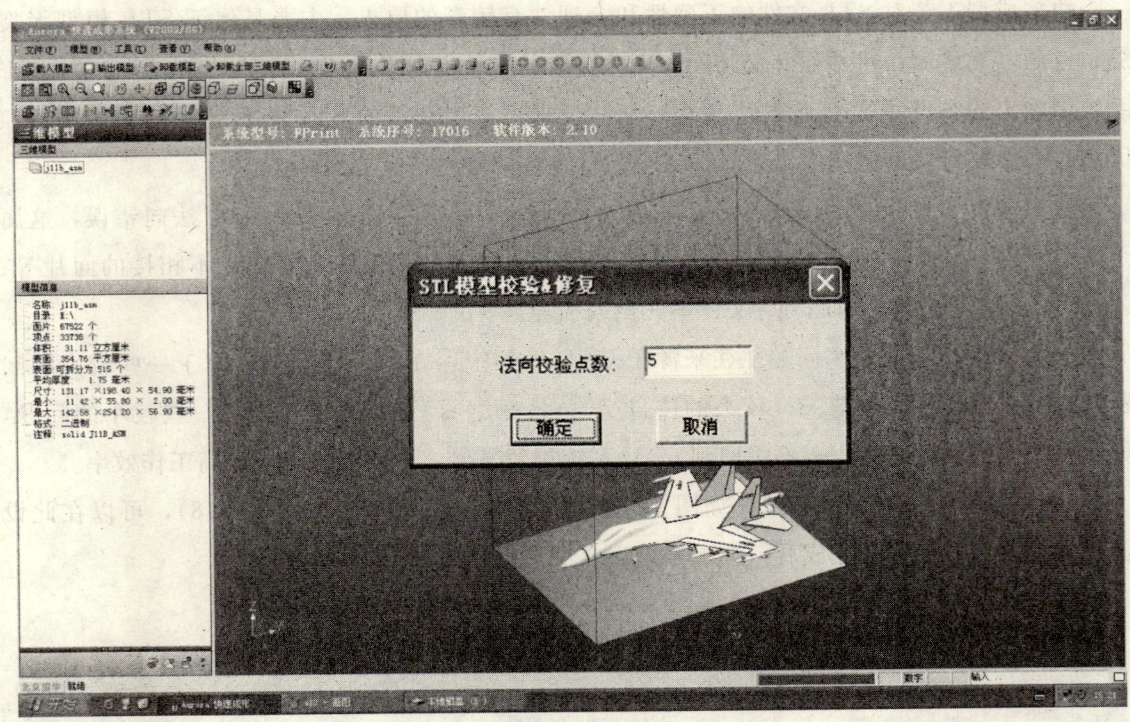

图 14.18 法向校验点数设置

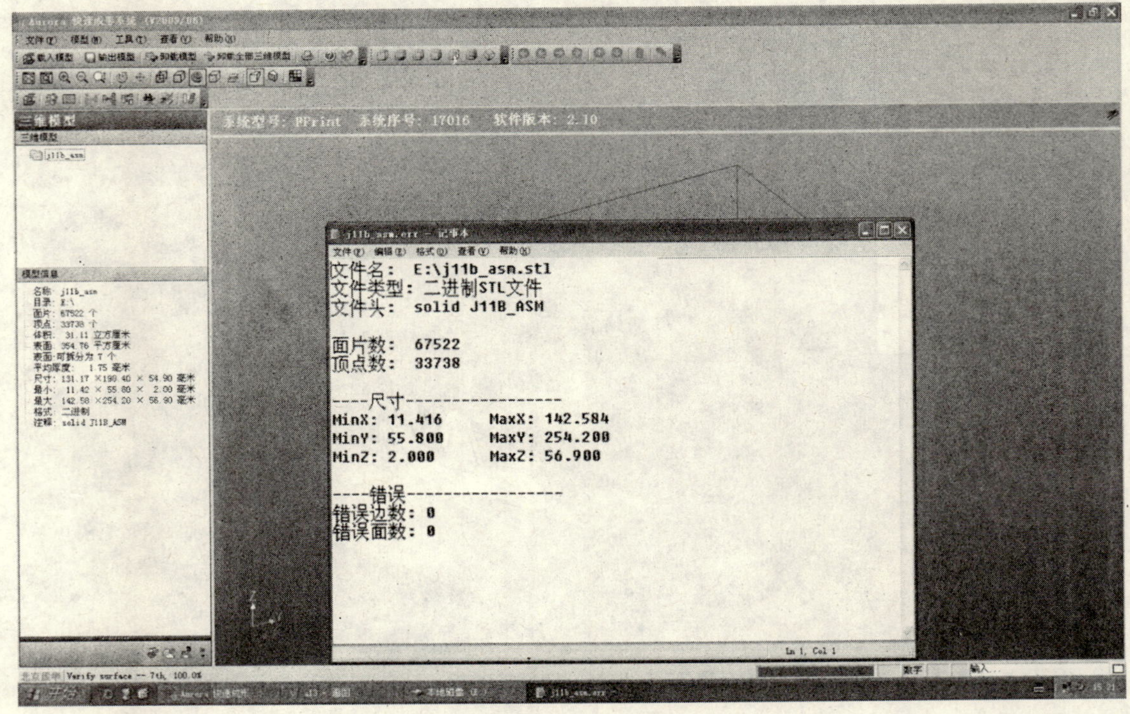

图 14.19 校验完成对话框

14.4.5 分 层

分层是三维打印/快速成型的第一步，在分层前，要首先做如下准备：检查三维模型（看是否有错误，如法向错误、空洞、裂缝、实体相交等），确定成型方向（把模型旋转到最合适的成型方向和位置）。本软件自动添加支撑，无需用户添加。本软件能同时对多个模型分层，如果用户只对一个模型分层，应在三维模型窗口中将该模型选中。点击“模型→分层”，如图 14.20 所示。

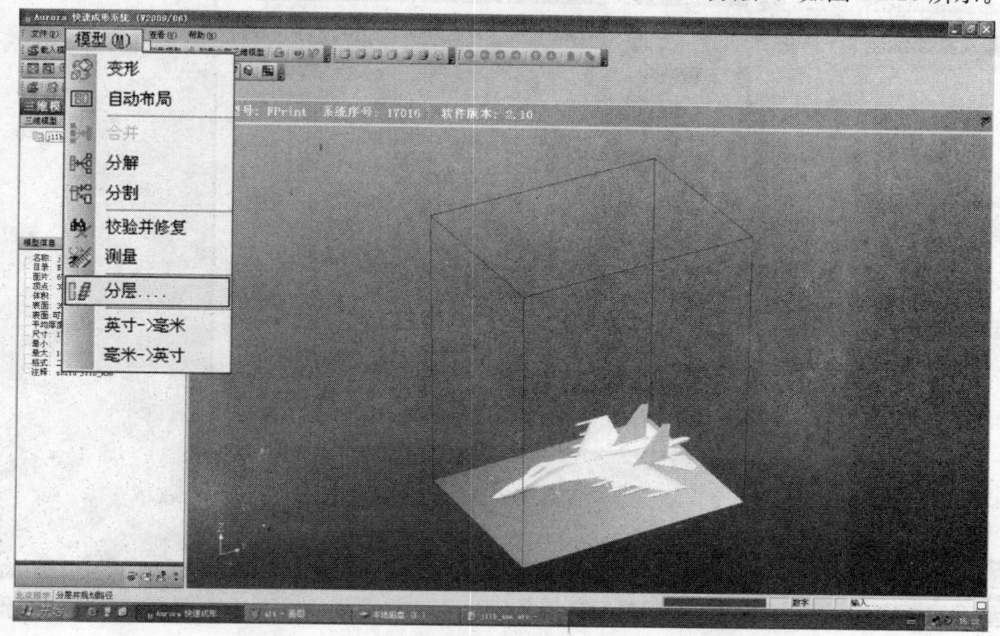

图 14.20　模型分层

14.4.6　参数设置

点击分层后，弹出参数设置对话框，如图 14.21 所示。本软件备有参数集，选择相应参数集就可以改变各种参数，如图 14.22 所示。参数集有 L15～L40，分别表示每层厚度为 0.15～0.40 mm，点击高级设定，可以对其他参数进行设置，如图 14.23 所示。

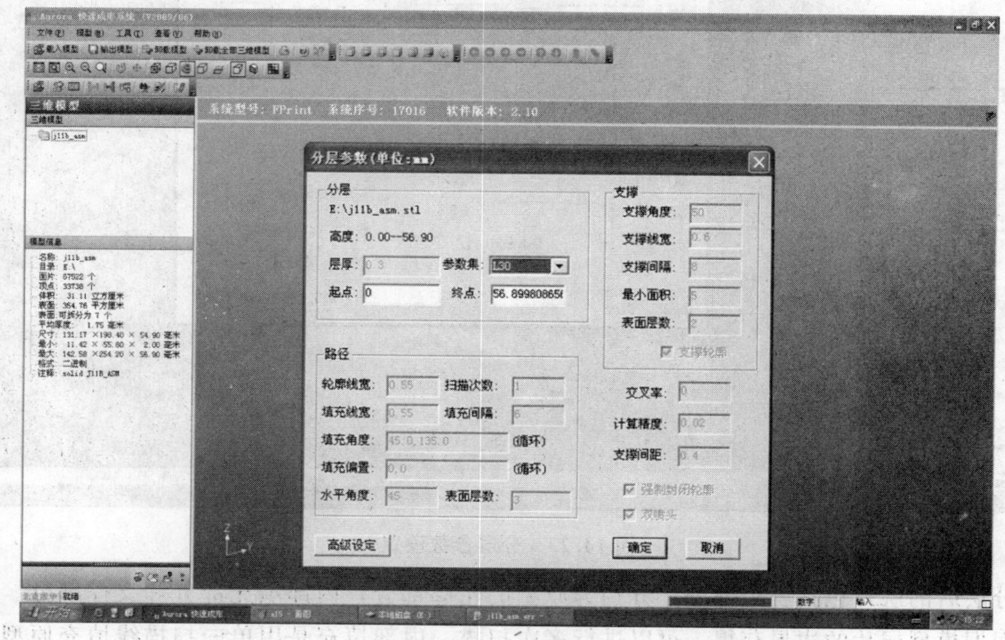

图 14.21　分层对话框

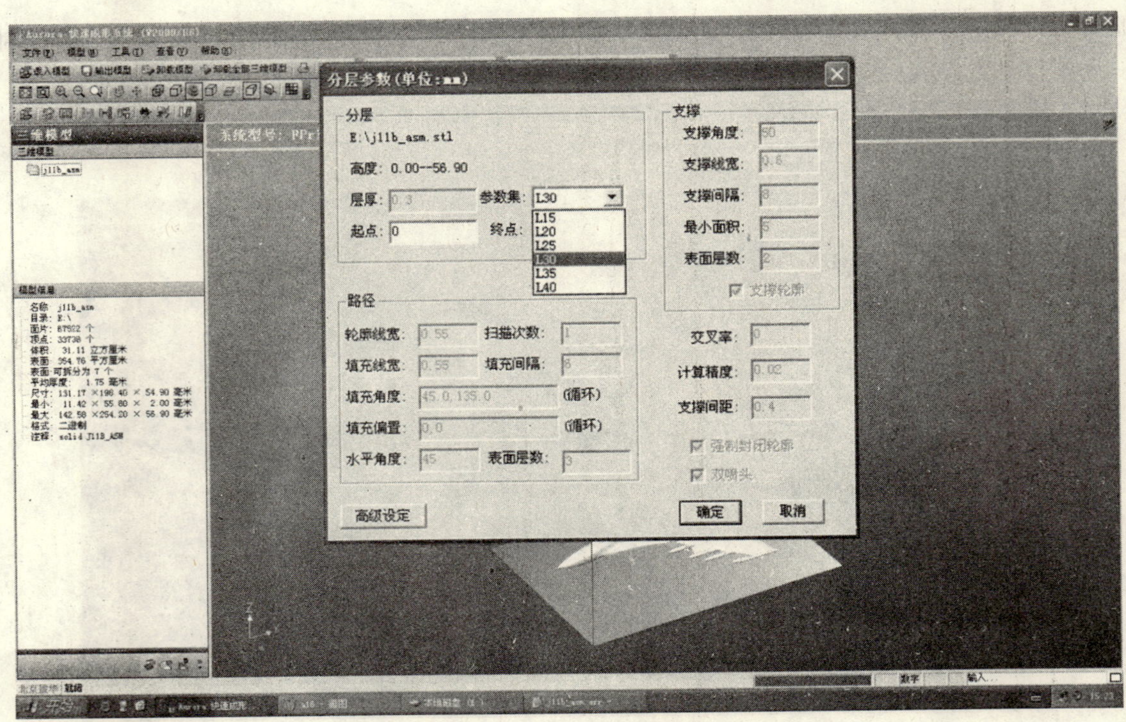

图 14.22　分层参数集选择

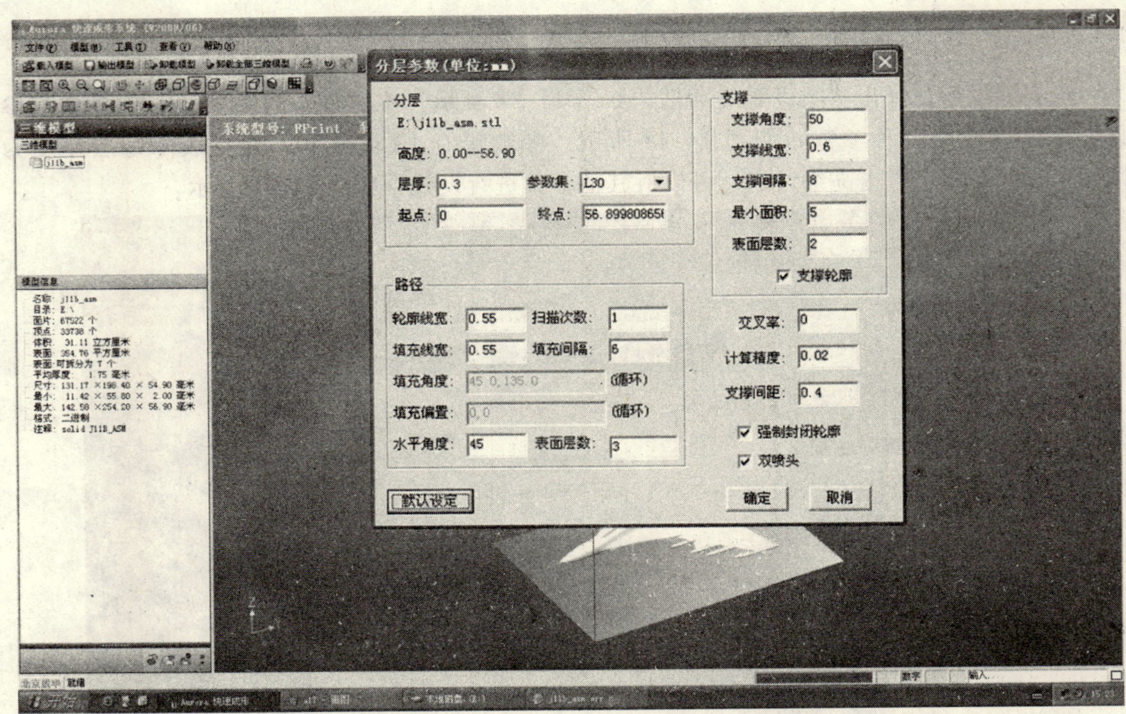

图 14.23　分层参数设置

分层后的层片包括三个部分，分别为原型的轮廓部分，内部填充部分和支撑部分。轮廓部分根据模型层片的边界获得，可以进行多次扫描。内部填充是用单向扫描线填充原型内部非轮廓部分、根据相邻填充线是否有间距，可以分为标准填充（无间隙）和孔隙填充（有间隙）两种模式。标准填充应用于原型的表面，孔隙填充应用于原型内部（该方式可以大大减少材料的用量）。支撑部分在原型外部，是对其进行固定和支撑的辅助结构。

轮廓线宽：层片上轮廓的扫描线宽度，应根据所使用喷嘴的直径来设定，一般为喷嘴直径的 1.3～1.6 倍。实际扫描线宽会受到喷嘴直径、层片厚度、喷射速度、扫描速度这四个因素的影响，该参数已在三维打印机/快速成型设备中的预设参数集中设定，一般不应修改。

扫描次数：指层片轮廓的扫描次数，一般该值设为 1～2 次，后一次扫描轮廓沿前一次轮廓向模型内部偏移一个轮廓线宽。

填充线宽：层片填充线的宽度，与轮廓线宽类似，它也受到喷嘴直径、层片厚度、喷射速度、扫描速度这四个因素的影响，需根据原型的实际情况进行调整。以合适的线宽造型，表面填充线应紧密相接，无缝隙，同时不能发生过堆现象（材料过多）。

填充间隔：对于厚壁原型，为提高成型速度，降低原型应力，可以在其内部采用孔隙填充的方法，即邻填充线间有一定的间隔。该参数为 1 时，内部填充线无间隔，可制造无孔隙原型；该参数大于 1 时，相邻填充线间隔（$n-1$）个填充线宽。

填充角度：设定每层填充线的方向，最多可输入 6 个值，每层角度依次循环。如果该参数为 30，90，120，则模型的第 $3\times N$ 层填充线为 30°，第 $3\times N+1$ 层为 90°，第 $3\times N+2$ 为 120°。

填充偏置：设定每层填充线的偏置数，最多可输入 6 个值，每层依次循环；当填充间隔为 1 时，本参数无意义。若该参数为（0，1，2，3），则内部孔隙填充线在第一层平移 0 个填充线宽，第二层平移 1 个线宽，第三层平移 2 个线宽，第四层平移 3 个线宽，第五层偏移 0 个线宽，第六层平移 1 个线宽，依此继续。

水平角度：设定能够进行孔隙填充的表面的最小角度（表面与水平面的最小角度）。当表面与水平面角度大于该值时，可以孔隙填充；小于该值，则必须按照填充线宽进行标准填充（保证表面密实无缝隙），这边表面成为水平表面。该值越小，标准填充的面积越小，过小的话，会在某些表面形成孔隙，影响原型的表面质量。

表面层数：设定水平表面的填充厚度，一般为 2～4 层。如果该值为 3，则厚度为 3×层厚。即该面片的上面三层都进行标准填充。

支撑角度：设定需要支撑的表面的最大角度（表面与水平面的角度），当表面与水平面的角度小于该值时，必须添加支撑。角度越大，支撑面积越大；角度越小，支撑越小，如果该角度过小。则会造成支撑不稳定，原型表面下塌等问题。

支撑线宽：支撑扫描线的宽度。

支撑间隔：距离原型较远的支撑部分，可采用孔隙填充的方式，减少支撑材料的使用，提高造型速度。该参数和填充间隔的意义类似。

最小面积：需要填充的表面的最小面积。小于该面积的支撑表面可以不进行支撑。

表面层数：靠近原型的支撑部分，为使原型表面质量较高，需采用标准填充，该参数设定进行标准填充的层数，一般为 2～4 层。

选择菜单“模型→分层”启动分层命令，系统会自动生成一个 CLI 文件，并在分层处理完成后载入，如图 14.24 所示。在分层过程中再次选择分层命令，将中止分层。也可以对模型分层后的三维模型进行观看，如图 14.25 所示。

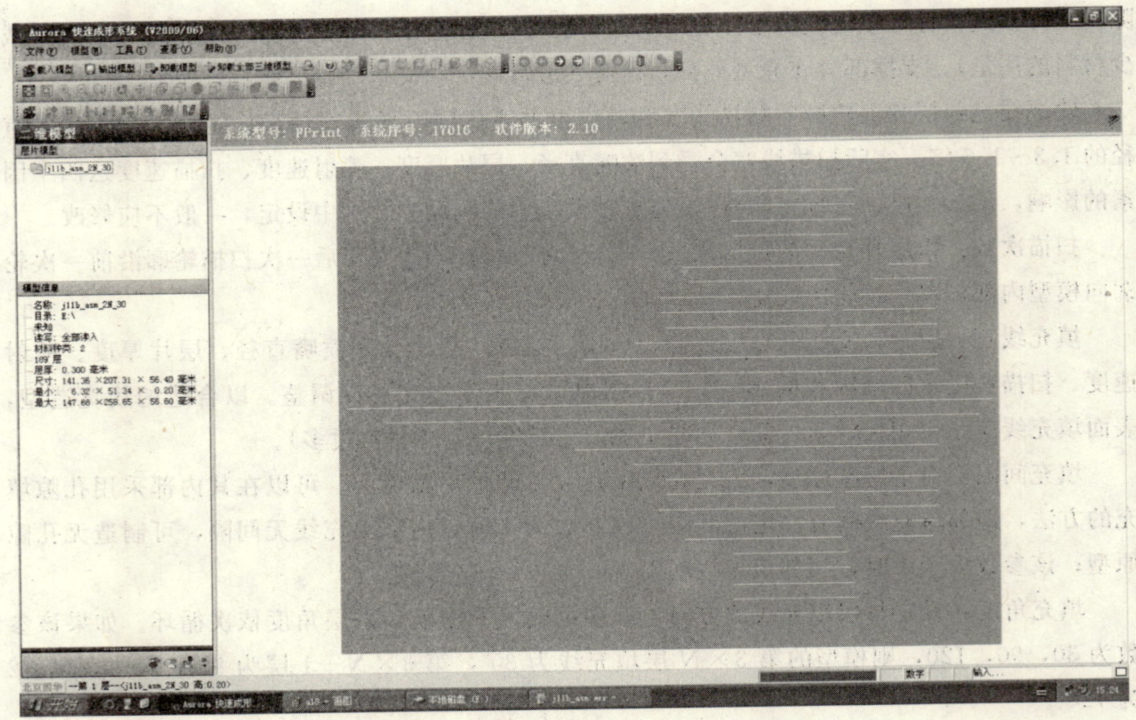

图 14.24 分层后平面模型

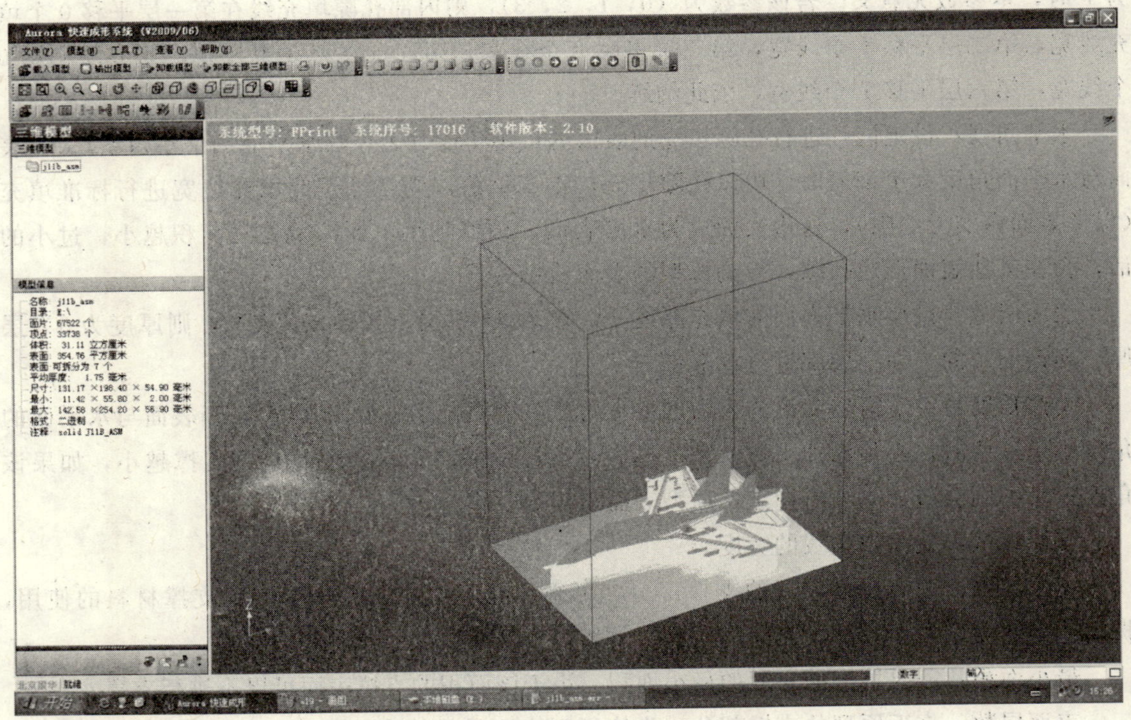

图 14.25 分层后三维模型

由于喷头交替喷丝，为避免碰头发生挂丝等现象，Aurora 设置预设支撑，总共有四种类型，点击“工具→预设支撑 3”，如图 14.26 所示。对预设支撑进行设置，同时按住鼠标左键及 Ctrl 键，可以对预设支撑进行移动，如图 14.27 所示。

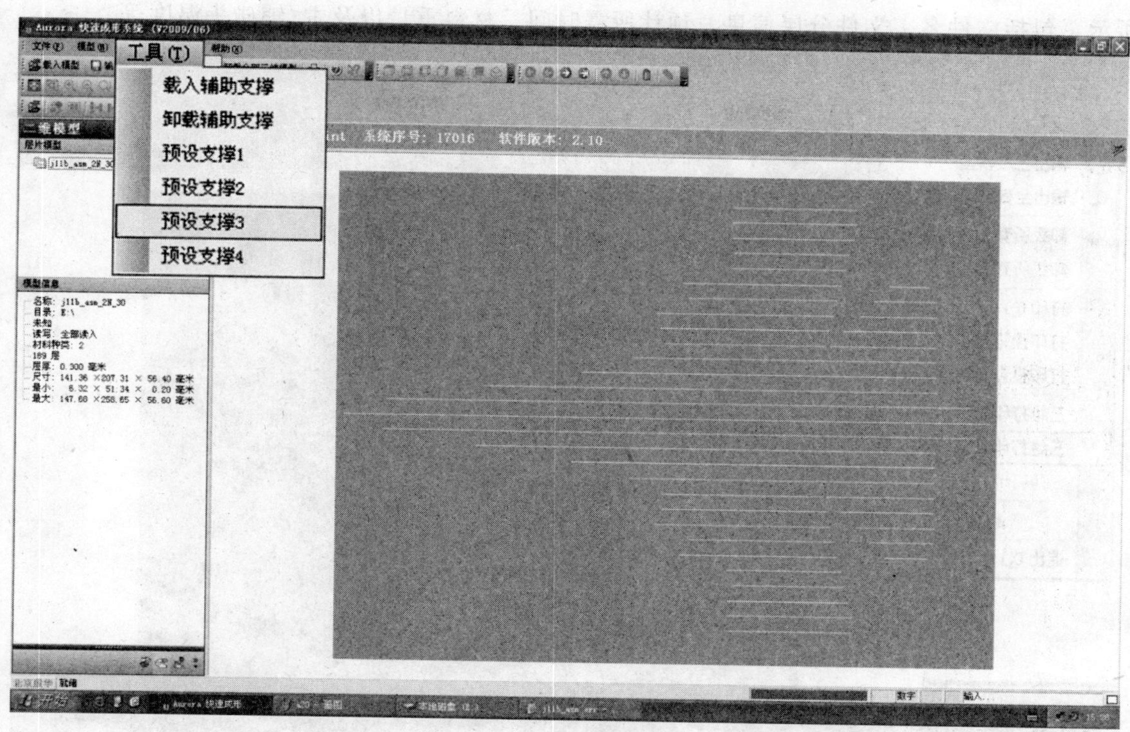

图 14.26 设置预设支撑

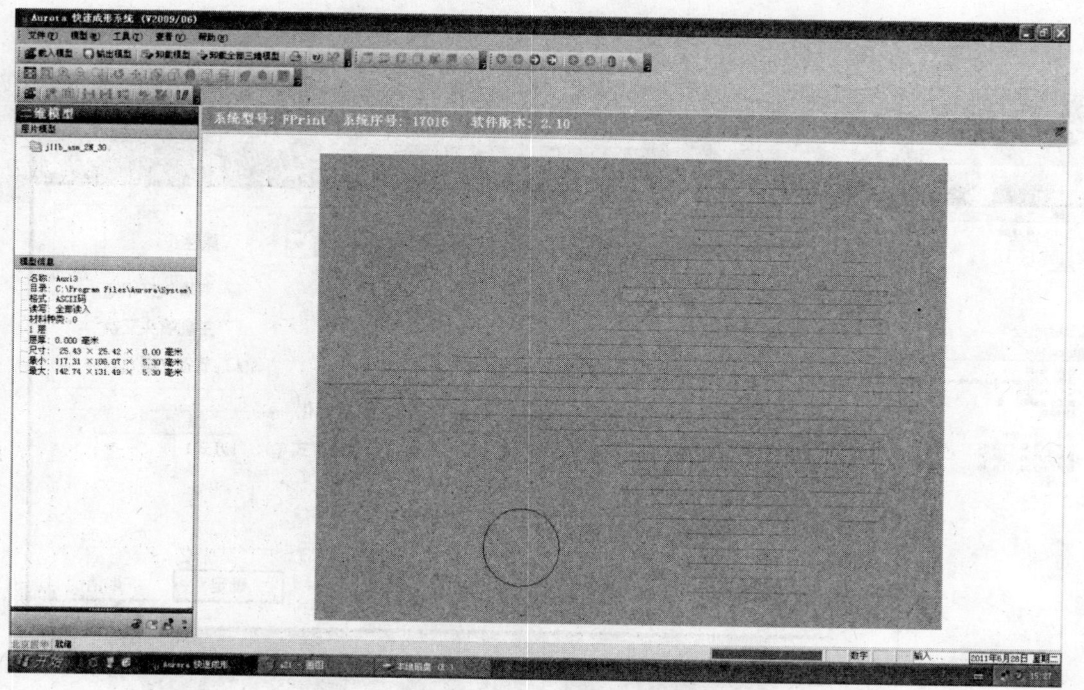

图 14.27 圆形预设支撑

14.4.7 打印模型

对三维模型进行一系列操作完成后，即可制作模型。点击“文件→三维打印→打印模型”，如图 14.28 所示。弹出对话框，如图 14.29 所示，点击确定按钮，弹出高度对话框，输入对高时显示的数字即可，如图 14.30 所示，点击确定。出现打印模型的信息，如图 14.31 所示，包括文件名、文件分层信息、预计所需时间、材料重量以及主/辅碰头温度等。

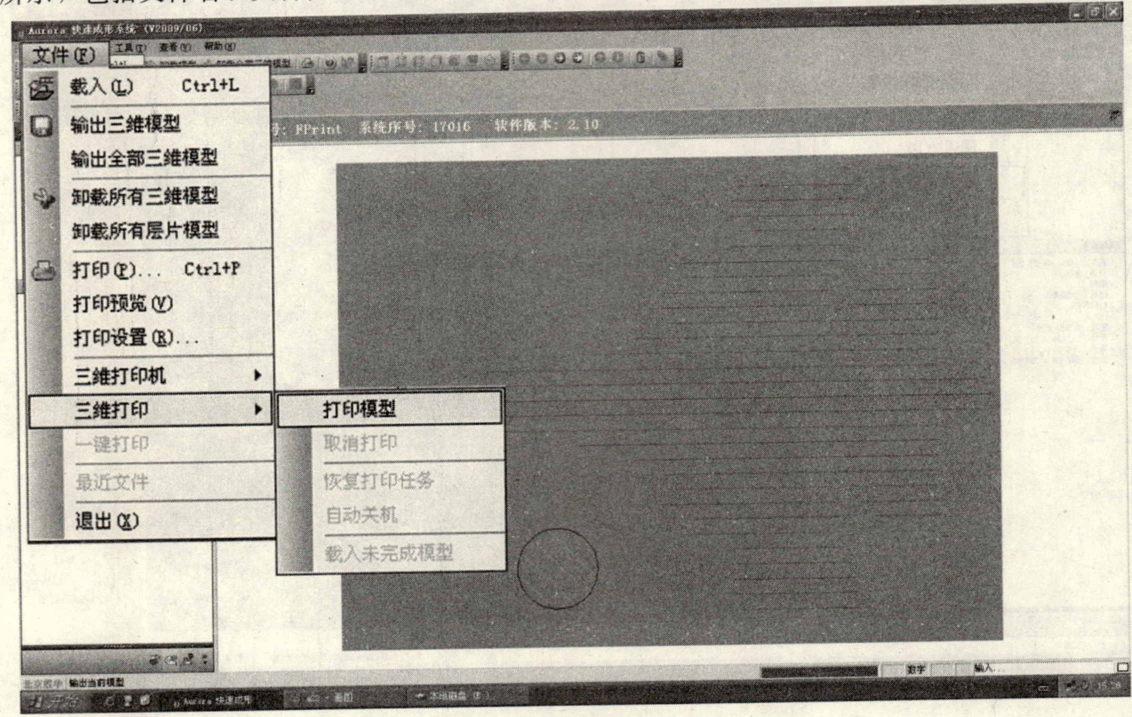

图 14.28 打印模型

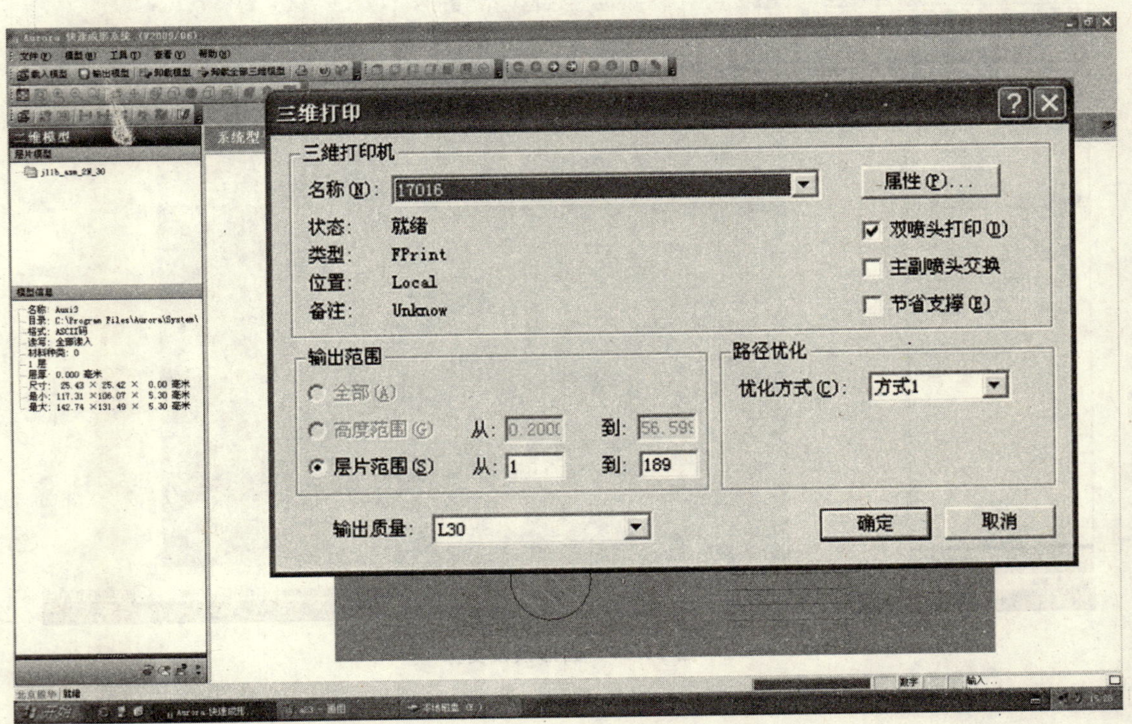

图 14.29 打印模型对话框

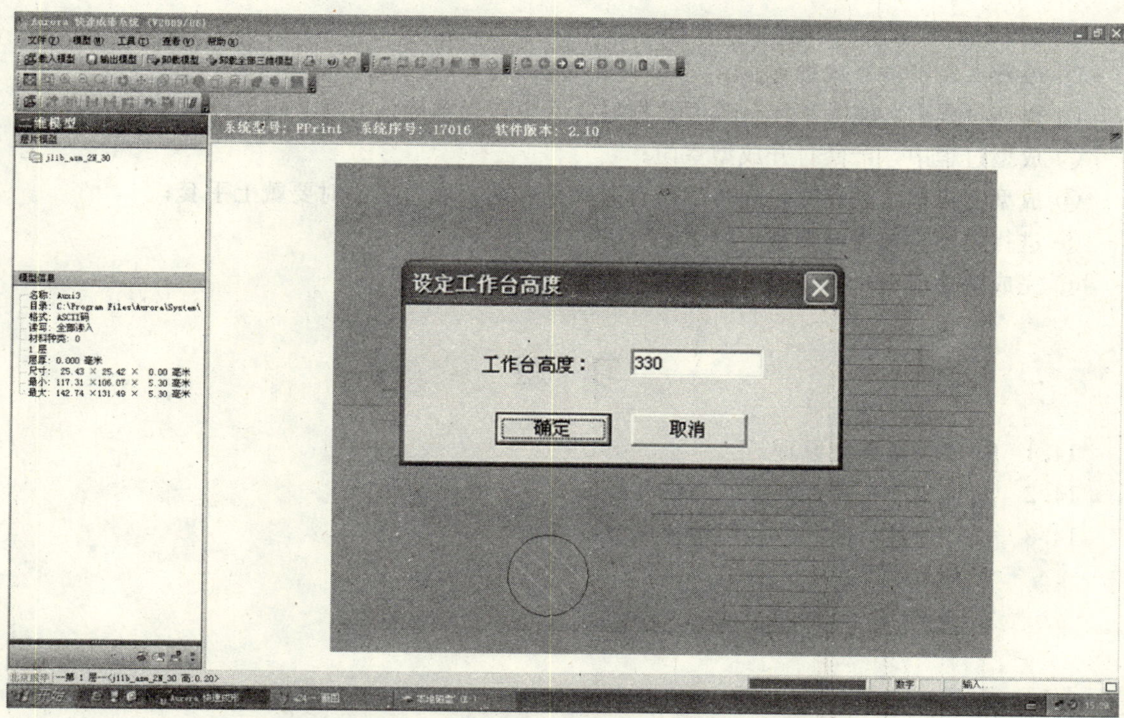

图 14.30　设置工作台高度

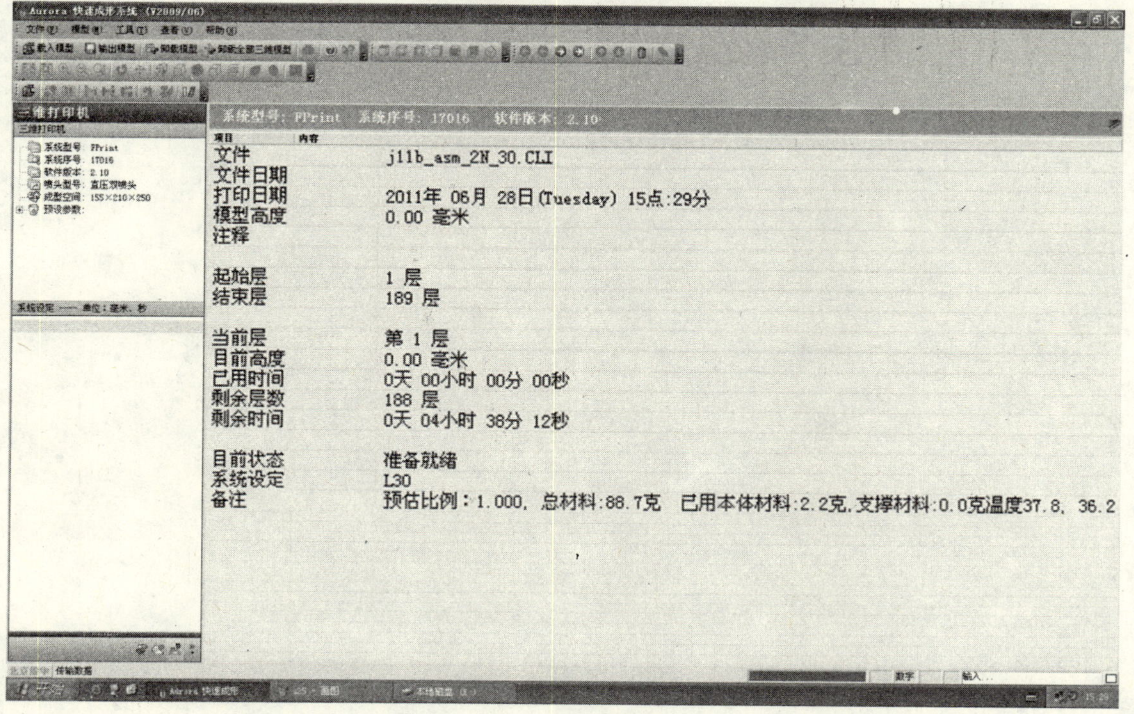

图 14.31　打印模型信息

14.5 操作规范及要求

① 遵守实验室操作规程；

② 操作过程中，输入工作台高度数据时，必须在老师确认之后才可以点确定；

③ 成型过程中，严禁打开成型室门；

④ 成型完成取出模型时，先将工作台降到最底端，取出模型时要戴上手套；

⑤ 进行模型后处理时要戴上口罩；

⑥ 完成快速成型机操作时，应清理工作台，关闭电源。

习 题

14.1 简述快速成型原理。

14.2 快速成型有哪些种类？分析各种加工方法的优缺点。

14.3 设计一款产品，并利用快速成型设备制作。

参考文献

1. 鞠鲁粤．机械制造基础．第五版．上海：上海交通大学出版社，2007
2. 费从荣，尹显明．机械制造工程训练教程．成都：西南交通大学出版社，2006
3. 李雪芳．机械制造基础．成都：西南交通大学出版社，2007